经济管理类数学基础系列

线 性 代 数

（第三版）

王国兴　主编

科学出版社

北 京

内 容 简 介

本书是"经济管理类数学基础系列"其中一本. 全书共 7 章,内容包括行列式、矩阵、n 维向量与线性方程组、线性方程组解的存在性与解的结构、向量空间、矩阵的对角化、二次型.

本书体系完整,逻辑清晰,深入浅出,便于自学,既可作为高等学校经济类、管理类专业和其他相关专业线性代数课程的教材或教学参考书,也可供报考研究生者参考使用.

图书在版编目(CIP)数据

线性代数/王国兴主编. —3 版. —北京:科学出版社,2022.8
经济管理类数学基础系列
ISBN 978-7-03-072905-7

Ⅰ.①线⋯ Ⅱ.①王⋯ Ⅲ.①线性代数-高等学校-教材
Ⅳ.①O151.2

中国版本图书馆 CIP 数据核字(2022)第 148713 号

责任编辑:梁 清/责任校对:杨聪敏
责任印制:霍 兵/封面设计:蓝正设计

科 学 出 版 社 出版
北京东黄城根北街 16 号
邮政编码:100717
http://www.sciencep.com
三河市骏杰印刷有限公司印刷
科学出版社发行 各地新华书店经销
*
2010 年 8 月第 一 版 开本:720×1000 1/16
2015 年 6 月第 二 版 印张:13 1/4
2022 年 8 月第 三 版 字数:267 000
2024 年 8 月第十七次印刷
定价:39.00 元
(如有印装质量问题,我社负责调换)

使用说明

亲爱的读者：

　　您好，很高兴您打开这本教材，和我们一起开启学习线性代数的旅程，《线性代数（第三版）》是一本新形态教材，如何使用本教材的拓展资源提升学习效果呢，请看下面的小提示吧.

　　您可以对本书资源进行激活，流程如下：

　　(1)刮开封底激活码的涂层，微信扫描二维码，根据提示，注册登录到中科助学通平台，激活本书的配套资源.

　　(2)激活配套资源以后，有两种方式可以查看资源，一是微信直接扫描资源码，二是关注"中科助学通"微信公众号，点击页面底端"开始学习"，选择相应科目，查看科目下面的图书资源.

　　下面，您可以进入具体学习环节，使用本书的数字资源，在每章知识学习完毕后，扫描章末二维码进行测试，自查相关知识掌握情况. 让我们一起来开始线性代数旅程吧.

编　者

2024 年 8 月

前　　言

本书于 2010 年 8 月起由科学出版社出版,于 2015 年 6 月修订再版,本书第二版是兰州财经大学"质量工程"——"经济数学基础系列课程教学团队"教材建设的成果.本书自出版以来被多所高校选用,深受广大师生的欢迎,其主体结构合理,内容取舍和衔接处理比较好,编排有特色,非常适合财经类高等学校教学使用,这次修订是在科学出版社的积极协助下进行的.

本次再版遵照"加强教材建设和管理"的要求,团队整合资源、仔细推敲,对教材进行了修改及再版.教材整理修改工作是在教育部全面实施"六卓越一拔尖"计划 2.0,全面推进"四新"建设,着力实施一流专业建设"双万计划"、一流课程建设"双万计划"的背景下进行的.着重在以下几个方面做了修改:

第一,对第二版中的个别概念的叙述、定理的证明做了适当修改.

第二,对全书的文字表达进行了仔细且严谨的推敲.对线性方程组、向量等的格式进行了统一.

第三,对例题与习题进行了合理的增删与调整.

这次修订进一步完善了教材内容,以适应新文科教材建设的要求.加强教材建设和管理,完善学校管理和教育评价体系,加强理、法、工、文学科与经管重点学科交叉的总体设计,推动经管学科之间、经管学科与理、法、工、文学科之间交叉融合为目标,本书的内容深度和广度符合高等院校经济类、管理类等各专业的本科数学基础课程教学基本要求.有些内容仍然采用打"＊"的方式,这些内容在教学中教师可灵活选用,也可以满足读者进一步阅读学习的需要.

本书由王国兴主编,其中第 1、2 章由王国兴编写,第 3、4、5 章由高金玲编写,第 6、7 章由吕宁编写,全书由王国兴统稿定稿.

西北师范大学陈祥恩、兰州交通大学文飞及广大用书教师对本书的修改提出了许多宝贵意见与建议,科学出版社的梁清编辑为本书的出版付出了辛勤劳动,在此一并表示感谢.

由于编者水平有限,书中难免有错漏与不妥之处,恳请广大读者批评指正.

编　者

2022 年 6 月

第二版前言

2010 年《线性代数》第一版出版,按照全国高等学校教学研究中心研究项目"科学思维、科学方法在高校数学课程教学创新中的应用与实践"的要求,进行了五年的教学实践.五年中,读者和使用本书的同行提出了许多宝贵的意见和建议,对这些意见和建议,作者除了在平时的教学实践中不断吸纳外,借这次修订机会,对本书的部分内容也作了相应调整,使其更符合先易后难、循序渐进的教学规律.本书也是兰州财经大学"质量工程"——"经济数学基础系列课程教学团队(2013 年度)"教材建设的阶段性成果.

本书习题配置合理,难易适度,适当融入了一些研究生入学考试内容,选用了近年全国硕士研究生入学统一考试中的部分优秀试题,如 1998 考研真题用(1998)表示,2009 考研真题用(2009)表示.教材每章后的习题均为(A)(B)两组,其中(A)组习题反映了本科经济管理类专业数学基础课的基本要求,(B)组习题综合性较强,可供学有余力或有志报考硕士研究生的学生练习.

各章中标有"＊"的内容是为对数学基础要求较高的院校或专业编写的,可以作为选学内容或供读者自学用.

本书由李振东、王国兴主编.其中,第 1、2 章由王国兴编写,第 3 章由李振东编写,第 4、5 章由李金林编写,第 6、7 章由李凌编写,全书由主编统稿定稿.

希望通过这次修订,本书能够更符合现代教育教学规律,更符合大学数学教学的实际,更容易被读者所接纳,书中不当之处在所难免,恳请读者和同行继续批评指正.

编　者

2015 年 4 月

第一版前言

本书是"经济管理类数学基础系列"教材之一,是全国高等学校教学研究中心"科学思维、科学方法在高校数学课程教学创新中的应用与实践"的研究成果.本书由多年从事数学教学实践的教师,根据教育部高等学校数学与统计学教学指导委员会制定的"经济管理类数学基础课程教学基本要求"和最新颁布的《全国硕士研究生入学统一考试数学(三)》考试大纲的要求,按照继承与改革的精神编写而成.

线性代数是研究有限维空间中线性关系的理论和方法的数学,是代数学的分支.与"微积分""概率论与数理统计"等基础数学课相比,"线性代数"课内容抽象、定义、定理较多,是教与学的难点.但从经济应用模型的建立、运行与分析等方面看,线性代数知识又有着广泛的应用,是经济管理类专业学生必修的基础课程.

为了使学生更好地掌握线性代数知识,本书在编写中着重解决了以下三方面的问题:

(1)注意知识前后衔接,以激发学生的学习兴趣.如线性方程组、向量的概念都是在中学所学知识的基础上逐步引入的.

(2)强调基本概念、基本方法之间的关系,强调知识的贯通性,以加深对概念的深入理解和应用.如对矩阵的秩与向量组的秩、线性方程组与向量组的线性组合之间的关系等,作了综合阐述.

(3)尽可能地利用几何直观和应用实例,解决概念理解和方法使用的问题,以提高学习质量.

本书由李振东教授、李金林副教授主编.第1、2章由王国兴编写,第4、5、6章由李金林编写,第3、7章由李振东编写,全书由主编统稿定稿.

由于编者水平有限,书中疏漏及不妥之处在所难免,恳请读者及专家学者批评指正.

编 者

2010 年 3 月

目　　录

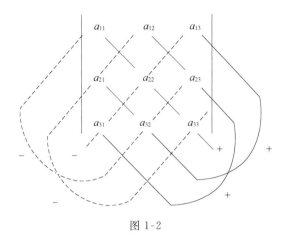

图 1-2

由数 $1,2,\cdots,n$ 构成的不同的 n 级排列共有 $n!$ 个.

定义 1.2　在一个 n 级排列 $i_1 i_2 \cdots i_s \cdots i_t \cdots i_n$ 中,若数 $i_s > i_t$,则称数 i_s 与 i_t 构成一个**逆序**.一个 n 级排列中逆序的总数称为该排列的**逆序数**,记为 $\tau(i_1 i_2 \cdots i_n)$.

例 1　计算 5 级排列 25314 的逆序数.

解　因为 2 排在首位,故其逆序的个数为 0;在 5 前面且比 5 大的数有 0 个,故其逆序的个数为 0;在 3 前面且比 3 大的数有 1 个,故其逆序的个数为 1;在 1 前面且比 1 大的数有 3 个,故其逆序的个数为 3;在 4 前面且比 4 大的数有 1 个,故其逆序的个数为 1,即

$$\tau(25314) = 0+0+1+3+1 = 5.$$

对于 n 级排列 $n(n-1)\cdots 321$,有

$$\tau(n(n-1)\cdots 321) = 0+1+2+\cdots+(n-2)+(n-1) = \frac{n(n-1)}{2}.$$

在 n 级排列 $12\cdots(n-1)n$ 中,各数是按照由小到大的自然顺序排列的.这一排列称为 n 元**自然序排列**.由于其中任何一个数对都不构成逆序.因此 $\tau(12\cdots(n-1)n) = 0$.

定义 1.3　逆序数为奇数的排列称为**奇排列**;逆序数为偶数的排列称为**偶排列**.

例如,排列 25314 的逆序数是 5,为奇排列;$12\cdots(n-1)n$ 的逆序数是零,为偶排列.

定义 1.4　在一个排列 $i_1 i_2 \cdots i_s \cdots i_t \cdots i_n$ 中,如果将它的两个元素 i_s 与 i_t 互换位置,而其余元素不动,得到另一个排列 $i_1 i_2 \cdots i_t \cdots i_s \cdots i_n$. 这样的变换称为一次**对换**,记为 (i_s, i_t).

例如,$31542 \xrightarrow{(5,2)} 31245$.

定理 1.1 任意一个排列经过一次对换后,奇偶性改变.

证 用 s 表示排列 $i_1 i_2 \cdots i_i \cdots i_j \cdots i_n$,将 i_i 与 i_j 对换后得排列 s' 为 $i_1 i_2 \cdots i_j \cdots i_i \cdots i_n$.

(1) $j=i+1$,即 i_i 与 i_j 处于相邻的位置,此时,当 $i_i < i_{i+1}$ 时,$\tau(i_1 i_2 \cdots i_i i_{i+1} \cdots i_n) = \tau(i_1 i_2 \cdots i_{i+1} i_i \cdots i_n) - 1$;而当 $i_i > i_{i+1}$ 时,$\tau(i_1 i_2 \cdots i_i i_{i+1} \cdots i_n) = \tau(i_1 i_2 \cdots i_{i+1} i_i \cdots i_n) + 1$,所以 s 与 s' 的奇偶性相反.

(2) $j=i+k$,在排列 s 中 i_j 与 i_{j-1} 对换,再把 i_j 与 i_{j-2} 对换,这样用相邻两数对换的方法,经 k 次对换后,得到排列 s''

$$i_1 i_2 \cdots i_j i_i i_{i+1} \cdots i_{i+k-1} i_{j+1} \cdots i_n,$$

然后将排列 s'' 中 i_i 与 i_{i+1} 对换,再把 i_i 与 i_{i+2} 对换,这样用相邻两数对换的方法,经 $k-1$ 次对换后,就将 s 化为了 s'.由于 $2k-1$ 是奇数,所以 s 与 s' 这两个排列的奇偶性相反.

定理 1.2 n 个不同的数 $1,2,\cdots,n$ 的 $n!$ 个 n 级排列中,奇偶排列各占一半.

证 假设在 $n!$ 个 n 级排列中,共有 k 个奇排列,l 个偶排列.若对每个奇排列都作同一对换,则由定理 1.1,k 个奇排列均变为偶排列,故 $k \leqslant l$;同理对每个偶排列都作同一对换,则 l 个偶排列均变为奇排列,故 $l \leqslant k$.所以 $k=l$,从而 $k=l=\dfrac{n!}{2}$.

三、n 阶行列式的定义

为了给出 n 阶行列式的定义,首先研究三阶行列式的结构.给出三阶行列式

$$\begin{vmatrix} a_{11} & a_{12} & a_{13} \\ a_{21} & a_{22} & a_{23} \\ a_{31} & a_{32} & a_{33} \end{vmatrix} = a_{11}a_{22}a_{33} + a_{12}a_{23}a_{31} + a_{13}a_{21}a_{32}$$

$$- a_{11}a_{23}a_{32} - a_{12}a_{21}a_{33} - a_{13}a_{22}a_{31}.$$

易见以下三条规律:

(1) 三阶行列式展开式是 $3!$ 项的代数和.

(2) 三阶行列式展开式的每一项都是其不同行不同列的三个元素的乘积.每一项除正负号外都可以写成 $a_{1j_1} a_{2j_2} a_{3j_3}$,这里第一下标成自然序 123,而第二下标恰为一个 3 级排列 $j_1 j_2 j_3$.

(3) 三阶行列式的正项与负项各占一半.当该项元素的行标按自然数顺序排列后,若对应的列标构成的排列是偶排列则取正号,是奇排列则取负号,因此各项所带的正负号为 $(-1)^{\tau(j_1 j_2 j_3)}$.

这样,三阶行列式可以写成

$$\begin{vmatrix} a_{11} & a_{12} & a_{13} \\ a_{21} & a_{22} & a_{23} \\ a_{31} & a_{32} & a_{33} \end{vmatrix} = \sum_{j_1 j_2 j_3} (-1)^{\tau(j_1 j_2 j_3)} a_{1j_1} a_{2j_2} a_{3j_3},$$

其中 $\sum\limits_{j_1j_2j_3}$ 表示对所有 3 级排列 $j_1j_2j_3$ 求和.

下面把三阶行列式的结构特点加以推广,定义 n 阶行列式.

定义 1.5　由 n^2 个元素 $a_{ij}(i,j=1,2,\cdots,n)$ 排成 n 行 n 列组成的

$$\begin{vmatrix} a_{11} & a_{12} & \cdots & a_{1n} \\ a_{21} & a_{22} & \cdots & a_{2n} \\ \vdots & \vdots & & \vdots \\ a_{n1} & a_{n2} & \cdots & a_{nn} \end{vmatrix} = \sum_{j_1j_2\cdots j_n} (-1)^{\tau(j_1j_2\cdots j_n)} a_{1j_1} a_{2j_2} \cdots a_{nj_n} \quad (1.4)$$

称为 **n 阶行列式**,其中 $\sum\limits_{j_1j_2\cdots j_n}$ 表示对所有 n 级排列 $j_1j_2\cdots j_n$ 求和.

$(-1)^{\tau(j_1j_2\cdots j_n)} a_{1j_1} a_{2j_2} \cdots a_{nj_n}$ 称为行列式的一般项.式(1.4)也称为 n 阶行列式的展开式.a_{ij} 称为第 i 行第 j 列的**元素**.n 阶行列式(1.4)可简记为 $\det(a_{ij})$.

n 阶行列式表示所有取自不同行不同列的 n 个元素乘积 $a_{1j_1} a_{2j_2} \cdots a_{nj_n}$ 的代数和,其中 $j_1j_2\cdots j_n$ 为数 $1,2,\cdots,n$ 的一个 n 级排列,由于这样的排列共有 $n!$ 个,因此 n 阶行列式共有 $n!$ 项;当组成项的各元素的行标按自然序排列后,若对应的列标构成的排列是偶排列则取正号,是奇排列则取负号.例如,六阶行列式 $\det(a_{ij})$ 中符号为 $(-1)^{\tau(645312)}$ 的项是 $a_{16}a_{24}a_{35}a_{43}a_{51}a_{62}$.

更一般地,可以将 n 阶行列式定义为

$$\begin{vmatrix} a_{11} & a_{12} & \cdots & a_{1n} \\ a_{21} & a_{22} & \cdots & a_{2n} \\ \vdots & \vdots & & \vdots \\ a_{n1} & a_{n2} & \cdots & a_{nn} \end{vmatrix} = \sum_{\substack{i_1i_2\cdots i_n \\ \text{或} j_1j_2\cdots j_n}} (-1)^{\tau(i_1i_2\cdots i_n)+\tau(j_1j_2\cdots j_n)} a_{i_1j_1} a_{i_2j_2} \cdots a_{i_nj_n}, \quad (1.5)$$

其中 $\sum\limits_{\substack{i_1i_2\cdots i_n \\ \text{或} j_1j_2\cdots j_n}}$ 表示对行标构成的所有的 n 级排列或列标构成的所有的 n 级排列求和.

显然这个定义与定义 1.5 是一致的.当行标的 n 级排列取自然序排列 $12\cdots n$ 时,即是定义 1.5.

例如,四阶行列式 $\det(a_{ij})$ 是 $4!=24$ 项的代数和,$a_{13}a_{21}a_{34}a_{42}$ 是其中一项,其行标、列标对应的排列分别为 $1234,3142$,所以该项前的符号为 $(-1)^{\tau(1234)+\tau(3142)}=(-1)^3=-1$,取负号.

例 2　计算 n 阶行列式

$$D = \begin{vmatrix} a_{11} & 0 & 0 & \cdots & 0 \\ a_{21} & a_{22} & 0 & \cdots & 0 \\ a_{31} & a_{32} & a_{33} & \cdots & 0 \\ \vdots & \vdots & \vdots & & \vdots \\ a_{n1} & a_{n2} & a_{n3} & \cdots & a_{nn} \end{vmatrix},$$

其中 $a_{ii}\neq 0(i=1,2,\cdots,n)$.

解 根据定义 1.5 知 D 的一般项为

$$(-1)^{\tau(j_1j_2\cdots j_n)}a_{1j_1}a_{2j_2}\cdots a_{nj_n}.$$

在 D 中,只有当 $j_1=1,j_2=2,j_3=3,\cdots,j_n=n$ 时一般项不等于零,因此

$$D=(-1)^{\tau(12\cdots n)}a_{11}a_{22}\cdots a_{nn}=a_{11}a_{22}\cdots a_{nn}.$$

这样的行列式称为**下三角行列式**.下三角行列式等于主对角线(从左上角到右下角这条对角线)上的元素的乘积.

下三角行列式的特殊情形

$$D=\begin{vmatrix} a_{11} & 0 & 0 & \cdots & 0 \\ 0 & a_{22} & 0 & \cdots & 0 \\ 0 & 0 & a_{33} & \cdots & 0 \\ \vdots & \vdots & \vdots & & \vdots \\ 0 & 0 & 0 & \cdots & a_{nn} \end{vmatrix}=a_{11}a_{22}\cdots a_{nn},$$

其中主对角线以外的元素都是零,称为**对角行列式**,它也等于主对角线上的元素的乘积.

例3 计算行列式

$$D=\begin{vmatrix} 0 & 0 & \cdots & 0 & a_{1n} \\ 0 & 0 & \cdots & a_{2,n-1} & 0 \\ 0 & 0 & \cdots & 0 & 0 \\ \vdots & \vdots & & \vdots & \vdots \\ a_{n1} & 0 & \cdots & 0 & 0 \end{vmatrix}$$

解 这是一个 n 阶行列式,有 $n!$ 项,不为零的项只有

$$a_{1n}a_{2,n-1}\cdots a_{n1},$$

$$\tau(n(n-1)\cdots 321)=0+1+2+\cdots+(n-2)+(n-1)=\frac{n(n-1)}{2},$$

因此

$$D=(-1)^{\frac{n(n-1)}{2}}a_{1n}a_{2,n-1}\cdots a_{n1}.$$

1.2 行列式的性质

由 n 阶行列式的定义知,行列式展开式是 $n!$ 项的代数和.每一项都是取自行列式不同行不同列的 n 个元素的乘积,同时还要确定各项前的正负号.因此,对于较高阶数的行列式,直接按定义计算是比较困难的,为了简化行列式的计算,有必要研究行列式的性质.

定义 1.6 将 n 阶行列式 D 的行与列互换后得到的行列式,称为 D 的**转置行列式**,记为 D^{T},即若

$$D = \begin{vmatrix} a_{11} & a_{12} & \cdots & a_{1n} \\ a_{21} & a_{22} & \cdots & a_{2n} \\ \vdots & \vdots & & \vdots \\ a_{n1} & a_{n2} & \cdots & a_{nn} \end{vmatrix}, \text{则 } D^{\mathrm{T}} = \begin{vmatrix} a_{11} & a_{21} & \cdots & a_{n1} \\ a_{12} & a_{22} & \cdots & a_{n2} \\ \vdots & \vdots & & \vdots \\ a_{1n} & a_{2n} & \cdots & a_{nn} \end{vmatrix}.$$

性质 1 行列式与其转置行列式相等,即 $D = D^{\mathrm{T}}$.

证 由定义 1.5,D 的一般项为 $(-1)^{\tau(j_1 j_2 \cdots j_n)} a_{1j_1} a_{2j_2} \cdots a_{nj_n}$,由于 $a_{1j_1}, a_{2j_2}, \cdots, a_{nj_n}$ 这 n 个元素位于 D 的不同的行不同的列,从而也位于 D^{T} 的不同的列不同的行,故这 n 个元素的乘积在 D^{T} 中应为 $a_{j_1 1} a_{j_2 2} \cdots a_{j_n n}$,易知其符号也是 $(-1)^{\tau(j_1 j_2 \cdots j_n)}$. 因此,$D$ 与 D^{T} 是具有相同符号的相同项的代数和,即有 $D = D^{\mathrm{T}}$.

性质 1 表明,行列式中的行与列有相同的地位,行列式的行具有的性质,它的列也同样具有.

例 1 计算 n 阶行列式

$$D = \begin{vmatrix} a_{11} & a_{12} & a_{13} & \cdots & a_{1n} \\ 0 & a_{22} & a_{23} & \cdots & a_{2n} \\ 0 & 0 & a_{33} & \cdots & a_{3n} \\ \vdots & \vdots & \vdots & & \vdots \\ 0 & 0 & 0 & \cdots & a_{nn} \end{vmatrix},$$

其中 $a_{ii} \neq 0 (i = 1, 2, \cdots, n)$.

解 因 $D = D^{\mathrm{T}}$,故

$$\begin{vmatrix} a_{11} & a_{12} & a_{13} & \cdots & a_{1n} \\ 0 & a_{22} & a_{23} & \cdots & a_{2n} \\ 0 & 0 & a_{33} & \cdots & a_{3n} \\ \vdots & \vdots & \vdots & & \vdots \\ 0 & 0 & 0 & \cdots & a_{nn} \end{vmatrix} = \begin{vmatrix} a_{11} & 0 & 0 & \cdots & 0 \\ a_{21} & a_{22} & 0 & \cdots & 0 \\ a_{31} & a_{32} & a_{33} & \cdots & 0 \\ \vdots & \vdots & \vdots & & \vdots \\ a_{n1} & a_{n2} & a_{n3} & \cdots & a_{nn} \end{vmatrix} = a_{11} a_{22} a_{33} \cdots a_{nn}.$$

行列式 D 称为**上三角行列式**. 此例说明:上三角行列式也等于主对角线上元素的乘积.

性质 2 交换行列式的两行(列),行列式变号.

证 设 n 阶行列式

$$
D = \begin{vmatrix} a_{11} & a_{12} & \cdots & a_{1n} \\ \vdots & \vdots & & \vdots \\ a_{i1} & a_{i2} & \cdots & a_{in} \\ \vdots & \vdots & & \vdots \\ a_{s1} & a_{s2} & \cdots & a_{sn} \\ \vdots & \vdots & & \vdots \\ a_{n1} & a_{n2} & \cdots & a_{nn} \end{vmatrix} \begin{array}{l} \\ \\ (\text{第 } i \text{ 行}) \\ \\ (\text{第 } s \text{ 行}) \\ \\ \end{array} ,
$$

交换行列式 D 的第 i 行与第 s 行,得行列式

$$
D_1 = \begin{vmatrix} a_{11} & a_{12} & \cdots & a_{1n} \\ \vdots & \vdots & & \vdots \\ a_{s1} & a_{s2} & \cdots & a_{sn} \\ \vdots & \vdots & & \vdots \\ a_{i1} & a_{i2} & \cdots & a_{in} \\ \vdots & \vdots & & \vdots \\ a_{n1} & a_{n2} & \cdots & a_{nn} \end{vmatrix} \begin{array}{l} \\ \\ (\text{第 } i \text{ 行}) \\ \\ (\text{第 } s \text{ 行}) \\ \\ \end{array} ,
$$

行列式 D 与 D_1 的项数相同,都是 $n!$ 项,D 的一般项为

$$a_{1j_1} a_{2j_2} \cdots a_{ij_i} \cdots a_{sj_s} \cdots a_{nj_n},$$

这 n 个元素在行列式 D 和 D_1 中都位于不同的行不同的列,而 D_1 是交换 D 的第 i 行与第 s 行得到的. 各元素所在的列并没有改变,所以它在 D 中的符号为

$$(-1)^{\tau(1 \cdots i \cdots s \cdots n) + \tau(j_1 \cdots j_i \cdots j_s \cdots j_n)},$$

在 D_1 中的符号为

$$(-1)^{\tau(1 \cdots s \cdots i \cdots n) + \tau(j_1 \cdots j_i \cdots j_s \cdots j_n)}.$$

由于排列 $1 \cdots s \cdots i \cdots n$ 是排列 $1 \cdots i \cdots s \cdots n$ 经对换 (i,s) 得到的,因此两个排列的奇偶性相反,从而一般项在 D 与 D_1 中符号相反,故 $D_1 = -D$.

推论 若一个行列式有两行(列)的对应元素相同,则此行列式的值为零.

证 交换行列式这两行后,有 $D = -D$,所以 $D = 0$.

性质 3 用数 k 乘行列式的某一行(列),等于用数 k 乘此行列式,即

$$
D_1 = \begin{vmatrix} a_{11} & a_{12} & \cdots & a_{1n} \\ \vdots & \vdots & & \vdots \\ ka_{i1} & ka_{i2} & \cdots & ka_{in} \\ \vdots & \vdots & & \vdots \\ a_{n1} & a_{n2} & \cdots & a_{nn} \end{vmatrix} = k \begin{vmatrix} a_{11} & a_{12} & \cdots & a_{1n} \\ \vdots & \vdots & & \vdots \\ a_{i1} & a_{i2} & \cdots & a_{in} \\ \vdots & \vdots & & \vdots \\ a_{n1} & a_{n2} & \cdots & a_{nn} \end{vmatrix} = kD.
$$

证 D 的第 i 行乘以数 k 后,行列式为

$$D_1 = \sum_{j_1 \cdots j_i \cdots j_n} (-1)^{\tau(j_1 \cdots j_i \cdots j_n)} a_{1j_1} \cdots (ka_{ij_i}) \cdots a_{nj_n}$$

$$= k \sum_{j_1 \cdots j_i \cdots j_n} (-1)^{\tau(j_1 \cdots j_i \cdots j_n)} a_{1j_1} \cdots a_{ij_i} \cdots a_{nj_n} = kD.$$

性质 3 也可以叙述为:若行列式某一行(列)所有元素有公因子 k,则 k 可以提到行列式符号的外面. 由此性质可以得到以下推论.

推论 1 若行列式有一行(列)的元素全为零,则行列式等于零.

推论 2 若行列式有两行(列)的对应元素成比例,则行列式等于零.

例 2 设 $\begin{vmatrix} a_{11} & a_{12} & a_{13} \\ a_{21} & a_{22} & a_{23} \\ a_{31} & a_{32} & a_{33} \end{vmatrix} = 2$,求 $\begin{vmatrix} 6a_{11} & -3a_{12} & -15a_{13} \\ -2a_{21} & a_{22} & 5a_{23} \\ -2a_{31} & a_{32} & 5a_{33} \end{vmatrix}$.

解
$$\begin{vmatrix} 6a_{11} & -3a_{12} & -15a_{13} \\ -2a_{21} & a_{22} & 5a_{23} \\ -2a_{31} & a_{32} & 5a_{33} \end{vmatrix} = -3 \begin{vmatrix} -2a_{11} & a_{12} & 5a_{13} \\ -2a_{21} & a_{22} & 5a_{23} \\ -2a_{31} & a_{32} & 5a_{33} \end{vmatrix}$$

$$= -3 \times (-2) \times 5 \begin{vmatrix} a_{11} & a_{12} & a_{13} \\ a_{21} & a_{22} & a_{23} \\ a_{31} & a_{32} & a_{33} \end{vmatrix}$$

$$= -3 \times (-2) \times 5 \times 2 = 60.$$

性质 4 若行列式的某一行(列)各元素都是两数之和,即若

$$D = \begin{vmatrix} a_{11} & a_{12} & \cdots & a_{1n} \\ \vdots & \vdots & & \vdots \\ b_{i1}+c_{i1} & b_{i2}+c_{i2} & \cdots & b_{in}+c_{in} \\ \vdots & \vdots & & \vdots \\ a_{n1} & a_{n2} & \cdots & a_{nn} \end{vmatrix},$$

则

$$D = \begin{vmatrix} a_{11} & a_{12} & \cdots & a_{1n} \\ \vdots & \vdots & & \vdots \\ b_{i1} & b_{i2} & \cdots & b_{in} \\ \vdots & \vdots & & \vdots \\ a_{n1} & a_{n2} & \cdots & a_{nn} \end{vmatrix} + \begin{vmatrix} a_{11} & a_{12} & \cdots & a_{1n} \\ \vdots & \vdots & & \vdots \\ c_{i1} & c_{i2} & \cdots & c_{in} \\ \vdots & \vdots & & \vdots \\ a_{n1} & a_{n2} & \cdots & a_{nn} \end{vmatrix}.$$

证 $D = \sum_{j_1 \cdots j_i \cdots j_n} (-1)^{\tau(j_1 \cdots j_i \cdots j_n)} a_{1j_1} a_{2j_2} \cdots (b_{ij_i} + c_{ij_i}) \cdots a_{nj_n}$

$$= \sum_{j_1 \cdots j_i \cdots j_n} (-1)^{\tau(j_1 \cdots j_i \cdots j_n)} a_{1j_1} a_{2j_2} \cdots b_{ij_i} \cdots a_{nj_n}$$

$$+ \sum_{j_1 \cdots j_i \cdots j_n} (-1)^{\tau(j_1 \cdots j_i \cdots j_n)} a_{1j_1} a_{2j_2} \cdots c_{ij_i} \cdots a_{nj_n}$$

$$= \begin{vmatrix} a_{11} & a_{12} & \cdots & a_{1n} \\ \vdots & \vdots & & \vdots \\ b_{i1} & b_{i2} & \cdots & b_{in} \\ \vdots & \vdots & & \vdots \\ a_{n1} & a_{n2} & \cdots & a_{nn} \end{vmatrix} + \begin{vmatrix} a_{11} & a_{12} & \cdots & a_{1n} \\ \vdots & \vdots & & \vdots \\ c_{i1} & c_{i2} & \cdots & c_{in} \\ \vdots & \vdots & & \vdots \\ a_{n1} & a_{n2} & \cdots & a_{nn} \end{vmatrix}.$$

例3 计算行列式

$$D = \begin{vmatrix} 1 & 3 & 302 \\ -4 & 3 & 297 \\ 2 & 2 & 203 \end{vmatrix}.$$

解 利用性质4及性质3的推论2,有

$$D = \begin{vmatrix} 1 & 3 & 300+2 \\ -4 & 3 & 300-3 \\ 2 & 2 & 200+3 \end{vmatrix} = \begin{vmatrix} 1 & 3 & 300 \\ -4 & 3 & 300 \\ 2 & 2 & 200 \end{vmatrix} + \begin{vmatrix} 1 & 3 & 2 \\ -4 & 3 & -3 \\ 2 & 2 & 3 \end{vmatrix} = 0+5=5.$$

性质5 将行列式某一行(列)所有元素都乘以数 k 后加到另一行(列)对应位置的元素上,行列式的值不变.

证 设

$$D = \begin{vmatrix} a_{11} & a_{12} & \cdots & a_{1n} \\ \vdots & \vdots & & \vdots \\ a_{i1} & a_{i2} & \cdots & a_{in} \\ \vdots & \vdots & & \vdots \\ a_{s1} & a_{s2} & \cdots & a_{sn} \\ \vdots & \vdots & & \vdots \\ a_{n1} & a_{n2} & \cdots & a_{nn} \end{vmatrix} \begin{matrix} \\ \\ (第\,i\,行) \\ \\ (第\,s\,行) \\ \\ \\ \end{matrix},$$

以数 k 乘 D 的第 i 行各元素后加到第 s 行的对应元素上,得

$$D_1 = \begin{vmatrix} a_{11} & a_{12} & \cdots & a_{1n} \\ \vdots & \vdots & & \vdots \\ a_{i1} & a_{i2} & \cdots & a_{in} \\ \vdots & \vdots & & \vdots \\ a_{s1}+ka_{i1} & a_{s2}+ka_{i2} & \cdots & a_{sn}+ka_{in} \\ \vdots & \vdots & & \vdots \\ a_{n1} & a_{n2} & \cdots & a_{nn} \end{vmatrix} \begin{matrix} \\ \\ (第\,i\,行) \\ \\ (第\,s\,行) \\ \\ \\ \end{matrix},$$

由性质4与性质3的推论2可得

$$D_1 = \begin{vmatrix} a_{11} & a_{12} & \cdots & a_{1n} \\ \vdots & \vdots & & \vdots \\ a_{i1} & a_{i2} & \cdots & a_{in} \\ \vdots & \vdots & & \vdots \\ a_{s1} & a_{s2} & \cdots & a_{sn} \\ \vdots & \vdots & & \vdots \\ a_{n1} & a_{n2} & \cdots & a_{nn} \end{vmatrix} + \begin{vmatrix} a_{11} & a_{12} & \cdots & a_{1n} \\ \vdots & \vdots & & \vdots \\ a_{i1} & a_{i2} & \cdots & a_{in} \\ \vdots & \vdots & & \vdots \\ ka_{i1} & ka_{i2} & \cdots & ka_{in} \\ \vdots & \vdots & & \vdots \\ a_{n1} & a_{n2} & \cdots & a_{nn} \end{vmatrix} = D + 0 = D.$$

例 4 计算行列式

$$D = \begin{vmatrix} 2 & -5 & 1 & 2 \\ -3 & 7 & -1 & 4 \\ 5 & -9 & 2 & 7 \\ 4 & -6 & 1 & 2 \end{vmatrix}.$$

解 用行列式性质把原行列式化为上三角形行列式. 由行列式性质 2 互换第一列与第三列, 得

$$D = - \begin{vmatrix} 1 & -5 & 2 & 2 \\ -1 & 7 & -3 & 4 \\ 2 & -9 & 5 & 7 \\ 1 & -6 & 4 & 2 \end{vmatrix}.$$

由性质 5, 把第一行各元素的 $1, -2, -1$ 倍分别加到第二行, 第三行和第四行上得

$$D = - \begin{vmatrix} 1 & -5 & 2 & 2 \\ 0 & 2 & -1 & 6 \\ 0 & 1 & 1 & 3 \\ 0 & -1 & 2 & 0 \end{vmatrix}.$$

互换第二行与第三行, 再把第二行各元素的 $-2, 1$ 倍分别加到第三行, 第四行上得

$$D = \begin{vmatrix} 1 & -5 & 2 & 2 \\ 0 & 1 & 1 & 3 \\ 0 & 0 & -3 & 0 \\ 0 & 0 & 3 & 3 \end{vmatrix}.$$

把第三行各元素加到第四行得

$$D = \begin{vmatrix} 1 & -5 & 2 & 2 \\ 0 & 1 & 1 & 3 \\ 0 & 0 & -3 & 0 \\ 0 & 0 & 0 & 3 \end{vmatrix} = 1 \times 1 \times (-3) \times 3 = -9.$$

例5 计算 n 阶行列式

$$D_n = \begin{vmatrix} x & a & a & \cdots & a & a \\ a & x & a & \cdots & a & a \\ a & a & x & \cdots & a & a \\ \vdots & \vdots & \vdots & & \vdots & \vdots \\ a & a & a & \cdots & x & a \\ a & a & a & \cdots & a & x \end{vmatrix}.$$

解 该行列式具有这样的结构:除主对角线上元素为 x 外,其余元素都为 a,因此各行(列)元素之和均相等,故可将从第二列起的以后各列都加到第一列上,然后提取公因子,再将第一行乘以 (-1) 后分别加到第二、第三、…、第 n 行,即

$$D_n = \begin{vmatrix} x+(n-1)a & a & a & \cdots & a & a \\ x+(n-1)a & x & a & \cdots & a & a \\ x+(n-1)a & a & x & \cdots & a & a \\ \vdots & \vdots & \vdots & & \vdots & \vdots \\ x+(n-1)a & a & a & \cdots & x & a \\ x+(n-1)a & a & a & \cdots & a & x \end{vmatrix}.$$

$$= (x+(n-1)a)\begin{vmatrix} 1 & a & a & \cdots & a & a \\ 1 & x & a & \cdots & a & a \\ 1 & a & x & \cdots & a & a \\ \vdots & \vdots & \vdots & & \vdots & \vdots \\ 1 & a & a & \cdots & x & a \\ 1 & a & a & \cdots & a & x \end{vmatrix}$$

$$= (x+(n-1)a)\begin{vmatrix} 1 & a & a & \cdots & a & a \\ 0 & x-a & 0 & \cdots & 0 & 0 \\ 0 & 0 & x-a & \cdots & 0 & 0 \\ \vdots & \vdots & \vdots & & \vdots & \vdots \\ 0 & 0 & 0 & \cdots & x-a & 0 \\ 0 & 0 & 0 & \cdots & 0 & x-a \end{vmatrix}$$

$$= (x+(n-1)a)(x-a)^{n-1}.$$

例6 计算 $n+1$ 阶行列式

$$D_{n+1} = \begin{vmatrix} a_0 & 1 & 1 & \cdots & 1 \\ 1 & a_1 & 0 & \cdots & 0 \\ 1 & 0 & a_2 & \cdots & 0 \\ \vdots & \vdots & \vdots & & \vdots \\ 1 & 0 & 0 & \cdots & a_n \end{vmatrix}, \quad a_1 a_2 \cdots a_n \neq 0.$$

解 把从第二列起的以后各列的 $-\dfrac{1}{a_i}$ 倍$(i=1,2,\cdots,n)$加到第一列,即为上三角行列式.

$$D_{n+1} = \begin{vmatrix} a_0 - \sum\limits_{i=1}^{n} \dfrac{1}{a_i} & 1 & 1 & \cdots & 1 \\ 0 & a_1 & 0 & \cdots & 0 \\ 0 & 0 & a_2 & \cdots & 0 \\ \vdots & \vdots & \vdots & & \vdots \\ 0 & 0 & 0 & \cdots & a_n \end{vmatrix}$$

$$= a_1 a_2 \cdots a_n \left(a_0 - \sum\limits_{i=1}^{n} \dfrac{1}{a_i} \right).$$

1.3 行列式按行(列)展开

一、行列式按某一行(列)展开

定义 1.7 在 n 阶行列式 $D=\det(a_{ij})$ 中,划去元素 a_{ij} 所在的第 i 行和第 j 列后,余下的元素按原来的相对位置构成的 $n-1$ 阶行列式,称为 D 中元素 a_{ij} 的**余子式**,记为 M_{ij},再记 $A_{ij}=(-1)^{i+j}M_{ij}$,称 A_{ij} 为元素 a_{ij} 的**代数余子式**.

例如,在四阶行列式

$$D = \begin{vmatrix} a_{11} & a_{12} & a_{13} & a_{14} \\ a_{21} & a_{22} & a_{23} & a_{24} \\ a_{31} & a_{32} & a_{33} & a_{34} \\ a_{41} & a_{42} & a_{43} & a_{44} \end{vmatrix}$$

中,a_{32} 的余子式与代数余子式分别为

$$M_{32} = \begin{vmatrix} a_{11} & a_{13} & a_{14} \\ a_{21} & a_{23} & a_{24} \\ a_{41} & a_{43} & a_{44} \end{vmatrix}, \quad A_{32} = (-1)^{3+2}M_{32} = - \begin{vmatrix} a_{11} & a_{13} & a_{14} \\ a_{21} & a_{23} & a_{24} \\ a_{41} & a_{43} & a_{44} \end{vmatrix}.$$

引理 若 n 阶行列式 $D=\det(a_{ij})$ 中第 i 行除 a_{ij} 外的其他元素都为零,则该行列式等于 a_{ij} 与它的代数余子式的乘积,即 $D=a_{ij}A_{ij}$.

证 先证 a_{ij} 位于 D 的第一行第一列$(i=j=1)$的情形,此时

$$D = \begin{vmatrix} a_{11} & 0 & \cdots & 0 \\ a_{21} & a_{22} & \cdots & a_{2n} \\ \vdots & \vdots & & \vdots \\ a_{n1} & a_{n2} & \cdots & a_{nn} \end{vmatrix}.$$

由行列式的定义有

$$D = \sum_{1j_2 \cdots j_n} (-1)^{\tau(1j_2 \cdots j_n)} a_{11} a_{2j_2} \cdots a_{nj_n} = a_{11} \sum_{j_2 \cdots j_n} (-1)^{\tau(j_2 \cdots j_n)} a_{2j_2} \cdots a_{nj_n}$$

$$= a_{11} M_{11} = a_{11} A_{11}.$$

再证一般情形,此时

$$D = \begin{vmatrix} a_{11} & \cdots & a_{1j} & \cdots & a_{1n} \\ \vdots & & \vdots & & \vdots \\ 0 & \cdots & a_{ij} & \cdots & 0 \\ \vdots & & \vdots & & \vdots \\ a_{n1} & \cdots & a_{nj} & \cdots & a_{nn} \end{vmatrix}.$$

把 D 的行列作如下调换:把 D 的第 i 行依次与第 $i-1, i-2, \cdots, 2, 1$ 行交换后换到第一行,再把第 j 列依次与第 $j-1, j-2, \cdots, 2, 1$ 列交换后换到第一列,则总共经过 $i+j-2$ 次调换,把 a_{ij} 交换到 D 的第一行第一列,故所得行列式 $D_1 = (-1)^{i+j-2} D = (-1)^{i+j} D$,而 a_{ij} 在 D_1 中的余子式就是 a_{ij} 在 D 中的余子式 M_{ij}.

利用前面的结果,有

$$D_1 = a_{ij} A_{ij},$$

于是

$$D = (-1)^{i+j} D_1 = (-1)^{i+j} a_{ij} M_{ij} = a_{ij} A_{ij}.$$

定理 1.3 n 阶行列式 $D = \det(a_{ij})$ 等于它的任一行(列)的各元素与其对应的代数余子式乘积之和,即

$$D = a_{i1} A_{i1} + a_{i2} A_{i2} + \cdots + a_{in} A_{in}, \quad i = 1, 2, \cdots, n, \tag{1.6}$$

$$D = a_{1j} A_{1j} + a_{2j} A_{2j} + \cdots + a_{nj} A_{nj}, \quad j = 1, 2, \cdots, n. \tag{1.7}$$

证

$$D = \begin{vmatrix} a_{11} & a_{12} & \cdots & a_{1n} \\ \vdots & \vdots & & \vdots \\ a_{i1}+0+\cdots+0 & 0+a_{i2}+\cdots+0 & \cdots & 0+\cdots+0+a_{in} \\ \vdots & \vdots & & \vdots \\ a_{n1} & a_{n2} & \cdots & a_{nn} \end{vmatrix}$$

$$= \begin{vmatrix} a_{11} & a_{12} & \cdots & a_{1n} \\ \vdots & \vdots & & \vdots \\ a_{i1} & 0 & \cdots & 0 \\ \vdots & \vdots & & \vdots \\ a_{n1} & a_{n2} & \cdots & a_{nn} \end{vmatrix} + \begin{vmatrix} a_{11} & a_{12} & \cdots & a_{1n} \\ \vdots & \vdots & & \vdots \\ 0 & a_{i2} & \cdots & 0 \\ \vdots & \vdots & & \vdots \\ a_{n1} & a_{n2} & \cdots & a_{nn} \end{vmatrix} + \cdots + \begin{vmatrix} a_{11} & a_{12} & \cdots & a_{1n} \\ \vdots & \vdots & & \vdots \\ 0 & 0 & \cdots & a_{in} \\ \vdots & \vdots & & \vdots \\ a_{n1} & a_{n2} & \cdots & a_{nn} \end{vmatrix}.$$

根据引理,得

$$D = a_{i1} A_{i1} + a_{i2} A_{i2} + \cdots + a_{in} A_{in}, \quad i = 1, 2, \cdots, n.$$

因此式(1.6)成立.

同理,按列可证式(1.7)成立.

定理 1.3 通常称为行列式按行(列)展开.利用行列式按行(列)展开这一方法,并结合行列式的性质,可以简化行列式的计算.

定理 1.4 n 阶行列式 $D = \det(a_{ij})$ 的某一行(列)的元素与另一行(列)对应元素的代数余子式乘积之和等于零,即

$$a_{i1}A_{s1} + a_{i2}A_{s2} + \cdots + a_{in}A_{sn} = 0, \quad i \neq s;$$
$$a_{1j}A_{1t} + a_{2j}A_{2t} + \cdots + a_{nj}A_{nt} = 0, \quad j \neq t.$$

证 将行列式 D 中第 s 行的元素换为第 i 行 $(i \neq s)$ 的对应元素,得到含有两行相同元素的行列式 D_1,由 1.2 节性质 2 的推论知 $D_1 = 0$,再将 D_1 按第 s 行展开,则

$$D_1 = a_{i1}A_{s1} + a_{i2}A_{s2} + \cdots + a_{in}A_{sn} = 0, \quad i \neq s.$$

同理,可证 D_1 按列展开的情形.

综合上面两个定理的结论,有

$$\sum_{j=1}^{n} a_{ij}A_{sj} = \begin{cases} D, & i = s, \\ 0, & i \neq s, \end{cases} \tag{1.8}$$

或

$$\sum_{i=1}^{n} a_{ij}A_{it} = \begin{cases} D, & j = t, \\ 0, & j \neq t. \end{cases} \tag{1.9}$$

例 1 计算行列式

$$D = \begin{vmatrix} 1 & 2 & 3 & 4 \\ 1 & 0 & 1 & 2 \\ 3 & -1 & -1 & 0 \\ 1 & 2 & 0 & -5 \end{vmatrix}.$$

解 将 D 按第二行展开,则有

$$D = a_{21}A_{21} + a_{22}A_{22} + a_{23}A_{23} + a_{24}A_{24},$$

其中 $a_{21} = 1, a_{22} = 0, a_{23} = 1, a_{24} = 2$,

$$A_{21} = (-1)^{2+1} \begin{vmatrix} 2 & 3 & 4 \\ -1 & -1 & 0 \\ 2 & 0 & -5 \end{vmatrix} = -3, \quad A_{23} = (-1)^{2+3} \begin{vmatrix} 1 & 2 & 4 \\ 3 & -1 & 0 \\ 1 & 2 & -5 \end{vmatrix} = -63,$$

$$A_{24} = (-1)^{2+4} \begin{vmatrix} 1 & 2 & 3 \\ 3 & -1 & -1 \\ 1 & 2 & 0 \end{vmatrix} = 21,$$

所以 $D = 1 \times (-3) + 1 \times (-63) + 2 \times 21 = -24$.

例 2 计算 $n(n>1)$ 阶行列式

$$D=\begin{vmatrix} a & b & 0 & \cdots & 0 & 0 \\ 0 & a & b & \cdots & 0 & 0 \\ \vdots & \vdots & \vdots & & \vdots & \vdots \\ 0 & 0 & 0 & \cdots & a & b \\ b & 0 & 0 & \cdots & 0 & a \end{vmatrix}.$$

解 由于这个行列式中 0 比较多,因此考虑将其按第一列展开.

$D = aA_{11} + bA_{n1}$

$$= a \times (-1)^{1+1} \begin{vmatrix} a & b & \cdots & 0 & 0 \\ 0 & a & \cdots & 0 & 0 \\ \vdots & \vdots & & \vdots & \vdots \\ 0 & 0 & \cdots & a & b \\ 0 & 0 & \cdots & 0 & a \end{vmatrix} + b(-1)^{n+1} \begin{vmatrix} b & 0 & \cdots & 0 & 0 \\ a & b & \cdots & 0 & 0 \\ \vdots & \vdots & & \vdots & \vdots \\ 0 & 0 & \cdots & b & 0 \\ 0 & 0 & \cdots & a & b \end{vmatrix}$$

$$= a^n + (-1)^{n+1} b^n.$$

例 3 解方程

$$\begin{vmatrix} x & a_1 & a_2 & \cdots & a_{n-1} & 1 \\ a_1 & x & a_2 & \cdots & a_{n-1} & 1 \\ a_1 & a_2 & x & \cdots & a_{n-1} & 1 \\ \vdots & \vdots & \vdots & & \vdots & \vdots \\ a_1 & a_2 & a_3 & \cdots & x & 1 \\ a_1 & a_2 & a_3 & \cdots & a_n & 1 \end{vmatrix} = 0.$$

解 设等式左端行列式为 D,从 D 第二行开始,每一行乘 (-1),加到前一行,再按最后一列展开得

$$D = \begin{vmatrix} x-a_1 & a_1-x & 0 & \cdots & 0 & 0 \\ 0 & x-a_2 & a_2-x & \cdots & 0 & 0 \\ 0 & 0 & x-a_3 & \cdots & 0 & 0 \\ \vdots & \vdots & \vdots & & \vdots & \vdots \\ 0 & 0 & 0 & \cdots & x-a_n & 0 \\ a_1 & a_2 & a_3 & \cdots & a_n & 1 \end{vmatrix}$$

$$= 1 \times (-1)^{n+n} (x-a_1)(x-a_2)\cdots(x-a_n) = (x-a_1)(x-a_2)\cdots(x-a_n).$$

解 $(x-a_1)(x-a_2)\cdots(x-a_n)=0$,得方程的 n 个根

$$x_1=a_1, \quad x_2=a_2, \quad \cdots, \quad x_n=a_n.$$

例 4 证明范德蒙德(Vandermonde)行列式

$$D_n = \begin{vmatrix} 1 & 1 & 1 & \cdots & 1 \\ x_1 & x_2 & x_3 & \cdots & x_n \\ x_1^2 & x_2^2 & x_3^2 & \cdots & x_n^2 \\ \vdots & \vdots & \vdots & & \vdots \\ x_1^{n-1} & x_2^{n-1} & x_3^{n-1} & \cdots & x_n^{n-1} \end{vmatrix} = \prod_{1 \leqslant j < i \leqslant n} (x_i - x_j),$$

其中

$$\prod_{1 \leqslant j < i \leqslant n} (x_i - x_j) = (x_2 - x_1)(x_3 - x_1)\cdots(x_n - x_1)$$
$$\cdot (x_3 - x_2)\cdots(x_n - x_2)\cdots(x_n - x_{n-1}).$$

证 对行列式的阶数用数学归纳法.

当 $n=2$ 时,有

$$D_2 = \begin{vmatrix} 1 & 1 \\ x_1 & x_2 \end{vmatrix} = x_2 - x_1,$$

说明 $n=2$ 时结论成立.

假设对于 $n-1$ 阶范德蒙德行列式结论成立,下面证明对 n 阶范德蒙德行列式结论也成立.为此,设法将 D_n 降阶.

从第 n 行开始,依次将下一行减去其上一行的 x_1 倍,得

$$D_n = \begin{vmatrix} 1 & 1 & 1 & \cdots & 1 \\ 0 & x_2 - x_1 & x_3 - x_1 & \cdots & x_n - x_1 \\ 0 & x_2(x_2 - x_1) & x_3(x_3 - x_1) & \cdots & x_n(x_n - x_1) \\ \vdots & \vdots & \vdots & & \vdots \\ 0 & x_2^{n-2}(x_2 - x_1) & x_3^{n-2}(x_3 - x_1) & \cdots & x_n^{n-2}(x_n - x_1) \end{vmatrix},$$

按第一列展开,得

$$D_n = (x_2 - x_1)(x_3 - x_1)\cdots(x_n - x_1) \begin{vmatrix} 1 & 1 & \cdots & 1 \\ x_2 & x_3 & \cdots & x_n \\ x_2^2 & x_3^2 & \cdots & x_n^2 \\ \vdots & \vdots & & \vdots \\ x_2^{n-2} & x_3^{n-2} & \cdots & x_n^{n-2} \end{vmatrix},$$

上式右端的行列式是 $n-1$ 阶范德蒙德行列式,由归纳假设,其值等于所有 $(x_i - x_j)$ $(2 \leqslant j < i \leqslant n)$ 因子的乘积,故

$$D_n = (x_2 - x_1)(x_3 - x_1)\cdots(x_n - x_1) \prod_{2 \leqslant j < i \leqslant n} (x_i - x_j) = \prod_{1 \leqslant j < i \leqslant n} (x_i - x_j).$$

* 二、行列式按 k 行(列)展开

定义 1.8 在 n 阶行列式 D 中,任意选定 k 行(第 $i_1, i_2, \cdots, i_k$ 行)和 k 列(第

$j_1,j_2,\cdots,j_k$ 列)($1{\leqslant}k{\leqslant}n$),位于这些行和列交叉处的 k^2 个元素,按原来的顺序构成一个 k 阶行列式 M,称为 D 的一个 k **阶子式**. 在 D 中划去 M 所在的 k 行 k 列后,余下的元素按原来的顺序构成一个 $n-k$ 阶行列式 N,称为 k 阶子式 M 的**余子式**,在其前面冠以符号 $(-1)^{i_1+\cdots+i_k+j_1+\cdots+j_k}$,称为 M 的**代数余子式**,记为 A,即 $A=(-1)^{i_1+\cdots+i_k+j_1+\cdots+j_k}N$.

定理 1.5(拉普拉斯定理) 在 n 阶行列式 D 中,任意选定 k 行(列)($1{\leqslant}k{\leqslant}n-1$),由这 k 行(列)组成的所有 k 阶子式 $M_i(i=1,2,\cdots,t)$ 与各自的代数余子式 $A_i(i=1,2,\cdots,t)$ 的乘积之和等于行列式 D,即

$$D=M_1A_1+M_2A_2+\cdots+M_tA_t,\quad t=\mathrm{C}_n^k.$$

证明从略.

例 5 用拉普拉斯定理求行列式

$$D=\begin{vmatrix} 1 & 2 & 0 & 0 \\ 2 & 3 & 1 & 0 \\ 0 & 3 & 1 & 2 \\ 0 & 0 & 2 & 3 \end{vmatrix}.$$

解 按第一行和第二行展开,得

$$D=\begin{vmatrix} 1 & 2 & 0 & 0 \\ 2 & 3 & 1 & 0 \\ 0 & 3 & 1 & 2 \\ 0 & 0 & 2 & 3 \end{vmatrix}=\begin{vmatrix} 1 & 2 \\ 2 & 3 \end{vmatrix}\times(-1)^{1+2+1+2}\begin{vmatrix} 1 & 2 \\ 2 & 3 \end{vmatrix}$$

$$+\begin{vmatrix} 1 & 0 \\ 2 & 1 \end{vmatrix}\times(-1)^{1+2+1+3}\begin{vmatrix} 3 & 2 \\ 0 & 3 \end{vmatrix}+\begin{vmatrix} 2 & 0 \\ 3 & 1 \end{vmatrix}\times(-1)^{1+2+2+3}\begin{vmatrix} 0 & 2 \\ 0 & 3 \end{vmatrix}$$

$$=1-9+0=-8.$$

1.4　克拉默法则

含有 n 个未知量、n 个方程的线性方程组

$$\begin{cases} a_{11}x_1+a_{12}x_2+\cdots+a_{1n}x_n=b_1, \\ a_{21}x_1+a_{22}x_2+\cdots+a_{2n}x_n=b_2, \\ \quad\cdots\cdots \\ a_{n1}x_1+a_{n2}x_2+\cdots+a_{nn}x_n=b_n. \end{cases} \tag{1.10}$$

其中 $a_{ij}(i,j=1,2,\cdots,n)$ 为未知量的系数;$b_i(i=1,2,\cdots,n)$ 称为常数项. 线性方程组(1.10)的系数 a_{ij} 构成的行列式称为该方程组的**系数行列式 D**,即

$$D=\begin{vmatrix} a_{11} & a_{12} & \cdots & a_{1n} \\ a_{21} & a_{22} & \cdots & a_{2n} \\ \vdots & \vdots & & \vdots \\ a_{n1} & a_{n2} & \cdots & a_{nn} \end{vmatrix}.$$

定理 1.6（克拉默(Cramer)法则） 若线性方程组(1.10)的系数行列式 $D\neq 0$，则方程组(1.10)有唯一解，其解为

$$x_j=\frac{D_j}{D}, \quad j=1,2,\cdots,n, \tag{1.11}$$

其中 $D_j(j=1,2,\cdots,n)$ 是将系数行列式 D 中第 j 列的元素 $a_{1j},a_{2j},\cdots,a_{nj}$ 对应地换成方程组右端的常数项 $b_1,b_2,\cdots,b_n$，而其余各列保持不变得到的行列式.

证 将式(1.11)代入方程组(1.10)容易验证它满足方程组(1.10)，所以式(1.11)是方程组(1.10)的解.

下面证明解的唯一性.

以行列式 D 的第 $j(j=1,2,\cdots,n)$ 列元素的代数余子式 $A_{1j},A_{2j},\cdots,A_{nj}$ 分别乘方程组(1.10)的第 $1,2,\cdots,n$ 个方程，然后相加，得

$$(a_{11}A_{1j}+a_{21}A_{2j}+\cdots+a_{n1}A_{nj})x_1+\cdots$$
$$+(a_{1j}A_{1j}+a_{2j}A_{2j}+\cdots+a_{nj}A_{nj})x_j+\cdots$$
$$+(a_{1n}A_{1j}+a_{2n}A_{2j}+\cdots+a_{nn}A_{nj})x_n$$
$$=b_1A_{1j}+b_2A_{2j}+\cdots+b_nA_{nj}.$$

根据行列式按一行展开公式(1.6)，可知上式括号内只有 x_j 的系数等于 D，而其他 $x_k(k\neq j)$ 的系数等于零. 等号右端等于 D 中第 $j(j=1,2,\cdots,n)$ 列元素以方程组(1.10)右端的常数项 $b_1,b_2,\cdots,b_n$ 替换后的行列式 D_j，即

$$Dx_j=D_j, \quad j=1,2,\cdots,n. \tag{1.12}$$

如果方程组(1.10)有解，则其解必满足方程组(1.12)，而当 $D\neq 0$ 时，方程组(1.12)只有形如(1.11)的解.

综上所述，当方程组(1.10)的系数行列式 $D\neq 0$ 时，有且仅有唯一解

$$x_j=\frac{D_j}{D}, \quad j=1,2,\cdots,n.$$

例 1 解线性方程组

$$\begin{cases} 2x_1+x_2-5x_3+x_4=8, \\ x_1-3x_2-6x_4=9, \\ 2x_2-x_3+2x_4=-5, \\ x_1+4x_2-7x_3+6x_4=0. \end{cases}$$

解
$$D=\begin{vmatrix} 2 & 1 & -5 & 1 \\ 1 & -3 & 0 & -6 \\ 0 & 2 & -1 & 2 \\ 1 & 4 & -7 & 6 \end{vmatrix}=27\neq0.$$

所以方程组有唯一解,用克拉默法则求解.

$$D_1=\begin{vmatrix} 8 & 1 & -5 & 1 \\ 9 & -3 & 0 & -6 \\ -5 & 2 & -1 & 2 \\ 0 & 4 & -7 & 6 \end{vmatrix}=81, \quad D_2=\begin{vmatrix} 2 & 8 & -5 & 1 \\ 1 & 9 & 0 & -6 \\ 0 & -5 & -1 & 2 \\ 1 & 0 & -7 & 6 \end{vmatrix}=-108,$$

$$D_3=\begin{vmatrix} 2 & 1 & 8 & 1 \\ 1 & -3 & 9 & -6 \\ 0 & 2 & -5 & 2 \\ 1 & 4 & 0 & 6 \end{vmatrix}=-27, \quad D_4=\begin{vmatrix} 2 & 1 & -5 & 8 \\ 1 & -3 & 0 & 9 \\ 0 & 2 & -1 & -5 \\ 1 & 4 & -7 & 0 \end{vmatrix}=27,$$

于是,方程组的唯一解为

$$\begin{cases} x_1=\dfrac{D_1}{D}=3, \\ x_2=\dfrac{D_2}{D}=-4, \\ x_3=\dfrac{D_3}{D}=-1, \\ x_4=\dfrac{D_4}{D}=1. \end{cases}$$

若线性方程组(1.10)的常数项 $b_i=0(i=1,2,\cdots,n)$,即

$$\begin{cases} a_{11}x_1+a_{12}x_2+\cdots+a_{1n}x_n=0, \\ a_{21}x_1+a_{22}x_2+\cdots+a_{2n}x_n=0, \\ \qquad\cdots\cdots \\ a_{n1}x_1+a_{n2}x_2+\cdots+a_{nn}x_n=0, \end{cases} \tag{1.13}$$

称方程组(1.13)为**齐次线性方程组**.显然齐次线性方程组(1.13)一定有解,因为 $x_j=0(j=1,2,\cdots,n)$ 就是方程组(1.13)的解,这个解称为**零解**,若 $x_j(j=1,2,\cdots,n)$ 不全为零,且是方程组(1.13)的解,则称为**非零解**.对于齐次线性方程组除零解外是否还有非零解,由以下定理判定.

定理 1.7 若齐次线性方程组(1.13)的系数行列式 $D\neq0$,则方程组(1.13)只有零解.

证 因为 $D\neq0$,由克拉默法则,方程组(1.13)有唯一解 $x_j=\dfrac{D_j}{D}(j=1,2,\cdots,n)$,又因 $b_i=0(i=1,2,\cdots,n)$,可知行列式 D_j 中的第 j 列元素全为零$(j=1,2,\cdots,n)$,因

而 $D_j=0(j=1,2,\cdots,n)$,所以齐次线性方程组(1.13)只有零解.

推论 若齐次线性方程组(1.13)有非零解,则其系数行列式 $D=0$.

第3章将证明,如果 $D=0$,则齐次线性方程组(1.13)有非零解.也就是说,齐次线性方程组(1.13)有非零解的充要条件是其系数行列式 $D=0$.

例2 判定齐次线性方程组

$$\begin{cases} x_1+x_2+5x_3+2x_4=0, \\ 2x_1+3x_2+11x_3+5x_4=0, \\ 2x_1+x_2+3x_3+2x_4=0, \\ x_1+x_2+3x_3+4x_4=0 \end{cases}$$

是否仅有零解.

解 因为

$$D=\begin{vmatrix} 1 & 1 & 5 & 2 \\ 2 & 3 & 11 & 5 \\ 2 & 1 & 3 & 2 \\ 1 & 1 & 3 & 4 \end{vmatrix}=\begin{vmatrix} 1 & 1 & 5 & 2 \\ 0 & 1 & 1 & 1 \\ 0 & -1 & -7 & -2 \\ 0 & 0 & -2 & 2 \end{vmatrix}=\begin{vmatrix} 1 & 1 & 5 & 2 \\ 0 & 1 & 1 & 1 \\ 0 & 0 & -6 & -1 \\ 0 & 0 & -2 & 2 \end{vmatrix}$$

$$=-\begin{vmatrix} 1 & 1 & 5 & 2 \\ 0 & 1 & 1 & 1 \\ 0 & 0 & -2 & 2 \\ 0 & 0 & -6 & -1 \end{vmatrix}=-\begin{vmatrix} 1 & 1 & 5 & 2 \\ 0 & 1 & 1 & 1 \\ 0 & 0 & -2 & 2 \\ 0 & 0 & 0 & -7 \end{vmatrix}=-14\neq0,$$

因此,方程组仅有零解.

例3 k 为何值时,齐次线性方程组

$$\begin{cases} (1-k)x_1-2x_2+4x_3=0, \\ 2x_1+(3-k)x_2+x_3=0, \\ x_1+x_2+(1-k)x_3=0 \end{cases}$$

有非零解?

解 $D=\begin{vmatrix} 1-k & -2 & 4 \\ 2 & 3-k & 1 \\ 1 & 1 & 1-k \end{vmatrix}=\begin{vmatrix} 1-k & k-3 & 4 \\ 2 & 1-k & 1 \\ 1 & 0 & 1-k \end{vmatrix}$

$=(1-k)^3+(k-3)-4(1-k)-2(1-k)(k-3)$

$=k(k-2)(3-k).$

如果方程组有非零解,则 $D=0$,即 $k(k-2)(3-k)=0$,得 $k=0$ 或 $k=2$ 或 $k=3$,亦即当 $k=0$ 或 $k=2$ 或 $k=3$ 时,该方程组有非零解.

习 题 1

（A）

1. 计算下列行列式.

(1) $\begin{vmatrix} 3 & -1 \\ 5 & 2 \end{vmatrix}$;　　　　(2) $\begin{vmatrix} -2 & 4 \\ -1 & 3 \end{vmatrix}$;　　　　(3) $\begin{vmatrix} 2 & 1 & 5 \\ 3 & 0 & 4 \\ 1 & 6 & 7 \end{vmatrix}$;

(4) $\begin{vmatrix} a & b & c \\ b & c & a \\ c & a & b \end{vmatrix}$;　　(5) $\begin{vmatrix} 1 & 1 & 1 \\ a & b & c \\ a^2 & b^2 & c^2 \end{vmatrix}$;　　(6) $\begin{vmatrix} x & y & x+y \\ y & x+y & x \\ x+y & x & y \end{vmatrix}$.

2. 解方程.

(1) $\begin{vmatrix} x & x & 2 \\ 0 & -1 & 1 \\ 1 & 2 & x \end{vmatrix} = 0$;　(2) $\begin{vmatrix} 3 & 1 & 1 \\ x & 1 & 0 \\ x^2 & 3 & 1 \end{vmatrix} = 0$.

3. 解下面的线性方程组

$$\begin{cases} 2x_1 - 3x_2 = 7, \\ 5x_1 + 4x_2 = 6. \end{cases}$$

4. 求下列排列的逆序数.

(1) 542163;　　(2) 3712456;　　(3) $23\cdots(n-1)n1$;　　(4) $13\cdots(2n-1)24\cdots2n$.

5. 确定 i 和 j 的值,使得 9 级排列(1) $1i25j4869$ 成偶排列;(2) $469i1j752$ 成奇排列.

6. 确定下列行列式的项前面所带的符号.

(1) $a_{31}a_{12}a_{23}a_{44}$;　　　　　　(2) $a_{31}a_{23}a_{14}a_{42}a_{65}a_{56}$.

7. 根据行列式的定义计算下面的行列式.

(1) $\begin{vmatrix} 0 & 0 & 1 & 0 \\ 0 & 1 & 0 & 0 \\ 0 & 0 & 0 & 1 \\ 1 & 0 & 0 & 0 \end{vmatrix}$;　　　　(2) $\begin{vmatrix} a & 0 & 0 & b \\ 0 & c & d & 0 \\ 0 & e & f & 0 \\ g & 0 & 0 & h \end{vmatrix}$;

(3) $\begin{vmatrix} a_1 & a_2 & a_3 & \cdots & a_{n-1} & a_n \\ b_1 & 0 & 0 & \cdots & 0 & \vdots \\ 0 & b_2 & 0 & \cdots & 0 & 0 \\ \vdots & \vdots & \vdots & & \vdots & \vdots \\ 0 & 0 & 0 & \cdots & b_{n-1} & 0 \end{vmatrix}$;　(4) $\begin{vmatrix} 0 & 1 & 0 & 0 & \cdots & 0 & 0 \\ 0 & 0 & 2 & 0 & \cdots & 0 & 0 \\ \vdots & \vdots & \vdots & \vdots & & \vdots & \vdots \\ 0 & 0 & 0 & 0 & \cdots & 0 & n-1 \\ n & 0 & 0 & 0 & \cdots & 0 & 0 \end{vmatrix}$.

8. 用行列式的性质计算下列行列式.

(1) $\begin{vmatrix} 32153 & 32053 \\ 72284 & 72184 \end{vmatrix}$;　　　　(2) $\begin{vmatrix} 5 & -1 & 3 \\ 2 & 2 & 2 \\ 196 & 203 & 199 \end{vmatrix}$;

$$(3) \begin{vmatrix} 4 & 1 & 1 & 1 \\ 1 & 4 & 1 & 1 \\ 1 & 1 & 4 & 1 \\ 1 & 1 & 1 & 4 \end{vmatrix};$$

$$(4) \begin{vmatrix} 1 & 2 & 3 & 4 \\ 2 & 3 & 4 & 1 \\ 3 & 4 & 1 & 2 \\ 4 & 1 & 2 & 3 \end{vmatrix}.$$

9. 用行列式的性质证明

$$(1) \begin{vmatrix} a_1+c_1 & b_1+a_1 & c_1+b_1 \\ a_2+c_2 & b_2+a_2 & c_2+b_2 \\ a_3+c_3 & b_3+a_3 & c_3+b_3 \end{vmatrix} = 2 \begin{vmatrix} a_1 & b_1 & c_1 \\ a_2 & b_2 & c_2 \\ a_3 & b_3 & c_3 \end{vmatrix};$$

$$(2) \begin{vmatrix} a_1+kb_1 & b_1+c_1 & c_1 \\ a_2+kb_2 & b_2+c_2 & c_2 \\ a_3+kb_3 & b_3+c_3 & c_3 \end{vmatrix} = \begin{vmatrix} a_1 & b_1 & c_1 \\ a_2 & b_2 & c_2 \\ a_3 & b_3 & c_3 \end{vmatrix}.$$

10. 计算下列行列式.

$$(1) \begin{vmatrix} a_1-b & a_2 & \cdots & a_n \\ a_1 & a_2-b & \cdots & a_n \\ \vdots & \vdots & & \vdots \\ a_1 & a_2 & \cdots & a_n-b \end{vmatrix};$$

$$(2) \begin{vmatrix} 1 & 2 & 3 & \cdots & n-1 & n \\ 1 & -1 & 0 & \cdots & 0 & 0 \\ 0 & 2 & -2 & \cdots & 0 & 0 \\ \vdots & \vdots & \vdots & & \vdots & \vdots \\ 0 & 0 & 0 & \cdots & -(n-2) & 0 \\ 0 & 0 & 0 & \cdots & n-1 & -(n-1) \end{vmatrix};$$

$$(3) \begin{vmatrix} -a_1 & a_1 & 0 & \cdots & 0 & 0 \\ 0 & -a_2 & a_2 & \cdots & 0 & 0 \\ \vdots & \vdots & \vdots & & \vdots & \vdots \\ 0 & 0 & 0 & \cdots & -a_{n-1} & a_{n-1} \\ 1 & 1 & 1 & \cdots & 1 & 1 \end{vmatrix};$$

$$(4) \begin{vmatrix} 1 & 2 & 3 & \cdots & n-1 & n \\ -1 & 0 & 3 & \cdots & n-1 & n \\ -1 & -2 & 0 & \cdots & n-1 & n \\ \vdots & \vdots & \vdots & & \vdots & \vdots \\ -1 & -2 & -3 & \cdots & 0 & n \\ -1 & -2 & -3 & \cdots & -(n-1) & 0 \end{vmatrix};$$

$$(5) \begin{vmatrix} a_1 & a_2 & a_3 & \cdots & a_n \\ b_2 & 1 & 0 & \cdots & 0 \\ b_3 & 0 & 1 & \cdots & 0 \\ \vdots & \vdots & \vdots & & \vdots \\ b_n & 0 & 0 & \cdots & 1 \end{vmatrix};$$

$$(6) \begin{vmatrix} 0 & 1 & 1 & \cdots & 1 & 1 \\ 1 & 0 & 1 & \cdots & 1 & 1 \\ 1 & 1 & 0 & \cdots & 1 & 1 \\ \vdots & \vdots & \vdots & & \vdots & \vdots \\ 1 & 1 & 1 & \cdots & 0 & 1 \\ 1 & 1 & 1 & \cdots & 1 & 0 \end{vmatrix}.$$

11. 解下列方程.

(1) $\begin{vmatrix} 1 & 2 & 3 & \cdots & n \\ 1 & x+1 & 3 & \cdots & n \\ 1 & 2 & x+1 & \cdots & n \\ \vdots & \vdots & \vdots & & \vdots \\ 1 & 2 & 3 & \cdots & x+1 \end{vmatrix} = 0;$

(2) $\begin{vmatrix} 1 & 1 & 1 & \cdots & 1 & 1 \\ 1 & 1-x & 1 & \cdots & 1 & 1 \\ 1 & 1 & 2-x & \cdots & 1 & 1 \\ \vdots & \vdots & \vdots & & \vdots & \vdots \\ 1 & 1 & 1 & \cdots & (n-2)-x & 1 \\ 1 & 1 & 1 & \cdots & 1 & (n-1)-x \end{vmatrix} = 0.$

12. 已知四阶行列式

$$D = \begin{vmatrix} 1 & 0 & 4 & 0 \\ 2 & -1 & -1 & 2 \\ 0 & -6 & 0 & 0 \\ 2 & 4 & -1 & 2 \end{vmatrix},$$

求 D 的第四行各元素的代数余子式之和.

13. 用展开定理计算下列行列式.

(1) $\begin{vmatrix} 0 & 0 & 0 & b & a \\ 0 & 0 & b & a & 0 \\ 0 & b & a & 0 & 0 \\ b & a & 0 & 0 & 0 \\ a & 0 & 0 & 0 & b \end{vmatrix};$

(2) $\begin{vmatrix} x & a & b & 0 & c \\ 0 & y & 0 & 0 & d \\ 0 & c & z & 0 & f \\ g & h & k & u & l \\ 0 & 0 & 0 & 0 & v \end{vmatrix};$

(3) $\begin{vmatrix} 1 & 1 & \cdots & 1 & -n \\ 1 & 1 & \cdots & -n & 1 \\ \vdots & \vdots & & \vdots & \vdots \\ 1 & -n & \cdots & 1 & 1 \\ -n & 1 & \cdots & 1 & 1 \end{vmatrix};$

(4) $\begin{vmatrix} 1 & 2 & 2 & \cdots & 2 & 2 \\ 2 & 2 & 2 & \cdots & 2 & 2 \\ 2 & 2 & 3 & \cdots & 2 & 2 \\ \vdots & \vdots & \vdots & & \vdots & \vdots \\ 2 & 2 & 2 & \cdots & n-1 & 2 \\ 2 & 2 & 2 & \cdots & 2 & n \end{vmatrix} \ (n \geqslant 2).$

14. 解方程

$$\begin{vmatrix} 1 & 2 & 1 & 1 \\ 1 & x & 2 & 3 \\ 0 & 0 & x & 2 \\ 0 & 0 & 2 & x \end{vmatrix} = 0.$$

15. 计算行列式

$$\begin{vmatrix} 1 & 1 & 1 & 1 \\ -1 & 2 & 1 & 3 \\ 1 & 4 & 1 & 9 \\ -1 & 8 & 1 & 27 \end{vmatrix}.$$

16. 用克拉默法则解下列线性方程组.

(1) $\begin{cases} 3x_1+2x_2+\ x_3=5, \\ 2x_1+3x_2+\ x_3=1, \\ 2x_1+\ x_2+3x_3=11; \end{cases}$ (2) $\begin{cases} 2x-z=1, \\ 2x+4y-z=1, \\ -x+8y+3z=2; \end{cases}$

(3) $\begin{cases} bx-ay=-2ab, \\ -2cy+3bz=bc\ (abc\neq 0), \\ cx+az=0; \end{cases}$ (4) $\begin{cases} 2x_1+2x_2-\ x_3+\ x_4=4, \\ 4x_1+3x_2-\ x_3+2x_4=6, \\ 8x_1+5x_2-3x_3+4x_4=12, \\ 3x_1+3x_2-2x_3+2x_4=6. \end{cases}$

17. k 取何值时, 线性方程组

$$\begin{cases} kx+y-z=0, \\ x+ky-z=0, \\ 2x-y+z=0 \end{cases}$$

仅有零解.

18. λ 取何值时, 下述线性方程组有非零解?

$$\begin{cases} (\lambda-3)x_1-x_2+x_4=0, \\ -x_1+(\lambda-3)x_2+x_3=0, \\ x_2+(\lambda-3)x_3-x_4=0, \\ x_1-x_3+(\lambda-3)x_4=0. \end{cases}$$

(B)

1. 下述行列式是 x 的几次多项式? 分别求出 x^4 项和 x^3 项的系数.

$$\begin{vmatrix} 5x & x & 1 & x \\ 1 & x & 1 & -x \\ 3 & 2 & x & 1 \\ 3 & 1 & 1 & x \end{vmatrix}.$$

2. 计算下列行列式.

(1) $\begin{vmatrix} 1 & -1 & 1 & x-1 \\ 1 & -1 & x+1 & -1 \\ 1 & x-1 & 1 & -1 \\ x+1 & -1 & 1 & -1 \end{vmatrix};$ (2) $\begin{vmatrix} a_1 & 0 & 0 & b_1 \\ 0 & a_2 & b_2 & 0 \\ 0 & b_3 & a_3 & 0 \\ b_4 & 0 & 0 & a_4 \end{vmatrix}.$

3. 证明一个 n 阶行列式中等于零的元素的个数如果比 n^2-n 多, 则此行列式的值为零.

4. 已知 n 阶行列式

$$|A|=\begin{vmatrix} 1 & 3 & 5 & \cdots & 2n-1 \\ 1 & 2 & 0 & \cdots & 0 \\ 1 & 0 & 3 & \cdots & 0 \\ \vdots & \vdots & \vdots & & \vdots \\ 1 & 0 & 0 & \cdots & n \end{vmatrix},$$

求代数余子式 $A_{11}+A_{12}+\cdots+A_{1n}$ 之和.

5. 计算下列行列式.

$$(1)\ \begin{vmatrix} 1 & 2 & 3 & \cdots & n-1 & n \\ n & 1 & 2 & \cdots & n-2 & n-1 \\ n-1 & n & 1 & \cdots & n-3 & n-2 \\ \vdots & \vdots & \vdots & & \vdots & \vdots \\ 2 & 3 & 4 & \cdots & n & 1 \end{vmatrix};$$

$$(2)\ \begin{vmatrix} 1+a_1 & 1 & 1 & \cdots & 1 & 1 \\ 1 & 1+a_2 & 1 & \cdots & 1 & 1 \\ 1 & 1 & 1+a_3 & \cdots & 1 & 1 \\ \vdots & \vdots & \vdots & & \vdots & \vdots \\ 1 & 1 & 1 & \cdots & 1 & 1+a_n \end{vmatrix}\ (a_1 a_2 \cdots a_n \neq 0);$$

$$(3)\ \begin{vmatrix} a+b & ab & 0 & \cdots & 0 & 0 \\ 1 & a+b & ab & \cdots & 0 & 0 \\ \vdots & \vdots & \vdots & & \vdots & \vdots \\ 0 & 0 & 0 & \cdots & a+b & ab \\ 0 & 0 & 0 & \cdots & 1 & a+b \end{vmatrix};\quad (4)\ D_n = \begin{vmatrix} 1 & 1 & \cdots & 1 \\ 2 & 2^2 & \cdots & 2^n \\ 3 & 3^2 & \cdots & 3^n \\ \vdots & \vdots & & \vdots \\ n & n^2 & \cdots & n^n \end{vmatrix}.$$

6. 计算 $2n$ 阶行列式

$$\begin{vmatrix} a & & & & & & & b \\ & a & & & & & b & \\ & & \ddots & & & \reflectbox{$\ddots$} & & \\ & & & a & b & & & \\ & & & b & a & & & \\ & & \reflectbox{$\ddots$} & & & \ddots & & \\ & b & & & & & a & \\ b & & & & & & & a \end{vmatrix}.$$

7. 求解线性方程组

$$\begin{cases} x_1 + a_1 x_2 + a_1^2 x_3 + \cdots + a_1^{n-1} x_n = 1, \\ x_1 + a_2 x_2 + a_2^2 x_3 + \cdots + a_2^{n-1} x_n = 1, \\ \qquad\qquad \cdots\cdots \\ x_1 + a_n x_2 + a_n^2 x_3 + \cdots + a_n^{n-1} x_n = 1. \end{cases}$$

其中 $a_i \neq a_j (i \neq j; i,j = 1,2,\cdots,n)$.

8. (1997)计算 n 阶行列式

$$\begin{vmatrix} 0 & 1 & 1 & \cdots & 1 & 1 \\ 1 & 0 & 1 & \cdots & 1 & 1 \\ 1 & 1 & 0 & \cdots & 1 & 1 \\ \vdots & \vdots & \vdots & & \vdots & \vdots \\ 1 & 1 & 1 & \cdots & 0 & 1 \\ 1 & 1 & 1 & \cdots & 1 & 0 \end{vmatrix}.$$

9. (1996)五阶行列式 $D = \begin{vmatrix} 1-a & a & 0 & 0 & 0 \\ -1 & 1-a & a & 0 & 0 \\ 0 & -1 & 1-a & a & 0 \\ 0 & 0 & -1 & 1-a & a \\ 0 & 0 & 0 & -1 & 1-a \end{vmatrix} = \underline{\hspace{2cm}}.$

第 1 章测试题

第2章

矩　阵

矩阵是线性代数的一个重要的基本概念和数学工具,广泛应用于自然科学的各个分支及经济分析、经济管理等许多领域.本章主要介绍矩阵的概念及运算、逆矩阵的概念及其求法、初等矩阵及矩阵的初等变换、分块矩阵及其运算、矩阵的秩的概念.

2.1　矩阵的概念及运算

一、矩阵的概念

许多问题,在不同的数集范围内讨论,可能得到不同的结论,为了对不同的数集范围统一地讨论一些问题,需要先引入数域的概念.

定义 2.1　设 F 是由一些数组成的一个集合,其中包含 0 和 1,如果 F 中的任意两个数(这两个数也可以相同)的和、差、积、商(除数不为零)仍然是集合 F 中的数,则称 F 为一个**数域**.

根据定义 2.1,全体整数组成的集合不是一个数域,因为任意两个整数的商(除数不为零)不一定是整数.而由全体有理数组成的集合 $\mathbf{Q}$,全体实数组成的集合 $\mathbf{R}$,全体复数组成的集合 $\mathbf{C}$ 都是数域,分别称为有理数域、实数域和复数域.

由于本书中主要涉及的数域是实数域 $\mathbf{R}$,故若无特别说明,各章中所涉及的数均为实数,若是指任意数域,则用 F 表示.

定义 2.2　由数域 F 中的 $m \times n$ 个数 $a_{ij}(i=1,2,\cdots,m;j=1,2,\cdots,n)$ 排成的一个 m 行 n 列的矩形数表

$$\begin{bmatrix} a_{11} & a_{12} & \cdots & a_{1n} \\ a_{21} & a_{22} & \cdots & a_{2n} \\ \vdots & \vdots & & \vdots \\ a_{m1} & a_{m2} & \cdots & a_{mn} \end{bmatrix}$$

称为数域 F 上的一个 $m \times n$ **矩阵**.其中 a_{ij} 称为该矩阵的第 i 行第 j 列的**元素**$(i=1,2,\cdots,m;j=1,2,\cdots,n)$.

通常用大写的拉丁字母 A,B,C 等表示矩阵.为了表明矩阵的行数和列数也可将 m 行 n 列的矩阵 A 记为 $A_{m \times n}$.当矩阵 A 的第 i 行第 j 列的元素为 $a_{ij}(i=1,2,\cdots,m;j=1,2,\cdots,n)$时,也可将 A 记作 $A=(a_{ij})$ 或 $A=(a_{ij})_{m \times n}$.

元素全为零的 $m\times n$ 矩阵称为**零矩阵**,记作 $O_{m\times n}$,即

$$O=\begin{pmatrix} 0 & 0 & \cdots & 0 \\ 0 & 0 & \cdots & 0 \\ \vdots & \vdots & & \vdots \\ 0 & 0 & \cdots & 0 \end{pmatrix}.$$

只有一行的矩阵称为**行矩阵**,即 $1\times n$ 矩阵

$$A=(a_1,a_2,\cdots,a_n);$$

只有一列的矩阵称为**列矩阵**,即 $m\times 1$ 矩阵

$$B=\begin{pmatrix} b_1 \\ b_2 \\ \vdots \\ b_m \end{pmatrix}.$$

行数与列数都等于 n 的矩阵称为 n **阶矩阵**或 n **阶方阵**. n 阶矩阵 A 也记为 A_n.显然,一阶矩阵就是一个数.

例 1 线性方程组

$$\begin{cases} a_{11}x_1+a_{12}x_2+\cdots+a_{1n}x_n=b_1, \\ a_{21}x_1+a_{22}x_2+\cdots+a_{2n}x_n=b_2, \\ \quad\quad\cdots\cdots \\ a_{m1}x_1+a_{m2}x_2+\cdots+a_{mn}x_n=b_m \end{cases} \tag{2.1}$$

的未知量的系数 $a_{ij}(i=1,2,\cdots,m;j=1,2,\cdots,n)$,常数项 $b_i(i=1,2,\cdots,m)$ 按原来的相对位置排列成一个 $m\times(n+1)$ 矩阵

$$\begin{pmatrix} a_{11} & a_{12} & \cdots & a_{1n} & b_1 \\ a_{21} & a_{22} & \cdots & a_{2n} & b_2 \\ \vdots & \vdots & & \vdots & \vdots \\ a_{m1} & a_{m2} & \cdots & a_{mn} & b_m \end{pmatrix}.$$

例 2 四城市间的单线航线通航图如图 2-1 所示.

若令

$$a_{ij}=\begin{cases} 1,从\ i\ 市到\ j\ 市有一条单向航线, \\ 0,从\ i\ 市到\ j\ 市没有单向航线, \end{cases}$$

则此航线图可用矩阵表示为

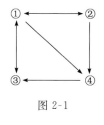

图 2-1

$$\begin{pmatrix} 0 & 1 & 1 & 1 \\ 1 & 0 & 0 & 1 \\ 1 & 0 & 0 & 0 \\ 0 & 0 & 1 & 0 \end{pmatrix}.$$

一般地,有限多个点之间的通道图都可以用这样的矩阵表示.

二、矩阵的运算

1. 两个矩阵相等

定义 2.3 设矩阵 $A=(a_{ij})_{m\times n}$, $B=(b_{ij})_{m\times n}$, 如果满足 $a_{ij}=b_{ij}$ ($i=1,2,\cdots,m$; $j=1,2,\cdots,n$), 则称矩阵 A 与 B **相等**, 记作 $A=B$.

行、列数分别相等的两个矩阵称为**同型矩阵**.

例 3 设矩阵

$$A=\begin{pmatrix} 1 & 2-x & 3 \\ 2 & 3 & 2z \end{pmatrix}, \quad B=\begin{pmatrix} 1 & x & 3 \\ y & 3 & z-2 \end{pmatrix},$$

且 $A=B$, 求 x,y,z.

解 因为 $A=B$, 有 $2-x=x$, $2=y$, $2z=z-2$, 所以

$$x=1, \quad y=2, \quad z=-2.$$

2. 矩阵的加法

定义 2.4 两个矩阵 $A=(a_{ij})_{m\times n}$, $B=(b_{ij})_{m\times n}$ 对应位置元素相加得到的 $m\times n$ 矩阵, 称为矩阵 A 与 B 的**和**, 记作 $A+B$, 即

$$A+B=(a_{ij})_{m\times n}+(b_{ij})_{m\times n}=(a_{ij}+b_{ij})_{m\times n}. \tag{2.2}$$

此运算称为矩阵的**加法**.

显然, 只有同型矩阵才能进行加法运算.

设矩阵 $A=(a_{ij})_{m\times n}$, 称矩阵 $(-a_{ij})_{m\times n}$ 为 A 的**负矩阵**, 记为 $-A$, 由此定义矩阵的减法

$$A-B=A+(-B)=(a_{ij}-b_{ij})_{m\times n}. \tag{2.3}$$

例 4 某种物资(单位:t)从两个产地运往三个销地, 两次调运方案分别为供销矩阵 A,B

$$A=\begin{pmatrix} 2 & 1 & 3 \\ 3 & 2 & 0 \end{pmatrix}, \quad B=\begin{pmatrix} 3 & 2 & 4 \\ 1 & 2 & 5 \end{pmatrix}.$$

则从各产地运往各销地两次物资调运总量为

$$A+B=\begin{pmatrix} 2 & 1 & 3 \\ 3 & 2 & 0 \end{pmatrix}+\begin{pmatrix} 3 & 2 & 4 \\ 1 & 2 & 5 \end{pmatrix}$$

$$=\begin{pmatrix} 2+3 & 1+2 & 3+4 \\ 3+1 & 2+2 & 0+5 \end{pmatrix}=\begin{pmatrix} 5 & 3 & 7 \\ 4 & 4 & 5 \end{pmatrix}.$$

由定义 2.4 可直接验证, 矩阵的加法运算满足下列运算律:
(1) 交换律 $A+B=B+A$;
(2) 结合律 $(A+B)+C=A+(B+C)$;

（3）$A+O=O+A$；

（4）$A+(-A)=(-A)+A=O.$

其中 A,B,C 为数域 F 上的 $m\times n$ 矩阵；O 为 $m\times n$ 零矩阵.

3. 数与矩阵的乘法

定义 2.5　设 $A=(a_{ij})_{m\times n}$ 为数域 F 上的矩阵，k 是数域 F 中的数，以数 k 乘以矩阵 A 的每个元素得到的矩阵

$$\begin{pmatrix} ka_{11} & ka_{12} & \cdots & ka_{1n} \\ ka_{21} & ka_{22} & \cdots & ka_{2n} \\ \vdots & \vdots & & \vdots \\ ka_{m1} & ka_{m2} & \cdots & ka_{mn} \end{pmatrix}$$

称为数 k 与矩阵 A 的积，记为 kA，此运算称为**数乘**.

由定义 2.5 可直接验证，矩阵的数乘运算满足下列运算律：

（1）$k(A+B)=kA+kB$；

（2）$(k+l)A=kA+lA$；

（3）$k(lA)=(kl)A$；

（4）$1\cdot A=A.$

其中 A,B 为数域 F 上的 $m\times n$ 矩阵；$k,l\in F.$

矩阵的加法与数乘运算统称为矩阵的**线性运算**.

例 5　已知矩阵

$$A=\begin{pmatrix} 3 & -2 & 7 & 5 \\ 1 & 0 & 4 & -3 \\ 6 & 8 & 0 & 2 \end{pmatrix},\quad B=\begin{pmatrix} -2 & 0 & 1 & 4 \\ 5 & -1 & 7 & 6 \\ 4 & 2 & 1 & -9 \end{pmatrix},$$

求 $3A-2B.$

解　$3A-2B=3\begin{pmatrix} 3 & -2 & 7 & 5 \\ 1 & 0 & 4 & -3 \\ 6 & 8 & 0 & 2 \end{pmatrix}-2\begin{pmatrix} -2 & 0 & 1 & 4 \\ 5 & -1 & 7 & 6 \\ 4 & 2 & 1 & -9 \end{pmatrix}$

$$=\begin{pmatrix} 9+4 & -6-0 & 21-2 & 15-8 \\ 3-10 & 0+2 & 12-14 & -9-12 \\ 18-8 & 24-4 & 0-2 & 6+18 \end{pmatrix}$$

$$=\begin{pmatrix} 13 & -6 & 19 & 7 \\ -7 & 2 & -2 & -21 \\ 10 & 20 & -2 & 24 \end{pmatrix}.$$

4. 矩阵的乘法

先看一个实例.

例 6 某单位计划在 2010 年与 2011 年两年内建造三种类型的房屋,建造每种类型房屋的数量(单位:100m²)如表 2-1 所示,每 100m² 房屋各种材料的耗用量如表 2-2 所示.试求 2010 年与 2011 年所需各种材料的数量.

表 2-1

年份＼类型	甲	乙	丙
2010	a_{11}	a_{12}	a_{13}
2011	a_{21}	a_{22}	a_{23}

表 2-2

类型＼材料	水泥/t	钢筋/t	木材/m³
甲	b_{11}	b_{12}	b_{13}
乙	b_{21}	b_{22}	b_{23}
丙	b_{31}	b_{32}	b_{33}

解 依题意,2010 年与 2011 年所需各种材料的数量如表 2-3 所示.

表 2-3

年份＼材料	水泥/t	钢筋/t	木材/m³
2010	$a_{11}b_{11}+a_{12}b_{21}+a_{13}b_{31}$	$a_{11}b_{12}+a_{12}b_{22}+a_{13}b_{32}$	$a_{11}b_{13}+a_{12}b_{23}+a_{13}b_{33}$
2011	$a_{21}b_{11}+a_{22}b_{21}+a_{23}b_{31}$	$a_{21}b_{12}+a_{22}b_{22}+a_{23}b_{32}$	$a_{21}b_{13}+a_{22}b_{23}+a_{23}b_{33}$

如果用矩阵 A,B,C 分别表示表 2-1,表 2-2,表 2-3 中的数据,即

$$A=\begin{pmatrix} a_{11} & a_{12} & a_{13} \\ a_{21} & a_{22} & a_{23} \end{pmatrix}, \qquad B=\begin{pmatrix} b_{11} & b_{12} & b_{13} \\ b_{21} & b_{22} & b_{23} \\ b_{31} & b_{32} & b_{33} \end{pmatrix},$$

$$C=\begin{pmatrix} a_{11}b_{11}+a_{12}b_{21}+a_{13}b_{31} & a_{11}b_{12}+a_{12}b_{22}+a_{13}b_{32} & a_{11}b_{13}+a_{12}b_{23}+a_{13}b_{33} \\ a_{21}b_{11}+a_{22}b_{21}+a_{23}b_{31} & a_{21}b_{12}+a_{22}b_{22}+a_{23}b_{32} & a_{21}b_{13}+a_{22}b_{23}+a_{23}b_{33} \end{pmatrix},$$

记 $C=\begin{pmatrix} c_{11} & c_{12} & c_{13} \\ c_{21} & c_{22} & c_{23} \end{pmatrix}$，其中 $c_{ij}=a_{i1}b_{1j}+a_{i2}b_{2j}+a_{i3}b_{3j}$ $(i=1,2;j=1,2,3)$，则

这三个矩阵之间存在以下关系：

矩阵 C 完全由矩阵 A 和矩阵 B 确定，C 中第 i 行第 j 列元素 c_{ij} 是由 A 中第 i 行的每一个元素与 B 中第 j 列的对应元素相乘后再相加得到的.

定义 2.6 设矩阵 $A=(a_{ij})_{m\times s}$，$B=(b_{ij})_{s\times n}$，则由元素

$$c_{ij}=a_{i1}b_{1j}+a_{i2}b_{2j}+\cdots+a_{is}b_{sj} \quad (i=1,2,\cdots,m;j=1,2,\cdots,n)$$

构成的矩阵

$$C=(c_{ij})_{m\times n}$$

称为矩阵 A 与矩阵 B 的**乘积**，记为 $C=AB$.

关于矩阵乘积应注意以下三点.

（1）矩阵乘法的条件是：左矩阵 A 的列数等于右矩阵 B 的行数.

（2）矩阵乘法的法则是：左行右列法——矩阵 C 的第 i 行第 j 列元素 c_{ij} 等于左矩阵 A 的第 i 行各元素与右矩阵 B 的第 j 列对应元素乘积之和.

（3）矩阵乘法的结果是：矩阵乘积仍为矩阵，且结果矩阵 C 的行数等于左矩阵 A 的行数，C 的列数等于右矩阵 B 的列数.

例 7 设 $A=\begin{pmatrix} 1 & 2 & -1 \\ -3 & 1 & 2 \end{pmatrix}$，$B=\begin{pmatrix} 1 \\ 2 \\ 3 \end{pmatrix}$，求 AB 与 BA.

解 $AB=\begin{pmatrix} 1 & 2 & -1 \\ -3 & 1 & 2 \end{pmatrix}\begin{pmatrix} 1 \\ 2 \\ 3 \end{pmatrix}=\begin{pmatrix} 1\times1+2\times2+(-1)\times3 \\ -3\times1+1\times2+2\times3 \end{pmatrix}=\begin{pmatrix} 2 \\ 5 \end{pmatrix}$.

因为 B 的列数为 1，A 的行数为 2，所以 BA 无意义.

由此例可以看出，AB 有意义时，BA 不一定有意义.

例 8 设 $A=(a_1,a_2,\cdots,a_n)$，$B=\begin{pmatrix} b_1 \\ b_2 \\ \vdots \\ b_n \end{pmatrix}$，求 AB 与 BA.

解 $AB=(a_1,a_2,\cdots,a_n)\begin{pmatrix} b_1 \\ b_2 \\ \vdots \\ b_n \end{pmatrix}=a_1b_1+a_2b_2+\cdots+a_nb_n=\sum_{i=1}^{n}a_ib_i$.

$$BA = \begin{pmatrix} b_1 \\ b_2 \\ \vdots \\ b_n \end{pmatrix} (a_1, a_2, \cdots, a_n) = \begin{pmatrix} b_1 a_1 & b_1 a_2 & \cdots & b_1 a_n \\ b_2 a_1 & b_2 a_2 & \cdots & b_2 a_n \\ \vdots & \vdots & & \vdots \\ b_n a_1 & b_n a_2 & \cdots & b_n a_n \end{pmatrix}.$$

可见 AB 为一阶矩阵,是一个数, BA 为 n 阶矩阵.

由此例可以看出,虽然 AB 和 BA 都有意义,但 AB 与 BA 不一定相等.

例 9 设 $A = \begin{pmatrix} 2 & 4 \\ -3 & -6 \end{pmatrix}, B = \begin{pmatrix} -2 & 4 \\ 1 & -2 \end{pmatrix}$,求 AB 与 BA.

解
$$AB = \begin{pmatrix} 2 & 4 \\ -3 & -6 \end{pmatrix} \begin{pmatrix} -2 & 4 \\ 1 & -2 \end{pmatrix} = \begin{pmatrix} 0 & 0 \\ 0 & 0 \end{pmatrix},$$

$$BA = \begin{pmatrix} -2 & 4 \\ 1 & -2 \end{pmatrix} \begin{pmatrix} 2 & 4 \\ -3 & -6 \end{pmatrix} = \begin{pmatrix} -16 & -32 \\ 8 & 16 \end{pmatrix}.$$

由此例可以看出,虽然 AB 和 BA 都有意义,但 AB 与 BA 不一定相等.此例还说明两个非零矩阵的乘积可能是零矩阵.

例 10 设 $A = \begin{pmatrix} 3 & 1 \\ 4 & 0 \end{pmatrix}, B = \begin{pmatrix} 2 & 1 \\ -3 & 0 \end{pmatrix}, C = \begin{pmatrix} 0 & 0 \\ 1 & 1 \end{pmatrix}$,求 AC 与 BC.

解
$$AC = \begin{pmatrix} 3 & 1 \\ 4 & 0 \end{pmatrix} \begin{pmatrix} 0 & 0 \\ 1 & 1 \end{pmatrix} = \begin{pmatrix} 1 & 1 \\ 0 & 0 \end{pmatrix},$$

$$BC = \begin{pmatrix} 2 & 1 \\ -3 & 0 \end{pmatrix} \begin{pmatrix} 0 & 0 \\ 1 & 1 \end{pmatrix} = \begin{pmatrix} 1 & 1 \\ 0 & 0 \end{pmatrix}.$$

此例说明,虽然 $AC = BC$,且 $C \neq O$,但不能推出 $A = B$.

由以上例题看出,矩阵乘法有以下特殊性质:

(1) 矩阵乘法不满足交换律,一般来说 $AB \neq BA$.

(2) 矩阵乘法不满足消去律,两个非零矩阵的乘积可能是零矩阵,即从 $AB = O$ 一般不能推出 $A = O$ 或 $B = O$.

因为矩阵乘法不满足交换律,所以 AB 称为 A 左乘 B 或称 B 右乘 A.另外,并不是在任何情况下都有 $AB \neq BA$,有些矩阵乘法是可以交换的.如果 $AB = BA$,则称矩阵 A 与矩阵 B 的乘法**可交换**.

例 11 设矩阵 $A = \begin{pmatrix} 1 & 0 \\ 2 & 1 \end{pmatrix}$,求与矩阵 A 可交换的矩阵.

解 由条件知,与 A 可交换的矩阵必为二阶方阵.故设
$$X = \begin{pmatrix} x_{11} & x_{12} \\ x_{21} & x_{22} \end{pmatrix}$$

为与 A 可交换的矩阵,由于

$$AX=\begin{pmatrix}1&0\\2&1\end{pmatrix}\begin{pmatrix}x_{11}&x_{12}\\x_{21}&x_{22}\end{pmatrix}=\begin{pmatrix}x_{11}&x_{12}\\2x_{11}+x_{21}&2x_{12}+x_{22}\end{pmatrix},$$

$$XA=\begin{pmatrix}x_{11}&x_{12}\\x_{21}&x_{22}\end{pmatrix}\begin{pmatrix}1&0\\2&1\end{pmatrix}=\begin{pmatrix}x_{11}+2x_{12}&x_{12}\\x_{21}+2x_{22}&x_{22}\end{pmatrix}.$$

则由 $AX=XA$ 可得

$$\begin{cases}x_{11}=x_{11}+2x_{12},\\x_{12}=x_{12},\\2x_{11}+x_{21}=x_{21}+2x_{22},\\2x_{12}+x_{22}=x_{22},\end{cases}$$

解得 $x_{12}=0,x_{11}=x_{22}$,且 x_{11},x_{21} 可取任意值,故所求矩阵是如下形式的矩阵:

$$X=\begin{pmatrix}x_{11}&0\\x_{21}&x_{11}\end{pmatrix}.$$

矩阵的乘法虽不满足交换律、消去律,但仍满足下列结合律和分配律:

(1) 结合律　$(AB)C=A(BC)$;

(2) 结合律　$k(AB)=(kA)B=A(kB)$;

(3) 左乘分配律　$A(B+C)=AB+AC$;

(4) 右乘分配律　$(B+C)A=BA+CA$.

其中 A,B,C 为数域 F 上的 $m\times n$ 矩阵,k 为数域 F 中的数.

5. 矩阵的转置

定义 2.7　将 $m\times n$ 矩阵 $A=(a_{ij})$ 的行与列互换,得到的 $n\times m$ 矩阵,称为矩阵 A 的**转置矩阵**,简称 A 的**转置**,记为 A^{T},即

$$若 A=\begin{pmatrix}a_{11}&a_{12}&\cdots&a_{1n}\\a_{21}&a_{22}&\cdots&a_{2n}\\\vdots&\vdots&&\vdots\\a_{m1}&a_{m2}&\cdots&a_{mn}\end{pmatrix},则 A^{\mathrm{T}}=\begin{pmatrix}a_{11}&a_{21}&\cdots&a_{m1}\\a_{12}&a_{22}&\cdots&a_{m2}\\\vdots&\vdots&&\vdots\\a_{1n}&a_{2n}&\cdots&a_{mn}\end{pmatrix}.$$

例如,$A=\begin{pmatrix}1&2&3\\4&5&6\end{pmatrix}$,则 $A^{\mathrm{T}}=\begin{pmatrix}1&4\\2&5\\3&6\end{pmatrix}$.

矩阵的转置具有以下性质:

(1) $(A^{\mathrm{T}})^{\mathrm{T}}=A$;

(2) $(A+B)^{\mathrm{T}}=A^{\mathrm{T}}+B^{\mathrm{T}}$;

(3) $(kA)^{\mathrm{T}}=kA^{\mathrm{T}}$;

(4) $(AB)^{\mathrm{T}}=B^{\mathrm{T}}A^{\mathrm{T}}$.

其中 A,B 为数域 F 上的 $m \times n$ 矩阵, k 为数域 F 中的数.

(1)~(3)留给读者证明,下面给出(4)的证明.

证 设 $A=(a_{ij})_{m \times s}$, $B=(b_{ij})_{s \times n}$.

AB 是 $m \times n$ 矩阵,因此 $(AB)^T$ 是 $n \times m$ 矩阵,而 B^T 是 $n \times s$ 矩阵, A^T 是 $s \times m$ 矩阵,因此 $B^T A^T$ 也是 $n \times m$ 矩阵,所以矩阵 $(AB)^T$ 与矩阵 $B^T A^T$ 为同型矩阵.

矩阵 $(AB)^T$ 的第 j 行第 i 列的元素是矩阵 AB 的第 i 行第 j 列的元素

$$\sum_{k=1}^{s} a_{ik}b_{kj} = a_{i1}b_{1j} + a_{i2}b_{2j} + \cdots + a_{is}b_{sj}.$$

而矩阵 $B^T A^T$ 的第 j 行第 i 列的元素应为矩阵 B^T 的第 j 行各元素与矩阵 A^T 的第 i 列对应元素乘积的和,即矩阵 B 的第 j 列各元素与矩阵 A 的第 i 行对应元素乘积的和

$$\sum_{k=1}^{s} b_{kj}a_{ik} = b_{1j}a_{i1} + b_{2j}a_{i2} + \cdots + b_{sj}a_{is}.$$

于是矩阵 $(AB)^T$ 与矩阵 $B^T A^T$ 的对应元素均相等,所以 $(AB)^T = B^T A^T$.

性质(4)可以推广到多个矩阵的情形,即

$$(A_1 A_2 \cdots A_k)^T = A_k^T \cdots A_2^T A_1^T.$$

6. 方阵的幂

定义 2.8 设 A 是 n 阶方阵, k 是正整数, k 个 A 的连乘称为 A **的 k 次幂**,记为 A^k,即

$$A^k = \overbrace{AA \cdots A}^{k个}.$$

容易证明方阵的幂具有以下性质:

(1) $A^k A^l = A^{k+l}$;

(2) $(A^k)^l = A^{kl}$;

(3) 若 $AB=BA$,则

$$(AB)^k = (AB)(AB) \cdots (AB) = (AA \cdots A)(BB \cdots B) = A^k B^k.$$

其中 k,l 为正整数. 由于矩阵乘法不满足交换律, $(AB)^k$ 一般不等于 $A^k B^k$. 此外,如果 $A^k = O(k>1)$,也不一定有 $A=O$. 例如

$$A = \begin{pmatrix} 0 & 1 \\ 0 & 0 \end{pmatrix} \neq O, \quad 但 \ A^2 = \begin{pmatrix} 0 & 0 \\ 0 & 0 \end{pmatrix}.$$

例 12 设 A,B 均是 n 阶方阵,计算 $(A+B)^2$.

解 $(A+B)^2 = (A+B)(A+B)$
$$= (A+B)A + (A+B)B = A^2 + BA + AB + B^2.$$

例 13 设 $A = \begin{pmatrix} 1 & 1 \\ 0 & 1 \end{pmatrix}$,求 A^n.

解
$$A^2 = \begin{pmatrix} 1 & 1 \\ 0 & 1 \end{pmatrix}\begin{pmatrix} 1 & 1 \\ 0 & 1 \end{pmatrix} = \begin{pmatrix} 1 & 2 \\ 0 & 1 \end{pmatrix},$$

$$A^3 = \begin{pmatrix} 1 & 2 \\ 0 & 1 \end{pmatrix}\begin{pmatrix} 1 & 1 \\ 0 & 1 \end{pmatrix} = \begin{pmatrix} 1 & 3 \\ 0 & 1 \end{pmatrix},$$

由此可推得

$$A^n = \begin{pmatrix} 1 & n \\ 0 & 1 \end{pmatrix}.$$

7. 方阵的行列式

定义 2.9　由 n 阶方阵 A 的元素构成的行列式(各元素的位置不变),称为**方阵 A 的行列式**,记为 $|A|$ 或 $\det A$.

注意方阵与行列式是两个不同的概念, n 阶方阵是 n^2 个数按一定方式排成的数表,而 n 阶行列式则是这些数按一定的运算法则所确定的一个数.

方阵 A 的行列式 $|A|$ 满足以下运算律:

(1) $|A^{\mathrm{T}}| = |A|$;

(2) $|kA| = k^n |A|$;

(3) $|AB| = |A||B|$;

(4) $|AB| = |BA|$.

其中 A, B 都为 n 阶方阵, k 为任意常数.

证明从略.

性质(3)可推广到 n 个矩阵的情况,即

$$|A_1 A_2 \cdots A_n| = |A_1||A_2|\cdots|A_n|, \quad |A^n| = |AA\cdots A| = |A||A|\cdots|A| = |A|^n.$$

由性质(4),虽然一般 $AB \neq BA$,但 $|AB| = |BA|$.

例 14　设 A 为三阶方阵,且 $|A| = -2$,求 $|3A|$, $||A|A^2 A^{\mathrm{T}}|$.

解
$$|3A| = 3^3|A| = 27 \times (-2) = -54,$$
$$||A|A^2 A^{\mathrm{T}}| = |A|^3|A^2 A^{\mathrm{T}}| = |A|^3|A^2||A^{\mathrm{T}}|$$
$$= |A|^3|A|^2|A| = |A|^6 = (-2)^6 = 64.$$

2.2　几种特殊的矩阵

本节介绍几种特殊的矩阵,因为它们运算规则简便,对于简化运算过程及在计算机上实现运算,有特殊的意义.

一、对角矩阵

n 阶矩阵中,从左上角到右下角的元素称为主对角线元素.

非主对角线元素全为零的 n 阶矩阵

$$A=\begin{bmatrix} a_{11} & & & \\ & a_{22} & & \\ & & \ddots & \\ & & & a_{nn} \end{bmatrix}$$

称为 n 阶**对角矩阵**,简称为**对角阵**,记为

$$A=\operatorname{diag}(a_{11},a_{22},\cdots,a_{nn}).$$

对角阵的运算有以下几条特殊性质:

(1) 两个对角阵的和(或差)仍是对角阵,即若

$$A=\operatorname{diag}(a_{11},a_{22},\cdots,a_{nn}),\quad B=\operatorname{diag}(b_{11},b_{22},\cdots,b_{nn}),$$

则

$$A\pm B=\operatorname{diag}(a_{11}\pm b_{11},a_{22}\pm b_{22},\cdots,a_{nn}\pm b_{nn});$$

(2) 数域 F 中的任一数 k 与对角阵之积仍为对角阵,即

$$k\cdot\operatorname{diag}(a_{11},a_{22},\cdots,a_{nn})=\operatorname{diag}(ka_{11},ka_{22},\cdots,ka_{nn});$$

(3) 同阶对角阵的乘积仍是对角阵,并且是可交换的,即

$$\operatorname{diag}(a_{11},a_{22},\cdots,a_{nn})\cdot\operatorname{diag}(b_{11},b_{22},\cdots,b_{nn})$$
$$=\operatorname{diag}(a_{11}b_{11},a_{22}b_{22},\cdots,a_{nn}b_{nn});$$

(4) 若 A 为对角阵,则 $A^{\mathrm{T}}=A$.

二、数量矩阵

称 n 阶对角矩阵

$$A=\begin{bmatrix} a & & & \\ & a & & \\ & & \ddots & \\ & & & a \end{bmatrix}$$

为 n 阶**数量矩阵**,简称为**数量阵**.

数量阵可以看成是对角阵的特殊情形,除了具有对角阵的性质外,有以下特性.

数量阵 A 左乘或右乘任一矩阵 B 相当于用数量阵 A 的主对角线元素 a 乘矩阵 B,即若

$$A=\begin{bmatrix} a & & & \\ & a & & \\ & & \ddots & \\ & & & a \end{bmatrix},\quad B=\begin{bmatrix} b_{11} & b_{12} & \cdots & b_{1s} \\ b_{21} & b_{22} & \cdots & b_{2s} \\ \vdots & \vdots & & \vdots \\ b_{n1} & b_{n2} & \cdots & b_{ns} \end{bmatrix},$$

则

$$AB = \begin{pmatrix} ab_{11} & ab_{12} & \cdots & ab_{1s} \\ ab_{21} & ab_{22} & \cdots & ab_{2s} \\ \vdots & \vdots & & \vdots \\ ab_{n1} & ab_{n2} & \cdots & ab_{ns} \end{pmatrix} = aB.$$

类似地,

$$B_{n \times s} A_{s \times s} = Ba = aB.$$

称 n 阶数量矩阵

$$E = \begin{pmatrix} 1 & & & \\ & 1 & & \\ & & \ddots & \\ & & & 1 \end{pmatrix}$$

为 n 阶**单位矩阵**,简称为**单位阵**.

对于单位矩阵 E,容易验证

$$E_m A_{m \times n} = A_{m \times n}, \quad A_{m \times n} E_n = A_{m \times n}.$$

对于 n 阶方阵,规定 $A^0 = E$.

三、三角矩阵

主对角线左下方的元素全为零的 n 阶矩阵,称为**上三角矩阵**,简称为**上三角阵**. 主对角线右上方的元素全为零的 n 阶矩阵,称为**下三角矩阵**,简称为**下三角阵**.

例如

$$\begin{pmatrix} a_{11} & a_{12} & \cdots & a_{1n} \\ 0 & a_{22} & \cdots & a_{2n} \\ \vdots & \vdots & & \vdots \\ 0 & 0 & \cdots & a_{nn} \end{pmatrix}$$

为上三角阵,

$$\begin{pmatrix} a_{11} & 0 & \cdots & 0 \\ a_{21} & a_{22} & \cdots & 0 \\ \vdots & \vdots & & \vdots \\ a_{n1} & a_{n2} & \cdots & a_{nn} \end{pmatrix}$$

为下三角阵. 上三角阵、下三角阵统称为**三角阵**.

三角阵具有下列特殊性质:

(1) 同阶上(下)三角阵的和、差、数乘、乘法运算的结果仍为同阶的上(下)三角阵.

(2) 上(下)三角阵的转置为下(上)三角阵.

四、对称矩阵与反对称矩阵

设 A 为 n 阶方阵,若 $A^T = A$,即 $a_{ij} = a_{ji}(i,j=1,2,\cdots,n)$,则称 A 为**对称矩阵**.例如

$$A = \begin{pmatrix} 1 & -1 & 2 \\ -1 & 2 & 0 \\ 2 & 0 & 3 \end{pmatrix}$$

是一个三阶对称矩阵.

设 A 为 n 阶方阵,若 $A^T = -A$,即 $a_{ij} = -a_{ji}(i,j=1,2,\cdots,n)$,则称 A 为**反对称矩阵**.由于反对称矩阵的主对角线上的元素 a_{ii} 满足 $a_{ii} = -a_{ii}(i=1,2,\cdots,n)$,故 $a_{ii}=0(i=1,2,\cdots,n)$.例如

$$A = \begin{pmatrix} 0 & 3 & 2 \\ -3 & 0 & -1 \\ -2 & 1 & 0 \end{pmatrix}$$

是一个三阶反对称矩阵.

对称矩阵与反对称矩阵有以下性质:

(1) 对称(反对称)矩阵的和、差仍为对称(反对称)矩阵;

(2) 数与对称(反对称)矩阵的乘积仍为对称(反对称)矩阵.

例 设 A,B 是两个 n 阶对称矩阵,证明:AB 是对称矩阵的充分必要条件是 $AB=BA$.

证明 充分性.因为 A,B 是两个 n 阶对称矩阵,故 $A^T=A,B^T=B$.$AB=BA$,则 $(AB)^T=B^TA^T=BA=AB$,即 AB 是对称矩阵.

必要性.因为 A,B 是两个 n 阶对称矩阵,故 $A^T=A,B^T=B$.若 AB 是对称矩阵,则 $(AB)^T=AB$,又 $(AB)^T=B^TA^T=BA$,所以 $AB=BA$.

2.3 可逆矩阵

一、可逆矩阵的概念

定义 2.10 对于数域 F 上的 n 阶方阵 A,如果存在数域 F 上的 n 阶方阵 B,使得

$$AB=BA=E, \tag{2.4}$$

则称方阵 A 为**可逆矩阵**,简称 A **可逆**,称 B 为 A 的**逆矩阵**.

由定义 2.10 可以看出

(1) 满足式(2.4)的矩阵 A,B 一定是同阶方阵.

(2) 如果矩阵 A 可逆,那么 A 的逆矩阵是唯一的.因为,若 B,C 都是 A 的逆

矩阵,则 B 与 C 均满足式(2.4),即

$$AB = BA = E, \quad AC = CA = E,$$

从而有

$$B = BE = B(AC) = (BA)C = EC = C.$$

即 A 的逆矩阵是唯一的.

将 A 的唯一逆矩阵 B 记为 A^{-1},当 A 可逆时,有

$$AA^{-1} = A^{-1}A = E.$$

例 1　单位矩阵 E_n 可逆.因为 $E_n E_n = E_n$,即 $E_n^{-1} = E_n$.

例 2　设矩阵 $A = \begin{pmatrix} 1 & 2 \\ 0 & 1 \end{pmatrix}$,则存在矩阵 $B = \begin{pmatrix} 1 & -2 \\ 0 & 1 \end{pmatrix}$,使得

$$AB = \begin{pmatrix} 1 & 2 \\ 0 & 1 \end{pmatrix} \begin{pmatrix} 1 & -2 \\ 0 & 1 \end{pmatrix} = \begin{pmatrix} 1 & 0 \\ 0 & 1 \end{pmatrix} = E,$$

$$BA = \begin{pmatrix} 1 & -2 \\ 0 & 1 \end{pmatrix} \begin{pmatrix} 1 & 2 \\ 0 & 1 \end{pmatrix} = \begin{pmatrix} 1 & 0 \\ 0 & 1 \end{pmatrix} = E.$$

所以矩阵 A 可逆,且

$$A^{-1} = \begin{pmatrix} 1 & -2 \\ 0 & 1 \end{pmatrix}.$$

二、伴随矩阵求逆法

定义 2.11　如果 n 阶方阵 A 的行列式 $|A| \neq 0$,则称 A 是**非奇异的**(或非退化的);否则称 A 是**奇异的**(或退化的).

定义 2.12　设 $A = (a_{ij})_{n \times n}$,$A_{ij}$ 是 A 的行列式 $|A| = \det(a_{ij})$ 的元素 a_{ij} 的代数余子式 $(i, j = 1, 2, \cdots, n)$,矩阵

$$A^* = \begin{pmatrix} A_{11} & A_{21} & \cdots & A_{n1} \\ A_{12} & A_{22} & \cdots & A_{n2} \\ \vdots & \vdots & & \vdots \\ A_{1n} & A_{2n} & \cdots & A_{nn} \end{pmatrix}$$

称为矩阵 A 的**伴随矩阵**.

由定理 1.3 和定理 1.4 可以得到

$$AA^* = \begin{pmatrix} a_{11} & a_{12} & \cdots & a_{1n} \\ a_{21} & a_{22} & \cdots & a_{2n} \\ \vdots & \vdots & & \vdots \\ a_{n1} & a_{n2} & \cdots & a_{nn} \end{pmatrix} \begin{pmatrix} A_{11} & A_{21} & \cdots & A_{n1} \\ A_{12} & A_{22} & \cdots & A_{n2} \\ \vdots & \vdots & & \vdots \\ A_{1n} & A_{2n} & \cdots & A_{nn} \end{pmatrix}$$

$$= \begin{pmatrix} |A| & 0 & \cdots & 0 \\ 0 & |A| & \cdots & 0 \\ \vdots & \vdots & & \vdots \\ 0 & 0 & \cdots & |A| \end{pmatrix} = |A|E,$$

即

$$AA^* = |A|E. \tag{2.5}$$

类似可得

$$A^*A = |A|E. \tag{2.6}$$

定理 2.1 n 阶方阵 $A = (a_{ij})_{n \times n}$ 可逆的充分必要条件是 A 为非奇异矩阵,且当 A 可逆时,

$$A^{-1} = \frac{1}{|A|}A^*.$$

证 必要性. 设 A 可逆,则存在 A^{-1},使 $AA^{-1} = E$,$|AA^{-1}| = |A| \cdot |A^{-1}| = |E| = 1$,所以 $|A| \neq 0$.

充分性. 设 $|A| \neq 0$,故由式(2.5)和式(2.6)有

$$A\left(\frac{1}{|A|}A^*\right) = \left(\frac{1}{|A|}A^*\right)A = E.$$

由定义 2.10 可知 A 可逆,并且

$$A^{-1} = \frac{1}{|A|}A^*.$$

定理 2.1 不但解决了判断一个方阵是否可逆的问题,而且给出了求逆矩阵的方法,用定理 2.1 求逆矩阵的方法称为伴随矩阵求逆法.

例 3 判定矩阵

$$A = \begin{pmatrix} 1 & 0 & 1 \\ 2 & 1 & 0 \\ -3 & 2 & -5 \end{pmatrix}$$

是否可逆. 若可逆,求出其逆矩阵.

解 因为

$$|A| = \begin{vmatrix} 1 & 0 & 1 \\ 2 & 1 & 0 \\ -3 & 2 & -5 \end{vmatrix} = 2 \neq 0,$$

故矩阵 A 可逆,且

$$A_{11} = (-1)^{1+1}\begin{vmatrix} 1 & 0 \\ 2 & -5 \end{vmatrix} = -5, \quad A_{12} = (-1)^{1+2}\begin{vmatrix} 2 & 0 \\ -3 & -5 \end{vmatrix} = 10,$$

$$A_{13}=(-1)^{1+3}\begin{vmatrix}2 & 1\\-3 & 2\end{vmatrix}=7, \quad A_{21}=(-1)^{2+1}\begin{vmatrix}0 & 1\\2 & -5\end{vmatrix}=2,$$

$$A_{22}=(-1)^{2+2}\begin{vmatrix}1 & 1\\-3 & -5\end{vmatrix}=-2, \quad A_{23}=(-1)^{2+3}\begin{vmatrix}1 & 0\\-3 & 2\end{vmatrix}=-2,$$

$$A_{31}=(-1)^{3+1}\begin{vmatrix}0 & 1\\1 & 0\end{vmatrix}=-1, \quad A_{32}=(-1)^{3+2}\begin{vmatrix}1 & 1\\2 & 0\end{vmatrix}=2,$$

$$A_{33}=(-1)^{3+3}\begin{vmatrix}1 & 0\\2 & 1\end{vmatrix}=1.$$

于是

$$A^*=\begin{pmatrix}A_{11} & A_{21} & A_{31}\\A_{12} & A_{22} & A_{32}\\A_{13} & A_{23} & A_{33}\end{pmatrix}=\begin{pmatrix}-5 & 2 & -1\\10 & -2 & 2\\7 & -2 & 1\end{pmatrix}.$$

所以

$$A^{-1}=\frac{1}{|A|}A^*=\frac{1}{2}\begin{pmatrix}-5 & 2 & -1\\10 & -2 & 2\\7 & -2 & 1\end{pmatrix}=\begin{pmatrix}-\frac{5}{2} & 1 & -\frac{1}{2}\\5 & -1 & 1\\\frac{7}{2} & -1 & \frac{1}{2}\end{pmatrix}.$$

推论　设 A,B 都是 n 阶方阵,若有

$$AB=E,$$

则 A,B 都可逆,且 $A^{-1}=B,B^{-1}=A$.

证　由 $AB=E$,可得 $|AB|=|A||B|=|E|=1\neq0$,因此 $|A|\neq0,|B|\neq0$.

由定理 2.1 知,A,B 都可逆,因而 A^{-1},B^{-1} 都存在,于是

$$B=EB=(A^{-1}A)B=A^{-1}(AB)=A^{-1}E=A^{-1}.$$

同理可得

$$B^{-1}=A.$$

例 4　设 n 阶方阵 A 满足 $A^2-A-2E=O$,证明:$A,A+2E$ 都可逆,并求它们的逆矩阵.

证　因 $A^2-A-2E=O$,有 $A(A-E)=2E$,即

$$A\left[\frac{1}{2}(A-E)\right]=E.$$

所以 A 可逆,且

$$A^{-1}=\frac{1}{2}(A-E).$$

又因 $A^2-A-2E=O$,有 $A^2-A-6E=-4E$,则有

$$(A+2E)(A-3E)=-4E,$$

即

$$(A+2E)\left[-\frac{1}{4}(A-3E)\right]=E.$$

所以 $A+2E$ 可逆,且

$$(A+2E)^{-1}=-\frac{1}{4}(A-3E).$$

三、可逆矩阵的性质

性质 1 若 A 可逆,则 A 的逆矩阵 A^{-1} 也可逆,且 $(A^{-1})^{-1}=A$.

证 若 A 可逆,则存在 A^{-1},且 $AA^{-1}=E$. 由定理 2.1 的推论可知,A^{-1} 可逆,且 $(A^{-1})^{-1}=A$.

性质 2 若 A 可逆,数 $k\neq0$,则 kA 可逆,且 $(kA)^{-1}=\frac{1}{k}A^{-1}$.

证 若 A 可逆,则 $|A|\neq0$,又 $k\neq0$,可得 $|kA|=k^n|A|\neq0$,所以 kA 可逆,再由

$$(kA)\left(\frac{1}{k}A^{-1}\right)=k\cdot\frac{1}{k}(AA^{-1})=AA^{-1}=E,$$

得

$$(kA)^{-1}=\frac{1}{k}A^{-1}.$$

性质 3 若 A,B 为 n 阶方阵且均可逆,则 AB 也可逆,且 $(AB)^{-1}=B^{-1}A^{-1}$.

证 因为 A,B 都可逆,所以存在 A^{-1} 和 B^{-1},有

$$(AB)(B^{-1}A^{-1})=A(BB^{-1})A^{-1}=AEA^{-1}=AA^{-1}=E.$$

由定理 2.1 的推论知,AB 可逆,且 $(AB)^{-1}=B^{-1}A^{-1}$.

性质 3 可以推广到多个矩阵的情形,若 $A_1,A_2,\cdots,A_n$ 均为同阶可逆矩阵,则 $A_1A_2\cdots A_n$ 也可逆,且 $(A_1A_2\cdots A_n)^{-1}=A_n^{-1}\cdots A_2^{-1}A_1^{-1}$.

性质 4 若 A 可逆,则 A^{T} 也可逆,且 $(A^{\mathrm{T}})^{-1}=(A^{-1})^{\mathrm{T}}$.

证 因为 $A^{\mathrm{T}}(A^{-1})^{\mathrm{T}}=(A^{-1}A)^{\mathrm{T}}=E^{\mathrm{T}}=E$,所以 A^{T} 可逆,且

$$(A^{\mathrm{T}})^{-1}=(A^{-1})^{\mathrm{T}}.$$

性质 5 若 A 可逆,则 $|A^{-1}|=\frac{1}{|A|}$.

证 若 A 可逆,则存在 A^{-1},使 $AA^{-1}=E$,$|AA^{-1}|=|E|=1$. 由方阵的行列式的性质有

$$|AA^{-1}|=|A||A^{-1}|,$$

由以上得

$$|A||A^{-1}|=1,$$

即有

$$|A|\neq0, \quad 且 |A^{-1}|=\frac{1}{|A|}.$$

例5 设 A,B,C 为 n 阶方阵且 $|A|\neq0$,若 $AB=AC$,则 $B=C$.

证 因 $|A|\neq0$,故 A 可逆,A^{-1} 存在,在 $AB=AC$ 两边左乘 A^{-1},得

$$A^{-1}(AB)=A^{-1}(AC),$$

即得

$$B=C.$$

四、方阵多项式简介

下面介绍涉及矩阵的加法、数乘和乘法三种运算的方阵多项式.设

$$f(x)=a_0+a_1x+a_2x^2+\cdots+a_mx^m$$

是数域 F 上的一个多项式,而 A 是一个 n 阶方阵,那么

$$a_0E+a_1A+a_2A^2+\cdots+a_mA^m$$

有确定的意义,它仍是 F 上一个 n 阶方阵,称为**方阵 A 的多项式**,记为 $f(A)$,即

$$f(A)=a_0E+a_1A+a_2A^2+\cdots+a_mA^m.$$

如果 $f(x),g(x)$ 都是数域 F 上的多项式,而 A 是一个 n 阶方阵.若令

$$u(x)=f(x)+g(x), \quad v(x)=f(x)g(x),$$

则

$$u(A)=f(A)+g(A), \quad v(A)=f(A)g(A).$$

例如,若设 $f(x)=x^3+1=(x+1)(x^2-x+1)$,而 A 是一个 n 阶方阵,则

$$f(A)=A^3+E=(A+E)(A^2-A+E).$$

2.4　初等矩阵与矩阵的初等变换

一、矩阵的初等变换与初等矩阵

矩阵的初等变换在解线性方程组、求逆矩阵及矩阵理论的探讨中都起到重要的作用.

定义 2.13 设 $A=(a_{ij})_{m\times n}$,则对矩阵 A 的行(列)进行的以下三种变换称为矩阵 A 的**行(列)初等变换**.

(1) 交换矩阵 A 的两行(列);

(2) 以一个非零数 k 乘以 A 的某一行(列);

(3) 把矩阵 A 某一行(列)各元素的 k 倍加到另一行(列)对应的元素上.

矩阵的行初等变换和列初等变换统称为矩阵的**初等变换**.

对矩阵 A 进行一次初等变换得到矩阵 A_1,其间用箭头线连接表示这一变换: $A \to A_1$. 从形式上看,矩阵的初等变换与行列式的某些性质相类似,但其本质不同,行列式的性质描述的是行列式的等值变换,变换前后行列式的值相等,其间用等号连接,而矩阵的初等变换是将一个矩阵变成了另一个矩阵,变换前后的两个矩阵一般无相等可言.

定义 2.14 将单位矩阵 E 施行一次初等变换得到的矩阵称为**初等矩阵**.

对应于三种初等变换,可以得到三种初等矩阵.

(1) 交换 E 的第 i,j 两行(列),得初等矩阵

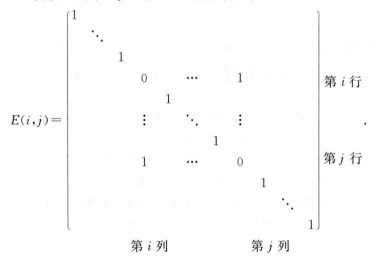

(2) 用非零常数 k 乘 E 的第 i 行(列),得初等矩阵

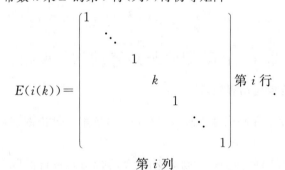

(3) 将 E 的第 j 行的 k 倍加到第 i 行(或第 i 列的 k 倍加到第 j 列),得初等矩阵

$$E(i,j(k))=\begin{pmatrix}1\\&\ddots\\&&1&\cdots&k\\&&&\ddots&\vdots\\&&&&1\\&&&&&\ddots\\&&&&&&1\end{pmatrix}\begin{matrix}\\[2em]\text{第 }i\text{ 行}\\[3em]\text{第 }j\text{ 行}\end{matrix}.$$

第 i 列　　第 j 列

初等矩阵具有以下性质:

(1) 初等矩阵都是可逆的,且其逆矩阵仍是同类型的初等矩阵. 这是因为

$$|E(i,j)|=-1;\quad |E(i(k))|=k(k\neq 0);\quad |E(i,j(k))|=1.$$

$$E(i,j)^{-1}=E(i,j);$$

$$E(i(k))^{-1}=E\left(i\left(\frac{1}{k}\right)\right)\quad (k\neq 0);$$

$$E(i,j(k))^{-1}=E(i,j(-k)).$$

(2) 初等矩阵的转置仍是同类型的初等矩阵.

下面讨论初等变换与矩阵乘法的关系.

定理 2.2 设矩阵 $A=(a_{ij})_{m\times n}$,则

(1) 对 A 进行一次行初等变换,相当于用相应的 m 阶初等矩阵左乘 A;

(2) 对 A 进行一次列初等变换,相当于用相应的 n 阶初等矩阵右乘 A.

证 (1) 只对第三种行初等变换的情形给予证明.

$$E(i,j(k))A=\begin{pmatrix}1\\&\ddots\\&&1&\cdots&k\\&&&\ddots&\vdots\\&&&&1\\&&&&&\ddots\\&&&&&&1\end{pmatrix}\begin{pmatrix}a_{11}&a_{12}&\cdots&a_{1n}\\\vdots&\vdots&&\vdots\\a_{i1}&a_{i2}&\cdots&a_{in}\\\vdots&\vdots&&\vdots\\a_{j1}&a_{j2}&\cdots&a_{jn}\\\vdots&\vdots&&\vdots\\a_{m1}&a_{m2}&\cdots&a_{mn}\end{pmatrix}$$

$$=\begin{pmatrix}a_{11}&a_{12}&\cdots&a_{1n}\\\vdots&\vdots&&\vdots\\a_{i1}+ka_{j1}&a_{i2}+ka_{j2}&\cdots&a_{in}+ka_{jn}\\\vdots&\vdots&&\vdots\\a_{j1}&a_{j2}&\cdots&a_{jn}\\\vdots&\vdots&&\vdots\\a_{m1}&a_{m2}&\cdots&a_{mn}\end{pmatrix}.$$

以上乘法的结果与将 $m \times n$ 矩阵 A 的第 j 行的 k 倍加到第 i 行上得到的结果是一样的.

对于其他两种形式的行初等变换,以及(2),可类似证明.

二、初等变换求逆法

1. 矩阵的等价标准形

定义 2.15 如果矩阵 B 可以由矩阵 A 经过有限次初等变换得到,则称矩阵 A 与 B 是**等价**的.

定理 2.3 设 A 是 $m \times n$ 矩阵,

$$A = \begin{bmatrix} a_{11} & a_{12} & \cdots & a_{1n} \\ a_{21} & a_{22} & \cdots & a_{2n} \\ \vdots & \vdots & & \vdots \\ a_{m1} & a_{m2} & \cdots & a_{mn} \end{bmatrix}.$$

通过行初等变换和第一种列初等变换能把 A 化为如下形式:

$$B = \begin{bmatrix} 1 & 0 & \cdots & 0 & c_{1,r+1} & \cdots & c_{1n} \\ 0 & 1 & \cdots & 0 & c_{2,r+1} & \cdots & c_{2n} \\ \vdots & & & & & & \vdots \\ 0 & 0 & \cdots & 1 & c_{r,r+1} & \cdots & c_{rn} \\ 0 & 0 & \cdots & 0 & 0 & \cdots & 0 \\ \vdots & & & & & & \vdots \\ 0 & 0 & \cdots & 0 & 0 & \cdots & 0 \end{bmatrix},$$

进而再用若干次第三种列初等变换可化为如下形式:

$$D = \begin{bmatrix} \overset{\displaystyle r\text{列}}{} \\ 1 & 0 & \cdots & 0 & 0 & \cdots & 0 \\ 0 & 1 & \cdots & 0 & 0 & \cdots & 0 \\ \vdots & & & & & & \vdots \\ 0 & 0 & \cdots & 1 & 0 & \cdots & 0 \\ 0 & 0 & \cdots & 0 & 0 & \cdots & 0 \\ \vdots & & & & & & \vdots \\ 0 & 0 & \cdots & 0 & 0 & \cdots & 0 \end{bmatrix},$$

这里 $r \geqslant 0, r \leqslant m, r \leqslant n$.

证 如果矩阵 A 的所有元素都等于零,那么 A 已经具有 B 的形式了(此时 $r = 0$).设某个元素 $a_{ij} \neq 0$.必要时交换矩阵的行和列,可以使这个元素在矩阵的第 1 行第 1 列位置上,用 $\dfrac{1}{a_{ij}}$ 乘第 1 行,可得如下形式的矩阵:

$$A_1 = \begin{bmatrix} 1 & a'_{12} & \cdots & a'_{1n} \\ a'_{21} & a'_{22} & \cdots & a'_{2n} \\ \vdots & \vdots & & \vdots \\ a'_{m1} & a'_{m2} & \cdots & a'_{mn} \end{bmatrix}$$

然后用 $-a'_{21}$ 乘 A_1 的第 1 行后加到第 2 行上,$\cdots$,用 $-a'_{m1}$ 乘 A_1 的第 1 行后加到第 m 行上,可得到如下形式的矩阵:

$$A_2 = \begin{bmatrix} 1 & a''_{12} & \cdots & a''_{1n} \\ 0 & a''_{22} & \cdots & a''_{2n} \\ \vdots & \vdots & & \vdots \\ 0 & a''_{m2} & \cdots & a''_{mn} \end{bmatrix}$$

如果 A_2 中除第 1 行以外所有元素全为零,则 A_2 已具有 B 的形式了(此时 $r=1$). 设在 A_2 的后 $m-1$ 行中有一个元素 $a''_{ij} \neq 0$. 通过交换 A_2 的行和列,可以把这个非零元素换到第 2 行第 2 列位置上. 注意,在这个交换行和列的过程中第 1 行和第 1 列无需参与交换. 用与上面类似的方法,可把 A_2 化为如下形式:

$$A_3 = \begin{bmatrix} 1 & b_{12} & b_{13} & \cdots & b_{1n} \\ 0 & 1 & b_{23} & \cdots & b_{2n} \\ 0 & 0 & b_{33} & \cdots & b_{3n} \\ \vdots & & & & \vdots \\ 0 & 0 & b_{m3} & \cdots & b_{mn} \end{bmatrix}$$

如此继续下去,最后可将 A_3 化为如下形式:

$$A_4 = \begin{bmatrix} 1 & d_{12} & d_{13} & \cdots & d_{1r} & d_{1,r+1} & \cdots & d_{1n} \\ 0 & 1 & d_{23} & \cdots & d_{2r} & d_{2,r+1} & \cdots & d_{2n} \\ \vdots & & & & & & & \vdots \\ 0 & 0 & 0 & \cdots & 1 & d_{r,r+1} & \cdots & d_{rn} \\ 0 & \cdots & & & & \cdots & & 0 \\ \vdots & & & & & & & \vdots \\ 0 & \cdots & & & & \cdots & & 0 \end{bmatrix}$$

将 A_4 的第 r 行乘以适当的数加到第 $r-1$ 行,$\cdots$,第 2 行,第 1 行;再将第 $r-1$ 行乘以适当的数加到第 $r-2$ 行,$\cdots$,第 2 行,第 1 行;如此继续下去;最后可得到形如 B 的矩阵.

前面我们用的都是行初等变换和第一种列初等变换. 如果允许使用第三种列初等变换的话,将矩阵 B 的第 1 列乘以适当的数加到第 $r+1$ 列,第 $r+2$ 列,$\cdots$,第 n 列上;$\cdots$;将第 r 列乘以适当的数加到第 $r+1$ 列,第 $r+2$ 列,$\cdots$,第 n 列上,即可得到形如 D 的矩阵.

我们把定理 2.3 中的矩阵 D 叫做 A 的等价标准形.定理 2.3 的证明过程也同时给出了如何把一个矩阵 A 化为它的等价标准形的方法.

任一矩阵 A 的等价标准形由 A 所唯一确定.

例 1 将矩阵

$$A=\begin{pmatrix} 2 & 1 & 2 & 3 \\ 4 & 1 & 3 & 5 \\ 2 & 0 & 1 & 2 \end{pmatrix}$$

化为标准形.

解

$$A=\begin{pmatrix} 2 & 1 & 2 & 3 \\ 4 & 1 & 3 & 5 \\ 2 & 0 & 1 & 2 \end{pmatrix} \xrightarrow[\text{分别加到第二行、第三行}]{\text{第一行乘以}-2,-1} \begin{pmatrix} 2 & 1 & 2 & 3 \\ 0 & -1 & -1 & -1 \\ 0 & -1 & -1 & -1 \end{pmatrix}$$

$$\xrightarrow[\text{分别加到第二列、第三列、第四列}]{\text{第一列乘以}-\frac{1}{2},-1,-\frac{3}{2}} \begin{pmatrix} 2 & 0 & 0 & 0 \\ 0 & -1 & -1 & -1 \\ 0 & -1 & -1 & -1 \end{pmatrix}$$

$$\xrightarrow[\text{第二行乘以}-1\text{加到第三行}]{\text{第一行乘以}\frac{1}{2}} \begin{pmatrix} 1 & 0 & 0 & 0 \\ 0 & -1 & -1 & -1 \\ 0 & 0 & 0 & 0 \end{pmatrix}$$

$$\xrightarrow[\text{加到第三列、第四列}]{\text{第二列乘以}-1\text{分别}} \begin{pmatrix} 1 & 0 & 0 & 0 \\ 0 & -1 & 0 & 0 \\ 0 & 0 & 0 & 0 \end{pmatrix} \xrightarrow{\text{第二行乘以}-1} \begin{pmatrix} 1 & 0 & 0 & 0 \\ 0 & 1 & 0 & 0 \\ 0 & 0 & 0 & 0 \end{pmatrix}.$$

由定理 2.2,可将定理 2.3 叙述为如下推论.

推论 1 对于任意 $m\times n$ 矩阵 A,存在 m 阶初等矩阵 $P_1,P_2,\cdots,P_s$ 和 n 阶初等矩阵 $Q_1,Q_2,\cdots,Q_t$,使得

$$P_s\cdots P_2P_1AQ_1Q_2\cdots Q_t=\begin{pmatrix} E_r & O \\ O & O \end{pmatrix}.$$

令 $P=P_s\cdots P_2P_1,Q=Q_1Q_2\cdots Q_t$,由于初等矩阵都是可逆矩阵,而可逆矩阵的乘积仍为可逆矩阵,因此 P,Q 为可逆矩阵,从而有如下推论.

推论 2 对于任意 $m\times n$ 矩阵 A,存在 m 阶可逆矩阵 P 和 n 阶可逆矩阵 Q,使得

$$PAQ=\begin{pmatrix} E_r & O \\ O & O \end{pmatrix}.$$

当 A 为 n 阶可逆矩阵时,由 A 可逆的充分必要条件,$|A|\neq0$.又由推论 2,存在 n 阶可逆矩阵 P,Q,使得 $PAQ=\begin{pmatrix} E_r & O \\ O & O \end{pmatrix}$,从而

$$|PAQ|=|P||A||Q|\neq0,$$

因此

$$\begin{vmatrix} E_r & O \\ O & O \end{vmatrix} \neq 0,$$

于是只有 $r=n$，所以有如下推论.

推论 3　n 阶矩阵 A 可逆的充分必要条件是 A 的等价标准形为 E_n.

由推论 1 和推论 3 可以得到下面的推论.

推论 4　n 阶矩阵 A 可逆的充分必要条件是 A 可以表示为有限个初等矩阵的乘积.

证　由推论 1 和推论 3 可知，A 可逆的充分必要条件是存在 n 阶初等矩阵 $P_1, P_2, \cdots, P_s$ 和 $Q_1, Q_2, \cdots, Q_t$，使得

$$P_s \cdots P_2 P_1 A Q_1 Q_2 \cdots Q_t = E_n.$$

而初等矩阵的逆矩阵仍为初等矩阵，从而有

$$A = P_1^{-1} P_2^{-1} \cdots P_s^{-1} E_n Q_t^{-1} \cdots Q_2^{-1} Q_1^{-1}$$
$$= P_1^{-1} P_2^{-1} \cdots P_s^{-1} Q_t^{-1} \cdots Q_2^{-1} Q_1^{-1}.$$

2. 初等变换求逆法

若 A 为 n 阶可逆矩阵，则 A^{-1} 也为 n 阶可逆矩阵，根据推论 4，存在初等矩阵 $P_1, P_2, \cdots, P_s$，使得

$$A^{-1} = P_1 P_2 \cdots P_s,$$

上式两边右乘矩阵 A，得到

$$E = P_1 P_2 \cdots P_s A. \tag{2.7}$$

又

$$A^{-1} = P_1 P_2 \cdots P_s E, \tag{2.8}$$

比较式 (2.7) 与式 (2.8) 可以看出：当对矩阵 A 进行有限次行初等变换，将 A 化为单位矩阵 E 时，对单位矩阵 E 进行与 A 相同的行初等变换，就可以将 E 化为 A^{-1}. 于是可以得到一种用行初等变换求逆矩阵的方法：

将 A 与 E 并排写在一起，组成一个 $n \times 2n$ 矩阵 (A, E)，然后对其进行一系列行初等变换将 A 化为单位矩阵 E，其中的单位矩阵 E 就化为 A^{-1}，即

$$(A, E) \xrightarrow{\text{行初等变换}} \cdots \cdots \to (E, A^{-1}).$$

例 2　设 $A = \begin{pmatrix} 1 & 0 & 1 \\ 2 & 1 & 0 \\ -3 & 2 & -5 \end{pmatrix}$，求 A^{-1}.

解　$(A, E) = \begin{pmatrix} 1 & 0 & 1 & \vdots & 1 & 0 & 0 \\ 2 & 1 & 0 & \vdots & 0 & 1 & 0 \\ -3 & 2 & -5 & \vdots & 0 & 0 & 1 \end{pmatrix}$

$$\xrightarrow[\substack{\text{第一行乘以} -2,3 \text{分别} \\ \text{加到第二行、第三行}}]{} \left(\begin{array}{ccc:ccc} 1 & 0 & 1 & 1 & 0 & 0 \\ 0 & 1 & -2 & -2 & 1 & 0 \\ 0 & 2 & -2 & 3 & 0 & 1 \end{array}\right)$$

$$\xrightarrow[\substack{\text{第二行乘以} -2 \\ \text{加到第三行}}]{} \left(\begin{array}{ccc:ccc} 1 & 0 & 1 & 1 & 0 & 0 \\ 0 & 1 & -2 & -2 & 1 & 0 \\ 0 & 0 & 2 & 7 & -2 & 1 \end{array}\right)$$

$$\xrightarrow[\substack{\text{第三行乘以} -\frac{1}{2} \text{加到第一行} \\ \text{第三行加到第二行}}]{} \left(\begin{array}{ccc:ccc} 1 & 0 & 0 & -\frac{5}{2} & 1 & -\frac{1}{2} \\ 0 & 1 & 0 & 5 & -1 & 1 \\ 0 & 0 & 2 & 7 & -2 & 1 \end{array}\right)$$

$$\xrightarrow[\substack{\text{第三行乘以} \frac{1}{2}}]{} \left(\begin{array}{ccc:ccc} 1 & 0 & 0 & -\frac{5}{2} & 1 & -\frac{1}{2} \\ 0 & 1 & 0 & 5 & -1 & 1 \\ 0 & 0 & 1 & \frac{7}{2} & -1 & \frac{1}{2} \end{array}\right),$$

得

$$A^{-1} = \begin{pmatrix} -\frac{5}{2} & 1 & -\frac{1}{2} \\ 5 & -1 & 1 \\ \frac{7}{2} & -1 & \frac{1}{2} \end{pmatrix}.$$

同理，根据推论 4，存在初等矩阵 $P_1, P_2, \cdots, P_s$，使得

$$A^{-1} = P_1 P_2 \cdots P_s,$$

上式两边左乘矩阵 A，得到

$$AP_1 P_2 \cdots P_s = E. \tag{2.9}$$

又

$$EP_1 P_2 \cdots P_s = A^{-1}. \tag{2.10}$$

比较式(2.9)与式(2.10)可以看出：当对矩阵 A 进行有限次列初等变换，将 A 化为单位矩阵 E 时，对单位矩阵 E 进行与 A 相同的列初等变换，就可以将 E 化为 A^{-1}. 于是可以得到一种用列初等变换求逆矩阵的方法，介绍如下.

作 $2n \times n$ 矩阵 $\begin{pmatrix} A \\ E \end{pmatrix}$，然后对其进行一系列列初等变换将 A 化为单位矩阵 E，同时就将其中的单位矩阵 E 化为 A^{-1}，即

$$\begin{pmatrix} A \\ E \end{pmatrix} \xrightarrow{\text{列初等变换}} \begin{pmatrix} E \\ A^{-1} \end{pmatrix}.$$

3. 用初等变换法求解矩阵方程

在矩阵方程

$$AX = B \tag{2.11}$$

中,如果 A 为已知的 n 阶可逆矩阵,B 为已知的 $n \times m$ 矩阵,X 为未知的 $n \times m$ 矩阵,则在两边左乘 A^{-1},可得

$$X = A^{-1}B. \tag{2.12}$$

因 A 为 n 阶可逆矩阵,所以存在初等矩阵 $P_1, P_2, \cdots, P_s$,使 $A^{-1} = P_1 P_2 \cdots P_s$,则

$$P_1 P_2 \cdots P_s A = E.$$

由式(2.12)得

$$P_1 P_2 \cdots P_k B = X,$$

可以看出,当对 A 以一系列行初等变换化为单位矩阵 E 时,对 B 以同样的行初等变换,得到的就是矩阵 X,即

$$(A, B) \xrightarrow[]{\text{行初等变换}} \cdots\cdots \rightarrow (E, A^{-1}B).$$

例 3 解矩阵方程 $AX = A + X$,其中 $A = \begin{pmatrix} 2 & 2 & 0 \\ 2 & 1 & 3 \\ 0 & 1 & 0 \end{pmatrix}$.

解 由 $AX = A + X$,可得

$$(A - E)X = A,$$

$$A - E = \begin{pmatrix} 2 & 2 & 0 \\ 2 & 1 & 3 \\ 0 & 1 & 0 \end{pmatrix} - \begin{pmatrix} 1 & 0 & 0 \\ 0 & 1 & 0 \\ 0 & 0 & 1 \end{pmatrix} = \begin{pmatrix} 1 & 2 & 0 \\ 2 & 0 & 3 \\ 0 & 1 & -1 \end{pmatrix}.$$

由 $|A - E| = \begin{vmatrix} 1 & 2 & 0 \\ 2 & 0 & 3 \\ 0 & 1 & -1 \end{vmatrix} = 1 \neq 0$,知 $A - E$ 可逆,于是可得

$$X = (A - E)^{-1}A.$$

$$(A - E, A) = \begin{pmatrix} 1 & 2 & 0 & \vdots & 2 & 2 & 0 \\ 2 & 0 & 3 & \vdots & 2 & 1 & 3 \\ 0 & 1 & -1 & \vdots & 0 & 1 & 0 \end{pmatrix}$$

$$\xrightarrow[\text{再交换第二行与第三行}]{\text{第一行乘以} -2 \text{加到第二行,}} \begin{pmatrix} 1 & 2 & 0 & \vdots & 2 & 2 & 0 \\ 0 & 1 & -1 & \vdots & 0 & 1 & 0 \\ 0 & -4 & 3 & \vdots & -2 & -3 & 3 \end{pmatrix}$$

$$\xrightarrow[\text{加到第三行}]{\text{第二行乘以} 4} \begin{pmatrix} 1 & 2 & 0 & \vdots & 2 & 2 & 0 \\ 0 & 1 & -1 & \vdots & 0 & 1 & 0 \\ 0 & 0 & -1 & \vdots & -2 & 1 & 3 \end{pmatrix}$$

$$\xrightarrow{\text{第三行乘以}-1} \begin{pmatrix} 1 & 2 & 0 & \vdots & 2 & 2 & 0 \\ 0 & 1 & -1 & \vdots & 0 & 1 & 0 \\ 0 & 0 & 1 & \vdots & 2 & -1 & -3 \end{pmatrix}$$

$$\xrightarrow{\text{第三行加到第二行}} \begin{pmatrix} 1 & 2 & 0 & \vdots & 2 & 2 & 0 \\ 0 & 1 & 0 & \vdots & 2 & 0 & -3 \\ 0 & 0 & 1 & \vdots & 2 & -1 & -3 \end{pmatrix}$$

$$\xrightarrow{\text{第二行乘以}-2\text{加到第一行}} \begin{pmatrix} 1 & 0 & 0 & \vdots & -2 & 2 & 6 \\ 0 & 1 & 0 & \vdots & 2 & 0 & -3 \\ 0 & 0 & 1 & \vdots & 2 & -1 & -3 \end{pmatrix},$$

得

$$X = \begin{pmatrix} -2 & 2 & 6 \\ 2 & 0 & -3 \\ 2 & -1 & -3 \end{pmatrix}.$$

同理,利用列初等变换,可求解矩阵方程 $XA=B$,其中 A 可逆. 作矩阵 $\begin{pmatrix} A \\ B \end{pmatrix}$,

用列初等变换化为 $\begin{pmatrix} E \\ BA^{-1} \end{pmatrix}$,此时 $X=BA^{-1}$ 就是矩阵方程 $XA=B$ 的解.

2.5 分块矩阵

一、分块矩阵的概念

为了便于计算,对于阶数较高的矩阵和一些特殊矩阵,将其行间用若干条横线、列间用若干条纵线分成若干小矩阵,每个小矩阵称为**子块**,形式上以子块为元素的矩阵称为**分块矩阵**.

例如,下面的矩阵可用横线、纵线分成 4 块,构成一个分块矩阵

$$A = \begin{pmatrix} 1 & 0 & 0 & \vdots & -1 & 2 \\ 0 & 1 & 0 & \vdots & 2 & 3 \\ 0 & 0 & 1 & \vdots & 5 & 1 \\ \cdots & \cdots & \cdots & & \cdots & \cdots \\ 0 & 0 & 0 & \vdots & 2 & 0 \\ 0 & 0 & 0 & \vdots & 0 & 2 \end{pmatrix} = \begin{pmatrix} E_3 & A_2 \\ O & 2E_2 \end{pmatrix}.$$

其中 E_2,E_3 分别为二阶、三阶单位阵;$A_2 = \begin{pmatrix} -1 & 2 \\ 2 & 3 \\ 5 & 1 \end{pmatrix}$;$O$ 为 2 行 3 列的零矩阵.

一般地,设 A 是数域 F 上的 $m \times n$ 矩阵,将 A 的行分成 s 组,列分成 t 组,就得到一个 $s \times t$ 分块矩阵,记为

$$A = (A_{kl})_{s \times t},$$

其中 $A_{kl}(k=1,2,\cdots,s;l=1,2,\cdots,t)$ 为 A 的子块.

对于一个矩阵可以根据所讨论问题的实际需要或矩阵的特点分块. 常用的分块方法有按行分块, 即把矩阵的每一行都分成一个子块; 按列分块, 即把矩阵的每一列都分成一个子块; 将矩阵分成形如

$$A = \begin{bmatrix} A_{11} & & & \\ & A_{22} & & \\ & & \ddots & \\ & & & A_{ss} \end{bmatrix}$$

的矩阵, 这种形式的矩阵称为**分块对角矩阵**或**准对角矩阵**. 其中 $A_{ii}(i=1,2,\cdots,s)$ 是 r_i 阶矩阵, $r_1+r_2+\cdots+r_s=n$.

二、分块矩阵的运算

分块矩阵运算时, 可以把子块当作元素看待, 运用矩阵运算的方法进行计算.

1. 分块矩阵的加法

设分块矩阵 $A=(A_{kl})_{s \times t}$, $B=(B_{kl})_{s \times t}$, 如果 A 与 B 的对应子块 A_{kl} 和 B_{kl} 都是同型矩阵, 则 $A+B=(A_{kl}+B_{kl})_{s \times t}$. 要使子块 A_{kl} 和 B_{kl} 都是同型矩阵, 则要求 A 和 B 的分块方法完全相同.

2. 分块矩阵的数乘

设分块矩阵 $A=(A_{kl})_{s \times t}$, k 是数域 F 中的一个数, 则 $kA=(kA_{kl})_{s \times t}$. 分块矩阵的数乘运算本身对矩阵 A 的分块方法没有要求.

3. 分块矩阵的乘法

设 $A=(A_{ij})_{r \times s}$, $B=(B_{ij})_{s \times t}$ 分别为 $r \times s$ 和 $s \times t$ 分块矩阵, 而且 A 的列的分块方法与 B 的行的分块方法相同, 则

$$AB = \begin{bmatrix} A_{11} & A_{12} & \cdots & A_{1s} \\ A_{21} & A_{22} & \cdots & A_{2s} \\ \vdots & \vdots & & \vdots \\ A_{r1} & A_{r2} & \cdots & A_{rs} \end{bmatrix} \begin{bmatrix} B_{11} & B_{12} & \cdots & B_{1t} \\ B_{21} & B_{22} & \cdots & B_{2t} \\ \vdots & \vdots & & \vdots \\ B_{s1} & B_{s2} & \cdots & B_{st} \end{bmatrix} = C = (C_{kl})_{r \times t},$$

其中 C 是 $r \times t$ 分块矩阵, 且

$$C_{kl} = A_{k1}B_{1l} + A_{k2}B_{2l} + \cdots + A_{ks}B_{sl} \quad (k=1,2,\cdots,r;l=1,2,\cdots,t).$$

4. 分块矩阵的转置

设分块矩阵

$$A = \begin{pmatrix} A_{11} & A_{12} & \cdots & A_{1r} \\ A_{21} & A_{22} & \cdots & A_{2r} \\ \vdots & \vdots & & \vdots \\ A_{s1} & A_{s2} & \cdots & A_{sr} \end{pmatrix},$$

则 A 的转置矩阵为

$$A^{\mathrm{T}} = \begin{pmatrix} A_{11}^{\mathrm{T}} & A_{21}^{\mathrm{T}} & \cdots & A_{s1}^{\mathrm{T}} \\ A_{12}^{\mathrm{T}} & A_{22}^{\mathrm{T}} & \cdots & A_{s2}^{\mathrm{T}} \\ \vdots & \vdots & & \vdots \\ A_{1r}^{\mathrm{T}} & A_{2r}^{\mathrm{T}} & \cdots & A_{sr}^{\mathrm{T}} \end{pmatrix}.$$

例1 设 $A = \begin{pmatrix} 1 & 0 & 0 & 0 \\ 0 & 1 & 0 & 0 \\ -1 & 3 & 1 & 0 \end{pmatrix}$, $B = \begin{pmatrix} 4 & 1 & 0 \\ 3 & 0 & 1 \\ 0 & -2 & 0 \\ 3 & 0 & -2 \end{pmatrix}$, 求 AB.

解 若对 A,B 作如下分块:

$$A = \left(\begin{array}{cc:cc} 1 & 0 & 0 & 0 \\ 0 & 1 & 0 & 0 \\ \hdashline -1 & 3 & 1 & 0 \end{array} \right) = \begin{pmatrix} E & O \\ A_{21} & A_{22} \end{pmatrix},$$

$$B = \left(\begin{array}{c:cc} 4 & 1 & 0 \\ 3 & 0 & 1 \\ \hdashline 0 & -2 & 0 \\ 3 & 0 & -2 \end{array} \right) = \begin{pmatrix} B_{11} & E \\ B_{21} & -2E \end{pmatrix},$$

则

$$AB = \begin{pmatrix} E & O \\ A_{21} & A_{22} \end{pmatrix} \begin{pmatrix} B_{11} & E \\ B_{21} & -2E \end{pmatrix} = \begin{pmatrix} B_{11} & E \\ A_{21}B_{11} + A_{22}B_{21} & A_{21} - 2A_{22} \end{pmatrix},$$

而

$$A_{21}B_{11} + A_{22}B_{21} = (-1,3)\begin{pmatrix} 4 \\ 3 \end{pmatrix} + (1,0)\begin{pmatrix} 0 \\ 3 \end{pmatrix} = 5,$$

$$A_{21} - 2A_{22} = (-1,3) - 2(1,0) = (-3,3),$$

于是

$$AB = \begin{pmatrix} 4 & 1 & 0 \\ 3 & 0 & 1 \\ 5 & -3 & 3 \end{pmatrix}.$$

例2 设 $A = \begin{pmatrix} 3 & 0 & 0 \\ 0 & 2 & 1 \\ 0 & 3 & 2 \end{pmatrix}$, 求 $|A|$, A^{-1}.

解
$$A=\begin{pmatrix} 3 & 0 & 0 \\ 0 & 2 & 1 \\ 0 & 3 & 2 \end{pmatrix}=\begin{pmatrix} A_1 & O \\ O & A_2 \end{pmatrix},$$

其中

$$A_1=(3),A_1^{-1}=\left(\frac{1}{3}\right);\quad A_2=\begin{pmatrix} 2 & 1 \\ 3 & 2 \end{pmatrix},A_2^{-1}=\begin{pmatrix} 2 & -1 \\ -3 & 2 \end{pmatrix};$$

得

$$|A|=|A_1||A_2|=3\times1=3.$$

$$A^{-1}=\begin{pmatrix} \dfrac{1}{3} & 0 & 0 \\ 0 & 2 & -1 \\ 0 & -3 & 2 \end{pmatrix}.$$

一般地,若设准对角阵

$$A=\begin{pmatrix} A_{11} & & & \\ & A_{22} & & \\ & & \ddots & \\ & & & A_{ss} \end{pmatrix},$$

则

$$A^{-1}=\begin{pmatrix} A_{11}^{-1} & & & \\ & A_{22}^{-1} & & \\ & & \ddots & \\ & & & A_{ss}^{-1} \end{pmatrix},$$

$$|A|=|A_{11}||A_{22}|\cdots|A_{ss}|.$$

例 3　设分块矩阵

$$P=\begin{pmatrix} A & C \\ O & B \end{pmatrix},$$

其中 A,B 分别为 r 阶和 s 阶可逆方阵,$r+s=n$.证明:P 可逆,并求 P^{-1}.

证　由于 A,B 为可逆矩阵,由展开定理,$|P|=|A||B|\neq0$,知 P 可逆.设 P 的逆矩阵为分块矩阵

$$X=\begin{pmatrix} X_1 & X_2 \\ X_3 & X_4 \end{pmatrix},$$

有

$$PX=\begin{pmatrix} A & C \\ O & B \end{pmatrix}\begin{pmatrix} X_1 & X_2 \\ X_3 & X_4 \end{pmatrix}=\begin{pmatrix} AX_1+CX_3 & AX_2+CX_4 \\ BX_3 & BX_4 \end{pmatrix}=\begin{pmatrix} E_r & O \\ O & E_s \end{pmatrix}.$$

于是

$$AX_1 + CX_3 = E_r, \tag{2.13}$$

$$AX_2 + CX_4 = O, \tag{2.14}$$

$$BX_3 = O, \tag{2.15}$$

$$BX_4 = E_s. \tag{2.16}$$

因为 B 有逆矩阵,用 B^{-1} 分别左乘式(2.15)和式(2.16),得

$$X_3 = O, \quad X_4 = B^{-1}.$$

将 $X_3 = O$ 代入式(2.13)得 $AX_1 = E_r$,再以 A^{-1} 左乘,得

$$X_1 = A^{-1}.$$

把 $X_4 = B^{-1}$ 代入式(2.14),得

$$AX_2 + CB^{-1} = O,$$

即

$$AX_2 = -CB^{-1}.$$

上式两边左乘 A^{-1} 得

$$X_2 = -A^{-1}CB^{-1}.$$

于是

$$X = \begin{pmatrix} A^{-1} & -A^{-1}CB^{-1} \\ O & B^{-1} \end{pmatrix}.$$

另外,还可得到如下几个结论:

(1) $\begin{pmatrix} A & O \\ C & B \end{pmatrix}^{-1} = \begin{pmatrix} A^{-1} & O \\ -B^{-1}CA^{-1} & B^{-1} \end{pmatrix};$

(2) $\begin{pmatrix} A & O \\ O & B \end{pmatrix}^{-1} = \begin{pmatrix} A^{-1} & O \\ O & B^{-1} \end{pmatrix};$

(3) $\begin{pmatrix} O & A \\ B & O \end{pmatrix}^{-1} = \begin{pmatrix} O & B^{-1} \\ A^{-1} & O \end{pmatrix}.$

2.6 矩 阵 的 秩

一、矩阵秩的定义

定义 2.16 在矩阵 $A = (a_{ij})_{m \times n}$ 中,任取 k 行、k 列$(k \leqslant \min\{m,n\})$,位于这些行列交叉处的 k^2 个元素,按原来的位置构成的 k 阶行列式,称为**矩阵 A 的 k 阶子式**. A 中所有不为零的子式的最高阶数称为矩阵 A 的**秩**,记为 $r(A)$.

规定零矩阵的秩等于 0. 这样

$$0 \leqslant r(A) \leqslant \min\{m,n\}.$$

由于行列式与其转置行列式相等,因此 A^T 的子式与 A 的子式相等,从而

$r(A^T)=r(A)$.

对于 n 阶矩阵 A,由于 A 的 n 阶子式只有一个 $|A|$,故当 $|A|\neq 0$ 时,$r(A)=n$;反之,当 $r(A)=n$ 时,$|A|\neq 0$.于是有如下定理.

定理 2.4　n 阶矩阵 A 可逆的充分必要条件是 $r(A)=n$.

例 1　求 3×4 矩阵

$$A=\begin{pmatrix} 1 & 0 & 3 & 2 \\ 1 & 2 & -2 & 3 \\ 2 & 4 & -4 & 6 \end{pmatrix}$$

的秩.

解　在 A 中存在二阶子式 $\begin{vmatrix} 1 & 0 \\ 1 & 2 \end{vmatrix}=2\neq 0$,并且三阶子式等于零(因为 A 的第二、第三行成比例),所以 $r(A)=2$.

形如

$$\begin{pmatrix} 1 & 0 & 3 & 2 & 1 \\ 0 & 2 & 1 & -3 & 0 \\ 0 & 0 & 0 & 1 & 2 \\ 0 & 0 & 0 & 0 & 0 \end{pmatrix} \tag{2.17}$$

的矩阵的秩很容易求得.例如,由其前三行及第一、第二、第四列构成的三阶子式

$$\begin{vmatrix} 1 & 0 & 2 \\ 0 & 2 & -3 \\ 0 & 0 & 1 \end{vmatrix}=2\neq 0,$$

且所有四阶子式全为零.故该矩阵的秩为 3.

矩阵(2.17)有两个明显的特点:

(1) 元素全为零的行(如果有的话)位于非零行的下方;

(2) 自上而下各行中,从左边起的第一个非零元素左边的零的个数,随着行数的增加而增加.

这样的矩阵称为**阶梯形矩阵**.类似定理 2.3 的证明,可以得到:任意矩阵可经过有限次初等变换化为阶梯形矩阵.

二、用初等变换求矩阵的秩

对于阶梯形矩阵,它的秩等于其非零行的行数.因此自然想到用初等变换把矩阵化成阶梯形矩阵之后再求其秩,但两个等价矩阵的秩是否相等呢?回答是肯定的.

定理 2.5　矩阵的初等变换不改变矩阵的秩,即若 A 与 B 等价,则 $r(A)=r(B)$.

证　下面仅就第二种行初等变换加以证明,其余情形留给读者.

对矩阵 $A=(a_{ij})_{m\times n}$ 进行第二种行初等变换,即用非零数 k 乘矩阵 A 的第 i 行,得

$$A=\begin{pmatrix} a_{11} & a_{12} & \cdots & a_{1n} \\ \vdots & \vdots & & \vdots \\ a_{i1} & a_{i2} & \cdots & a_{in} \\ \vdots & \vdots & & \vdots \\ a_{m1} & a_{m2} & \cdots & a_{mn} \end{pmatrix} \xrightarrow{\text{第}i\text{行乘以}k} \begin{pmatrix} a_{11} & a_{12} & \cdots & a_{1n} \\ \vdots & \vdots & & \vdots \\ ka_{i1} & ka_{i2} & \cdots & ka_{in} \\ \vdots & \vdots & & \vdots \\ a_{m1} & a_{m2} & \cdots & a_{mn} \end{pmatrix}=B.$$

显然矩阵 B 中不包含第 i 行元素的子式与矩阵 A 中相应子式是相同的,而矩阵 B 中一切包含第 i 行元素的子式是矩阵 A 中相应子式的 k 倍,因此矩阵 B 中子式是否为零的情形与矩阵 A 中相应子式是否为零的情形相同. 若矩阵 A 中非零子式的最高阶数为 r,则矩阵 B 中非零子式的最高阶数亦为 r,所以

$$r(A)=r(B).$$

根据这一定理,只要把矩阵用行初等变换化为阶梯形矩阵,阶梯形矩阵中非零行的行数即是该矩阵的秩.

例 2 设矩阵 $A=\begin{pmatrix} 0 & 1 & -3 & 0 & 1 \\ 1 & -1 & 8 & -5 & 2 \\ 3 & 3 & 6 & -7 & 4 \\ 2 & 4 & -2 & 1 & -1 \end{pmatrix}$,求矩阵 A 的秩 $r(A)$.

解 对矩阵 A 进行行初等变换化为阶梯形矩阵

$$A \xrightarrow{\text{交换第一行、第二行}} \begin{pmatrix} 1 & -1 & 8 & -5 & 2 \\ 0 & 1 & -3 & 0 & 1 \\ 3 & 3 & 6 & -7 & 4 \\ 2 & 4 & -2 & 1 & -1 \end{pmatrix}$$

$$\xrightarrow[\text{第一行乘以}-2\text{加到第四行}]{\text{第一行乘以}-3\text{加到第三行}} \begin{pmatrix} 1 & -1 & 8 & -5 & 2 \\ 0 & 1 & -3 & 0 & 1 \\ 0 & 6 & -18 & 8 & -2 \\ 0 & 6 & -18 & 11 & -5 \end{pmatrix}$$

$$\xrightarrow[\text{第二行乘以}-6\text{加到第四行}]{\text{第二行乘以}-6\text{加到第三行}} \begin{pmatrix} 1 & -1 & 8 & -5 & 2 \\ 0 & 1 & -3 & 0 & 1 \\ 0 & 0 & 0 & 8 & -8 \\ 0 & 0 & 0 & 11 & -11 \end{pmatrix}$$

$$\xrightarrow{\text{第三行乘以}-\frac{11}{8}\text{加到第四行}} \begin{pmatrix} 1 & -1 & 8 & -5 & 2 \\ 0 & 1 & -3 & 0 & 1 \\ 0 & 0 & 0 & 8 & -8 \\ 0 & 0 & 0 & 0 & 0 \end{pmatrix}.$$

因为阶梯形矩阵有三个非零行,所以 $r(A)=3$.

例3 设 $A = \begin{pmatrix} 1 & -2 & 2 & -1 \\ 2 & -4 & 8 & 0 \\ -2 & 4 & -2 & 3 \\ 3 & -6 & 0 & -6 \end{pmatrix}, b = \begin{pmatrix} 1 \\ 2 \\ 3 \\ 4 \end{pmatrix}$,求矩阵 A 及矩阵 $B = (A, b)$

的秩.

解 对 B 进行行初等变换化为阶梯形矩阵,设 B 的阶梯形矩阵为 $\tilde{B} = (\tilde{A}, \tilde{d})$,
则 $\tilde{A}$ 就是 A 的阶梯形矩阵,故从 $\tilde{B} = (\tilde{A}, \tilde{d})$ 中可同时求出 $r(A)$ 及 $r(B)$.

$$B = \begin{pmatrix} 1 & -2 & 2 & -1 & 1 \\ 2 & -4 & 8 & 0 & 2 \\ -2 & 4 & -2 & 3 & 3 \\ 3 & -6 & 0 & -6 & 4 \end{pmatrix}$$

$$\xrightarrow[\substack{\text{第一行乘以}-2\text{加到第二行} \\ \text{第一行乘以}2\text{加到第三行} \\ \text{第一行乘以}-3\text{加到第四行}}]{} \begin{pmatrix} 1 & -2 & 2 & -1 & 1 \\ 0 & 0 & 4 & 2 & 0 \\ 0 & 0 & 2 & 1 & 5 \\ 0 & 0 & -6 & -3 & 1 \end{pmatrix}$$

$$\xrightarrow[\substack{\text{第二行乘以}\frac{1}{2} \\ \text{第二行乘以}-1\text{加到第三行} \\ \text{第二行乘以}3\text{加到第四行}}]{} \begin{pmatrix} 1 & -2 & 2 & -1 & 1 \\ 0 & 0 & 2 & 1 & 0 \\ 0 & 0 & 0 & 0 & 5 \\ 0 & 0 & 0 & 0 & 1 \end{pmatrix}$$

$$\xrightarrow[\substack{\text{第三行乘以}\frac{1}{5} \\ \text{第三行乘以}-1\text{加到第四行}}]{} \begin{pmatrix} 1 & -2 & 2 & -1 & 1 \\ 0 & 0 & 2 & 1 & 0 \\ 0 & 0 & 0 & 0 & 1 \\ 0 & 0 & 0 & 0 & 0 \end{pmatrix},$$

因此,$r(A) = 2, r(B) = 3$.

矩阵的秩有如下性质:

(1) $0 \leqslant r(A_{m \times n}) \leqslant \min\{m, n\}$;

(2) $r(A^{\mathrm{T}}) = r(A)$;

(3) 若 A 与 B 等价,则 $r(A) = r(B)$.

证明从略.

习 题 2

(A)

1. 已知矩阵 $\begin{pmatrix} x & 2y \\ z & -8 \end{pmatrix} = \begin{pmatrix} 2u & u \\ 1 & 2x \end{pmatrix}$,求 x, y, z, u.

2. 设 $A = \begin{pmatrix} 1 & 2 & 1 & 2 \\ 2 & 1 & 2 & 1 \\ 1 & 2 & 3 & 4 \end{pmatrix}$，$B = \begin{pmatrix} 4 & 3 & 2 & 1 \\ -2 & 1 & -2 & 1 \\ 0 & -1 & 0 & -1 \end{pmatrix}$．

(1) 求 $3A - B$；

(2) 若 X 满足 $(2A - X) + 2(B - X) = O$，求 X．

3. 计算

(1) $\begin{pmatrix} 3 & -2 & 1 \\ 1 & -1 & 2 \end{pmatrix} \begin{pmatrix} -1 & 5 \\ -2 & 4 \\ 3 & -1 \end{pmatrix}$；$\qquad$ (2) $\begin{pmatrix} 1 \\ 2 \\ 3 \\ 4 \end{pmatrix} (1,2,3,4)$；

(3) $(1,2,3,4) \begin{pmatrix} 1 \\ 2 \\ 3 \\ 4 \end{pmatrix}$；$\qquad$ (4) $\begin{pmatrix} 4 & 0 & -1 & 6 \\ -1 & 2 & 5 & 3 \\ 3 & 7 & 1 & -2 \end{pmatrix} \begin{pmatrix} 5 & -1 \\ 2 & 0 \\ -4 & 7 \\ 1 & 3 \end{pmatrix}$．

4. 已知 $A = \begin{pmatrix} 1 & 0 & 3 \\ 0 & 2 & 1 \\ 0 & 0 & 1 \end{pmatrix}$，$B = \begin{pmatrix} 1 & 0 & 0 \\ 0 & 2 & 1 \\ 3 & 0 & 1 \end{pmatrix}$，求

(1) $(A+B)(A-B)$；$\qquad$ (2) $A^2 - B^2$．

5. 求所有与 A 可交换的矩阵．

(1) $A = \begin{pmatrix} 1 & 2 \\ 3 & 4 \end{pmatrix}$；$\qquad$ (2) $A = \begin{pmatrix} 1 & 1 & 0 \\ 0 & 1 & 1 \\ 0 & 0 & 1 \end{pmatrix}$．

6. 计算（其中 n 为正整数）

(1) $\begin{pmatrix} 1 & 1 \\ 1 & 1 \end{pmatrix}^n$；$\qquad$ (2) $\begin{pmatrix} a & 0 & 0 \\ 0 & b & 0 \\ 0 & 0 & c \end{pmatrix}^n$；$\qquad$ (3) $\begin{pmatrix} 1 & 1 & 1 & 1 \\ 0 & 1 & 1 & 1 \\ 0 & 0 & 1 & 1 \\ 0 & 0 & 0 & 1 \end{pmatrix}^3$．

7. 已知 $A = (a_{ij})$ 为 n 阶矩阵，写出

(1) A^2 的第 k 行第 l 列的元素；

(2) AA^T 的第 k 行第 l 列的元素；

(3) $A^T A$ 的第 k 行第 l 列的元素．

8. 设 A 为四阶方阵，且 $|A| = m$，求 $|-mA|$．

9. 设 A 为 n 阶方阵，且 $|A| = m$，求 $|3|A|A^T|$．

10. 设 A, B 均为 n 阶矩阵，且 $A = \dfrac{1}{2}(B + E)$．证明：$A^2 = A$ 当且仅当 $B^2 = E$．

11. 设 A, B 均为 n 阶对称矩阵，试判定下列结论是否正确，并说明理由．

(1) $A + B$ 为对称矩阵；

(2) kA 为对称矩阵；

(3) AB 为对称矩阵．

12. 证明:(1) 对任意的 $m \times n$ 矩阵 A, $A^T A$ 都是对称矩阵;

(2) 对任意的 n 阶矩阵 A, $A + A^T$ 都是对称矩阵;而 $A - A^T$ 是反对称矩阵.

13. 如果 A 是实数域上的对称矩阵,且 $A^2 = O$,证明:$A = O$.

14. 设 A 是奇数阶的反对称矩阵,证明 $|A| = 0$.

15. 判断下列矩阵是否可逆,如可逆,用伴随矩阵求逆法求其逆矩阵.

(1) $\begin{pmatrix} \cos\theta & -\sin\theta \\ \sin\theta & \cos\theta \end{pmatrix}$; (2) $\begin{pmatrix} 1 & 2 & 2 \\ 2 & 1 & -2 \\ 2 & -2 & 1 \end{pmatrix}$; (3) $\begin{pmatrix} 1 & 2 & 3 \\ 2 & 0 & -2 \\ 2 & 4 & 6 \end{pmatrix}$; (4) $\begin{pmatrix} 1 & 0 & 0 \\ 1 & 1 & 0 \\ 1 & 1 & 1 \end{pmatrix}$.

16. 设 $A = \begin{pmatrix} 1 & 0 & 0 \\ 2 & 2 & 0 \\ 3 & 4 & 5 \end{pmatrix}$, A^* 是 A 的伴随矩阵,求 $(A^*)^{-1}$.

17. 解下列矩阵方程.

(1) $\begin{pmatrix} 1 & 0 & -1 \\ 0 & 4 & 2 \\ 1 & -1 & 0 \end{pmatrix} X = \begin{pmatrix} 2 & -3 & 1 \\ 1 & 1 & 0 \\ 2 & 1 & 1 \end{pmatrix}$; (2) $X \begin{pmatrix} 1 & 0 & -1 \\ 0 & 4 & 2 \\ 1 & -1 & 0 \end{pmatrix} = \begin{pmatrix} 2 & -3 & 1 \\ 1 & 1 & 0 \\ 2 & 1 & 1 \end{pmatrix}$;

(3) $\begin{pmatrix} 2 & 1 \\ -2 & 3 \end{pmatrix} X \begin{pmatrix} -2 & -1 \\ 1 & 1 \end{pmatrix} = \begin{pmatrix} -2 & 3 \\ -6 & 1 \end{pmatrix}$;

(4) $AX + B = X$,其中 $A = \begin{pmatrix} 0 & 1 & 0 \\ -1 & 1 & 1 \\ -1 & 0 & -1 \end{pmatrix}$, $B = \begin{pmatrix} 1 & -1 \\ 2 & 0 \\ 5 & -3 \end{pmatrix}$.

18. 设 A, B, C 为同阶矩阵,且 C 非奇异,满足 $C^{-1} A C = B$. 求证:$C^{-1} A^m C = B^m$.

19. 若 n 阶矩阵 A 满足 $A^2 - 2A - 4E = O$. 试证 $A + E$ 可逆,并求 $(A + E)^{-1}$.

20. 若 n 阶矩阵 A 满足 $A^2 - 3A - 2E = O$. 试证 A 可逆,并求 A^{-1}.

21. 设矩阵 $A = \begin{pmatrix} 1 & 0 & 1 \\ 0 & 2 & 0 \\ 1 & 0 & 1 \end{pmatrix}$,矩阵 X 满足 $AX + E = A^2 + X$,试求出矩阵 X.

22. 设矩阵 $A = \begin{pmatrix} 1 & 1 & -1 \\ 0 & 1 & 1 \\ 0 & 0 & -1 \end{pmatrix}$,且 $A^2 - AB = E$,求矩阵 B.

23. 设 A 是 n 阶可逆矩阵,A^* 是 A 的伴随矩阵.证明:A^* 可逆,且
$$(A^*)^{-1} = (A^{-1})^*.$$

24. 设 A, B 均为 n 阶可逆矩阵,证明 $(AB)^* = B^* A^*$.

25. 设 A 是三阶矩阵,A^* 是 A 的伴随矩阵,若 $|A| = \dfrac{1}{2}$,求 $|3A^{-1} - 2A^*|$ 的值.

26. 已知 A, B 为三阶方阵,且 $|A| = -1$, $|B| = 2$,求 $|2(A^T B^{-1})^2|$.

27. 用初等变换将下列矩阵化为标准形.

(1) $\begin{pmatrix} 0 & 2 \\ -2 & 3 \end{pmatrix}$; (2) $\begin{pmatrix} 3 & -1 & 2 \\ 3 & 2 & 1 \\ 1 & -2 & 0 \end{pmatrix}$; (3) $\begin{pmatrix} 1 & 0 & 2 & -1 \\ 2 & 0 & 3 & 1 \\ 3 & 0 & 4 & -3 \end{pmatrix}$.

28. 用行初等变换求下列矩阵的逆矩阵.

(1) $\begin{pmatrix} 1 & 0 & 0 \\ 1 & 2 & 0 \\ 1 & 2 & 3 \end{pmatrix}$;　　(2) $\begin{pmatrix} 2 & 2 & 3 \\ 1 & -1 & 0 \\ -1 & 2 & 1 \end{pmatrix}$;　　(3) $\begin{pmatrix} 1 & 3 & -5 & 7 \\ 0 & 1 & 2 & 3 \\ 0 & 0 & 1 & 2 \\ 0 & 0 & 0 & 1 \end{pmatrix}$.

29. 解下列矩阵方程.

(1) 设 $A=\begin{pmatrix} 4 & 1 & -2 \\ 2 & 2 & 1 \\ 3 & 1 & -1 \end{pmatrix}, B=\begin{pmatrix} 1 & -3 \\ 2 & 2 \\ 3 & -1 \end{pmatrix}$, 求 X, 使 $AX=B$;

(2) $A=\begin{pmatrix} 0 & 2 & 1 \\ 2 & -1 & 3 \\ -3 & 3 & -4 \end{pmatrix}, B=\begin{pmatrix} 1 & 2 & 3 \\ 2 & -3 & 1 \end{pmatrix}$, 求 X, 使 $XA=B$;

(3) $AX=A+2X$, 其中 $A=\begin{pmatrix} 1 & -1 & 0 \\ 0 & 1 & -1 \\ -1 & 0 & 1 \end{pmatrix}$, 求 X;

(4) 设 $\begin{pmatrix} 0 & 1 & 0 \\ 1 & 0 & 0 \\ 0 & 0 & 1 \end{pmatrix} X \begin{pmatrix} 1 & 0 & 0 \\ -2 & 1 & 0 \\ 0 & 0 & 1 \end{pmatrix} = \begin{pmatrix} 1 & -4 & 3 \\ 2 & 0 & -1 \\ 0 & -2 & 1 \end{pmatrix}$, 求 X.

30. 将下列矩阵适当分块后,用分块矩阵乘法求下列矩阵的乘积.

(1) $A=\begin{pmatrix} -1 & 0 & 2 & 0 \\ 0 & -1 & 0 & 2 \\ 0 & 0 & 4 & 3 \end{pmatrix}, B=\begin{pmatrix} 2 & 0 & -1 \\ 1 & 1 & 0 \\ 0 & 1 & 0 \\ 0 & 0 & 1 \end{pmatrix}$;

(2) $A=\begin{pmatrix} 4 & -5 & 7 & 0 & 0 \\ -1 & 2 & 6 & 0 & 0 \\ -3 & 1 & 8 & 0 & 0 \\ 0 & 0 & 0 & 2 & 0 \\ 0 & 0 & 0 & 0 & 2 \end{pmatrix}, B=\begin{pmatrix} 3 & 0 & 0 & 0 & 0 \\ 0 & 3 & 0 & 0 & 0 \\ 0 & 0 & 3 & 0 & 0 \\ 0 & 0 & 0 & -1 & 3 \\ 0 & 0 & 0 & 9 & 3 \end{pmatrix}$.

31. 用分块矩阵的方法求下列矩阵的逆矩阵.

(1) $\begin{pmatrix} 2 & 1 & 0 & 0 \\ 1 & 1 & 0 & 0 \\ 0 & 0 & 2 & 5 \\ 0 & 0 & 1 & 3 \end{pmatrix}$;　　(2) $A=\begin{pmatrix} 4 & 0 & 0 & 0 & 0 \\ 0 & 1 & 2 & 0 & 0 \\ 0 & 1 & 1 & 0 & 0 \\ 0 & 0 & 0 & 3 & 1 \\ 0 & 0 & 0 & 5 & 2 \end{pmatrix}$;

$$(3)\begin{pmatrix} 0 & a_1 & 0 & \cdots & 0 \\ 0 & 0 & a_2 & \cdots & 0 \\ \vdots & \vdots & \vdots & & \vdots \\ 0 & 0 & 0 & \cdots & a_{n-1} \\ a_n & 0 & 0 & \cdots & 0 \end{pmatrix} \quad (a_i \neq 0, i=1,2,\cdots,n).$$

32. 设 A 为三阶方阵, $|A|=-2$, 将 A 按列分块为 $A=(A_1,A_2,A_3)$, 其中 $A_j(j=1,2,3)$ 是 A 的第 j 列. 求:

(1) $|-A_1,3A_3,A_2|$;　　　　　　(2) $|A_2-3A_1,2A_1,A_3|$.

33. 求下列矩阵的秩.

$$(1)\begin{pmatrix} 1 & 2 & 3 & 4 \\ 1 & -2 & 4 & 5 \\ 1 & 10 & 1 & 2 \end{pmatrix};\qquad (2)\begin{pmatrix} 2 & 1 & 11 & 2 \\ 1 & 0 & 4 & -1 \\ 1 & -1 & 1 & -5 \\ 2 & 0 & 8 & -2 \end{pmatrix};$$

$$(3)\begin{pmatrix} 1 & -1 & 2 & 1 & 0 \\ 2 & -2 & 4 & -2 & 0 \\ 3 & 0 & 6 & -1 & 1 \\ 0 & 3 & 0 & 0 & 1 \end{pmatrix};\qquad (4)\begin{pmatrix} 1 & 0 & 1 & 0 & 0 \\ 1 & 1 & 0 & 0 & 0 \\ 0 & 1 & 1 & 0 & 0 \\ 0 & 0 & 1 & 1 & 0 \\ 0 & 1 & 0 & 1 & 1 \end{pmatrix}.$$

(B)

1. 设 $A=\begin{pmatrix} 1 & 0 & 1 \\ 0 & 2 & 0 \\ 1 & 0 & 1 \end{pmatrix}(n\geq 2)$. 求: (1) A^2; (2) A^n-2A^{n-1}.

2. 设 $A=\begin{pmatrix} 1 & -1 & -1 & -1 \\ -1 & 1 & -1 & -1 \\ -1 & -1 & 1 & -1 \\ -1 & -1 & -1 & 1 \end{pmatrix}$, 求 A^n.

3. 设 n 阶矩阵 A 非奇异 $(n\geq 2)$, A^* 是 A 的伴随矩阵, 求 $(A^*)^*$.

4. 设矩阵 $A=(a_{ij})_{3\times 3}$ 满足 $A^*=A^T$, 若 a_{11},a_{12},a_{13} 为三个相等的正数, 求 a_{11}.

5. 设 n 阶矩阵 A 非奇异, X,Y 均为 $n\times 1$ 矩阵, 且 $Y^TA^{-1}X\neq -1$, 证明: $A+XY^T$ 可逆, 且
$$(A+XY^T)^{-1}=A^{-1}-\frac{A^{-1}XY^TA^{-1}}{1+Y^TA^{-1}X}.$$

6. 已知对于 n 阶矩阵 A, 存在自然数 k, 使得 $A^k=O$, 试证明矩阵 $E-A$ 可逆, 并写出其逆矩阵的表达式.

7. 若 n 阶矩阵 A 满足 $A^3=3A(A-E)$, 试证 $E-A$ 可逆, 并求 $(E-A)^{-1}$.

8. 设 A 为 n 阶矩阵, $A+E$ 为非奇异矩阵, 如果
$$f(A)=(E-A)(A+E)^{-1},$$

求证:(1) $(E+f(A))(E+A)=2E$; (2) $f(f(A))=A$.

9. 设 A 为 n 阶矩阵,证明 $|A^*|=|A|^{n-1}$. 已知 $A^{-1}=\begin{pmatrix} 0 & 2 & -1 \\ 1 & 1 & 2 \\ -1 & -1 & -1 \end{pmatrix}$,求 $|A^*|$.

10. 已知 $A,B,A^{-1}+B^{-1}$ 均为 n 阶可逆矩阵,试证 $A+B$ 也可逆,并求其逆矩阵.

11. 设 A,B 均为二阶矩阵,A^*,B^* 分别为 A,B 的伴随矩阵,若 $|A|=2,|B|=3$,求分块矩阵 $\begin{pmatrix} O & A \\ B & O \end{pmatrix}$ 的伴随矩阵.

12. 设矩阵 A,B 满足关系式 $AB=A+2B$,其中 $A=\begin{pmatrix} 4 & 2 & 3 \\ 1 & 1 & 0 \\ -1 & 2 & 3 \end{pmatrix}$,求矩阵 B.

13. 设矩阵 A,B 满足 $A^*BA=2BA-8E$,其中 $A=\begin{pmatrix} 1 & 0 & 0 \\ 0 & -2 & 0 \\ 0 & 0 & 1 \end{pmatrix}$,求矩阵 B.

14. 设 A 是 n 阶可逆矩阵,将 A 的第 i 行和第 j 行互换后得到的矩阵记为 B.(1) 证明 B 可逆;(2) 求 B^{-1}.

15. 设 A 为 m 阶方阵,B 为 n 阶方阵,且 $|A|=a,|B|=b$. 如果
$$C=\begin{pmatrix} O & A \\ B & O \end{pmatrix},$$
求 $|C|$.

16. 设 $(2E-C^{-1}B)A^{\mathrm{T}}=C^{-1}$,其中 $B=\begin{pmatrix} 1 & 2 & -3 & -2 \\ 0 & 1 & 2 & -3 \\ 0 & 0 & 1 & 2 \\ 0 & 0 & 0 & 1 \end{pmatrix}$,$C=\begin{pmatrix} 1 & 2 & 0 & 1 \\ 0 & 1 & 2 & 0 \\ 0 & 0 & 1 & 2 \\ 0 & 0 & 0 & 1 \end{pmatrix}$,求矩阵 A.

17. (2004)设 $A=\begin{pmatrix} 0 & -1 & 0 \\ 1 & 0 & 0 \\ 0 & 0 & -1 \end{pmatrix}$,$B=P^{-1}AP$,其中 P 为三阶可逆矩阵,则 $B^{2004}-2A^2=$ _____.

18. (2003)设 $\boldsymbol{\alpha}$ 为三维列向量,$\boldsymbol{\alpha}^{\mathrm{T}}$ 是 $\boldsymbol{\alpha}$ 的转置,若 $\boldsymbol{\alpha}\boldsymbol{\alpha}^{\mathrm{T}}=\begin{pmatrix} 1 & -1 & 1 \\ -1 & 1 & -1 \\ 1 & -1 & 1 \end{pmatrix}$,则 $\boldsymbol{\alpha}^{\mathrm{T}}\boldsymbol{\alpha}=$ _____.

19. (2013)设 $A=(a_{ij})$ 是三阶非零矩阵,$|A|$ 为 A 的行列式,A_{ij} 为 a_{ij} 的代数余子式. 若 $a_{ij}+A_{ij}=0(i,j=1,2,3)$,则 $|A|=$ _____.

20. (2000)设 $A=\begin{pmatrix} 1 & 0 & 0 & 0 \\ -2 & 3 & 0 & 0 \\ 0 & -4 & 5 & 0 \\ 0 & 0 & -6 & 7 \end{pmatrix}$,$E$ 为四阶单位阵,且 $B=(E+A)^{-1}(E-A)$,则

$(E+B)^{-1} = $ _____.

21. (2001) 设矩阵 A 满足 $A^2 + A - 4E = O$,其中 E 为单位矩阵,则 $(A-E)^{-1} = $ _____.

22. (2000) 设矩阵 A 的伴随矩阵 $A^* = \begin{pmatrix} 1 & 0 & 0 & 0 \\ 0 & 1 & 0 & 0 \\ 1 & 0 & 1 & 0 \\ 0 & -3 & 0 & 8 \end{pmatrix}$,且 $ABA^{-1} = BA^{-1} + 3E$,其中 E

为四阶单位矩阵,求矩阵 B.

23. (2001) 设矩阵 $A = \begin{pmatrix} k & 1 & 1 & 1 \\ 1 & k & 1 & 1 \\ 1 & 1 & k & 1 \\ 1 & 1 & 1 & k \end{pmatrix}$,且 $r(A) = 3$,则 $k = $ _____.

24. (2007) 设矩阵 $A = \begin{pmatrix} 0 & 1 & 0 & 0 \\ 0 & 0 & 1 & 0 \\ 0 & 0 & 0 & 1 \\ 0 & 0 & 0 & 0 \end{pmatrix}$,则 A^3 的秩为 _____.

第 2 章测试题

第 **3** 章

n 维向量与线性方程组

向量是线性代数中的一个最基本的概念,向量在研究空间几何图形和解决线性方程组解的表示等方面有着广泛的应用.本章主要介绍 n 维向量的概念及运算、线性方程组的解及其向量表示、向量间的线性关系及其性质、向量组的极大线性无关组和向量组秩的概念及相关性质.

3.1 n 维向量及其线性运算

一、n 维向量的概念

定义 3.1 数域 F 上的 n 个数 $a_1, a_2, \cdots, a_n$ 组成的一个有序数组称为数域 F 上的一个 n **维向量**,第 i 个数 $a_i (i=1,2,\cdots,n)$ 称为这个向量的**第 i 个分量**.

通常用小写的希腊字母 $\boldsymbol{\alpha}, \boldsymbol{\beta}, \boldsymbol{\gamma}$ 等表示向量,而用带有下标的小写拉丁字母 a_i, b_j 或 c_{ij} 等表示向量的分量.

称

$$\boldsymbol{\alpha} = \begin{pmatrix} a_1 \\ a_2 \\ \vdots \\ a_n \end{pmatrix}$$

为 n **维列向量**,记为 $(a_1, a_2, \cdots, a_n)^{\mathrm{T}}$.

称 $\boldsymbol{\beta} = (b_1, b_2, \cdots, b_n)$ 为 n **维行向量**.

以下没有特别声明时,n 维向量均指 n 维**列向量**.由若干个同维数的向量组成的集合称为**向量组**.

设 A 为数域 F 上的一个 $m \times n$ 矩阵

$$A = \begin{pmatrix} a_{11} & a_{12} & \cdots & a_{1n} \\ a_{21} & a_{22} & \cdots & a_{2n} \\ \vdots & \vdots & & \vdots \\ a_{m1} & a_{m2} & \cdots & a_{mn} \end{pmatrix},$$

把矩阵 A 的每一列看作一个 m 维列向量,则矩阵 A 就有 n 个 m 维列向量:

$$\boldsymbol{\alpha}_1 = \begin{pmatrix} a_{11} \\ a_{21} \\ \vdots \\ a_{m1} \end{pmatrix}, \quad \boldsymbol{\alpha}_2 = \begin{pmatrix} a_{12} \\ a_{22} \\ \vdots \\ a_{m2} \end{pmatrix}, \quad \cdots, \quad \boldsymbol{\alpha}_n = \begin{pmatrix} a_{1n} \\ a_{2n} \\ \vdots \\ a_{mn} \end{pmatrix}.$$

$\boldsymbol{\alpha}_1, \boldsymbol{\alpha}_2, \cdots, \boldsymbol{\alpha}_n$ 称为矩阵 A 的列向量组. 把矩阵 A 的每一行看作一个 n 维行向量,则矩阵 A 就有 m 个 n 维行向量: $\boldsymbol{\beta}_1 = (a_{11}, a_{12}, \cdots, a_{1n}), \boldsymbol{\beta}_2 = (a_{21}, a_{22}, \cdots, a_{2n}), \cdots,$ $\boldsymbol{\beta}_m = (a_{m1}, a_{m2}, \cdots, a_{mn})$. $\boldsymbol{\beta}_1, \boldsymbol{\beta}_2, \cdots, \boldsymbol{\beta}_m$ 称为矩阵 A 的行向量组.

这样,矩阵 A 可记为 $A = (\boldsymbol{\alpha}_1, \boldsymbol{\alpha}_2, \cdots, \boldsymbol{\alpha}_n)$,或 $A = \begin{pmatrix} \boldsymbol{\beta}_1 \\ \boldsymbol{\beta}_2 \\ \vdots \\ \boldsymbol{\beta}_m \end{pmatrix}$.

由于矩阵 A 与其列向量组(行向量组)之间是一一对应关系,所以向量组一般由矩阵表示为 $A: \boldsymbol{\alpha}_1, \boldsymbol{\alpha}_2, \cdots, \boldsymbol{\alpha}_n$.

每个分量都为零的向量称为**零向量**,记为 $\boldsymbol{0} = (0, 0, \cdots, 0)^{\mathrm{T}}$.

n 维向量 $\boldsymbol{\alpha} = (a_1, a_2, \cdots, a_n)^{\mathrm{T}}$ 的每一个分量都取相反数得到的向量,称为向量 $\boldsymbol{\alpha}$ 的**负向量**,记为

$$-\boldsymbol{\alpha} = (-a_1, -a_2, \cdots, -a_n)^{\mathrm{T}}.$$

例如,三维向量 $\boldsymbol{\alpha} = (1, -2, 0)^{\mathrm{T}}$ 的负向量 $-\boldsymbol{\alpha} = (-1, 2, 0)^{\mathrm{T}}$.

定义 3.2 设 n 维向量 $\boldsymbol{\alpha} = (a_1, a_2, \cdots, a_n)^{\mathrm{T}}$, $\boldsymbol{\beta} = (b_1, b_2, \cdots, b_n)^{\mathrm{T}}$,如果这两个向量的对应分量分别相等,即 $a_i = b_i (i = 1, 2, \cdots, n)$,则称这两个向量**相等**,记为 $\boldsymbol{\alpha} = \boldsymbol{\beta}$.

例 1 设向量 $\boldsymbol{\alpha} = (2s-1, 1, 0)^{\mathrm{T}}$, $\boldsymbol{\beta} = (s, 1, s-t)^{\mathrm{T}}$,问 s, t 为何值时 $\boldsymbol{\alpha} = \boldsymbol{\beta}$.

解 据定义 3.2,有

$$\begin{cases} 2s-1 = s, \\ s-t = 0. \end{cases}$$

解得 $s = 1, t = 1$.

二、n 维向量的线性运算

定义 3.3 设 n 维向量 $\boldsymbol{\alpha} = (a_1, a_2, \cdots, a_n)^{\mathrm{T}}$, $\boldsymbol{\beta} = (b_1, b_2, \cdots, b_n)^{\mathrm{T}}$,则称向量 $(a_1+b_1, a_2+b_2, \cdots, a_n+b_n)^{\mathrm{T}}$ 为向量 $\boldsymbol{\alpha}$ 与 $\boldsymbol{\beta}$ 的和,记为 $\boldsymbol{\alpha}+\boldsymbol{\beta}$,即

$$\boldsymbol{\alpha}+\boldsymbol{\beta} = (a_1+b_1, a_2+b_2, \cdots, a_n+b_n)^{\mathrm{T}}.$$

若 $k \in F$,称向量 $(ka_1, ka_2, \cdots, ka_n)^{\mathrm{T}}$ 为数 k 与 $\boldsymbol{\alpha}$ 的积,记为 $k\boldsymbol{\alpha}$,即

$$k\boldsymbol{\alpha} = (ka_1, ka_2, \cdots, ka_n)^{\mathrm{T}}.$$

由 $\boldsymbol{\alpha}$ 与 $\boldsymbol{\beta}$ 得到 $\boldsymbol{\alpha}+\boldsymbol{\beta}$ 的运算称为向量的**加法**,由 k 与 $\boldsymbol{\alpha}$ 得到 $k\boldsymbol{\alpha}$ 的运算称为**数乘**.

利用负向量的概念及定义 3.3,得到向量的减法

$$\pmb{\alpha}-\pmb{\beta}=\pmb{\alpha}+(-\pmb{\beta})=(a_1-b_1,a_2-b_2,\cdots,a_n-b_n)^{\mathrm{T}}.$$

向量的加法和数乘运算,统称为向量的线性运算.

由定义 3.3 知,向量的线性运算满足下列 8 条运算律:

(1) $\pmb{\alpha}+\pmb{\beta}=\pmb{\beta}+\pmb{\alpha}$;

(2) $(\pmb{\alpha}+\pmb{\beta})+\pmb{\gamma}=\pmb{\alpha}+(\pmb{\beta}+\pmb{\gamma})$;

(3) $\pmb{\alpha}+\pmb{0}=\pmb{\alpha}$;

(4) $\pmb{\alpha}+(-\pmb{\alpha})=\pmb{0}$;

(5) $k(\pmb{\alpha}+\pmb{\beta})=k\pmb{\alpha}+k\pmb{\beta}$;

(6) $(k+l)\pmb{\alpha}=k\pmb{\alpha}+l\pmb{\alpha}$;

(7) $k(l\pmb{\alpha})=(kl)\pmb{\alpha}$;

(8) $1\cdot\pmb{\alpha}=\pmb{\alpha}$.

其中 $\pmb{\alpha},\pmb{\beta},\pmb{\gamma}$ 为数域 F 上的 n 维向量;$\pmb{0}$ 是 n 维零向量;k,l 为数域 F 中的任意数.

定义 3.4 实数域 R 上的全体 n 维向量组成的集合,如果在其上定义了满足以上 8 条运算律的线性运算,则称其为实数域 **R** 上的 n 维**向量空间**,记作 $\pmb{R}^n$.

例 2 设 $\pmb{\alpha}_1=(-1,4,0,-2)^{\mathrm{T}}$,$\pmb{\alpha}_2=(-3,-1,2,5)^{\mathrm{T}}$,$\pmb{\alpha}_3=(0,1,-1,2)^{\mathrm{T}}$,求 $3\pmb{\alpha}_1-\pmb{\alpha}_2+2\pmb{\alpha}_3$.

解 $3\pmb{\alpha}_1-\pmb{\alpha}_2+2\pmb{\alpha}_3$

$=3(-1,4,0,-2)^{\mathrm{T}}-(-3,-1,2,5)^{\mathrm{T}}+2(0,1,-1,2)^{\mathrm{T}}$

$=(-3,12,0,-6)^{\mathrm{T}}-(-3,-1,2,5)^{\mathrm{T}}+(0,2,-2,4)^{\mathrm{T}}$

$=(0,15,-4,-7)^{\mathrm{T}}.$

例 3 设向量 $\pmb{\alpha}_1=(-2,0,1,3)^{\mathrm{T}}$,$\pmb{\alpha}_2=(5,-7,4,6)^{\mathrm{T}}$,$\pmb{\beta}$ 满足 $3\pmb{\alpha}_1-2(\pmb{\beta}+\pmb{\alpha}_2)=\pmb{0}$,求 $\pmb{\beta}$.

解 因为 $3\pmb{\alpha}_1-2(\pmb{\beta}+\pmb{\alpha}_2)=\pmb{0}$,所以 $2\pmb{\beta}=3\pmb{\alpha}_1-2\pmb{\alpha}_2$,则

$$\pmb{\beta}=\frac{1}{2}(3\pmb{\alpha}_1-2\pmb{\alpha}_2)=\frac{1}{2}\big[3(-2,0,1,3)^{\mathrm{T}}-2(5,-7,4,6)^{\mathrm{T}}\big]$$

$$=\frac{1}{2}\big[(-6,0,3,9)^{\mathrm{T}}-(10,-14,8,12)^{\mathrm{T}}\big]$$

$$=\frac{1}{2}(-16,14,-5,-3)^{\mathrm{T}}=\left(-8,7,-\frac{5}{2},-\frac{3}{2}\right)^{\mathrm{T}}.$$

3.2 线性方程组的解及其向量表示

一、线性方程组的表达形式

1. 一般形式

含有 m 个方程 n 个未知量的线性方程组的一般形式为

$$\begin{cases} a_{11}x_1 + a_{12}x_2 + \cdots + a_{1n}x_n = b_1, \\ a_{21}x_1 + a_{22}x_2 + \cdots + a_{2n}x_n = b_2, \\ \qquad\qquad \cdots\cdots \\ a_{m1}x_1 + a_{m2}x_2 + \cdots + a_{mn}x_n = b_m. \end{cases} \tag{3.1}$$

2. 矩阵形式

由式(3.1)的未知量的系数构成的矩阵

$$A = \begin{pmatrix} a_{11} & a_{12} & \cdots & a_{1n} \\ a_{21} & a_{22} & \cdots & a_{2n} \\ \vdots & \vdots & & \vdots \\ a_{m1} & a_{m2} & \cdots & a_{mn} \end{pmatrix}$$

称为线性方程组(3.1)的**系数矩阵**. 未知量的系数和常数项一起构成的矩阵

$$\overline{A} = \begin{pmatrix} a_{11} & a_{12} & \cdots & a_{1n} & b_1 \\ a_{21} & a_{22} & \cdots & a_{2n} & b_2 \\ \vdots & \vdots & & \vdots & \vdots \\ a_{m1} & a_{m2} & \cdots & a_{mn} & b_m \end{pmatrix}$$

称为线性方程组(3.1)的**增广矩阵**.

如果令

$$X = \begin{pmatrix} x_1 \\ x_2 \\ \vdots \\ x_n \end{pmatrix}, \quad B = \begin{pmatrix} b_1 \\ b_2 \\ \vdots \\ b_m \end{pmatrix},$$

由矩阵乘法得线性方程组(3.1)的矩阵形式为

$$AX = B. \tag{3.2}$$

3. 向量形式

设 A 的列向量组为 $\boldsymbol{\alpha}_1, \boldsymbol{\alpha}_2, \cdots, \boldsymbol{\alpha}_n$, 常数项构成的列为 $\boldsymbol{\beta}$, 利用向量线性运算的知识得线性方程组(3.1)的向量形式为

$$x_1\boldsymbol{\alpha}_1 + x_2\boldsymbol{\alpha}_2 + \cdots + x_n\boldsymbol{\alpha}_n = \boldsymbol{\beta}. \tag{3.3}$$

其中

$$\boldsymbol{\alpha}_j = \begin{pmatrix} a_{1j} \\ a_{2j} \\ \vdots \\ a_{mj} \end{pmatrix} (j = 1, 2, \cdots, n), \quad \boldsymbol{\beta} = \begin{pmatrix} b_1 \\ b_2 \\ \vdots \\ b_m \end{pmatrix}.$$

二、线性方程组的消元解法

消元法是求解线性方程组最直接最有效的方法. 对于一般的线性方程组, 利用方程组中方程间的简单运算, 就可以把部分方程变成未知量个数较少的方程, 然后求解. 下面通过例题来说明这一方法, 并从中找出用消元法求解线性方程组的一般规律, 让求解过程尽可能简便.

例 1 解线性方程组

$$\begin{cases} 2x_1 - 5x_2 + 3x_3 = 3, \\ -3x_1 + 2x_2 - 8x_3 = 17, \\ x_1 + 7x_2 - 5x_3 = 2. \end{cases} \tag{3.4}$$

解 交换方程组(3.4)中第一个方程和第三个方程的位置, 得

$$\begin{cases} x_1 + 7x_2 - 5x_3 = 2, \\ -3x_1 + 2x_2 - 8x_3 = 17, \\ 2x_1 - 5x_2 + 3x_3 = 3, \end{cases} \tag{3.5}$$

保留方程组(3.5)中第一个方程, 把方程组(3.5)中第一个方程的 3 倍和(−2)倍分别加到第二个方程和第三个方程上去, 消去这两个方程中的未知量 x_1, 得

$$\begin{cases} x_1 + 7x_2 - 5x_3 = 2, \\ 23x_2 - 23x_3 = 23, \\ -19x_2 + 13x_3 = -1, \end{cases} \tag{3.6}$$

将方程组(3.6)的第二个方程两边同乘以 $\frac{1}{23}$, 得

$$\begin{cases} x_1 + 7x_2 - 5x_3 = 2, \\ x_2 - x_3 = 1, \\ -19x_2 + 13x_3 = -1, \end{cases} \tag{3.7}$$

保留方程组(3.7)中第一、二两个方程, 将以上方程组中第二个方程的 19 倍加到第三个方程上去, 消去第三个方程中的未知量 x_2, 得

$$\begin{cases} x_1 + 7x_2 - 5x_3 = 2, \\ x_2 - x_3 = 1, \\ -6x_3 = 18, \end{cases} \tag{3.8}$$

由方程组(3.8)的最后一个方程得 $x_3 = -3$; 把 $x_3 = -3$ 代入方程组(3.8)的第二个方程, 求得 $x_2 = -2$; 再把 $x_2 = -2, x_3 = -3$ 代入方程组(3.8)的第一个方程, 解得 $x_1 = 1$; 因为方程组(3.4)与方程组(3.8)是同解方程组, 于是方程组(3.4)的解为

$$\begin{cases} x_1 = 1, \\ x_2 = -2, \\ x_3 = -3. \end{cases}$$

方程组(3.8)中各个方程所含未知量的个数依次减少,称这种形式的方程组为**阶梯形方程组**.由原方程组化为阶梯形方程组的过程叫做**消元过程**,由阶梯形方程组逐次求出各未知量的过程叫做**回代过程**.在消元过程中,对方程组(3.4)反复施行了以下三种变换:

(1) 交换两个方程的位置;

(2) 用一个非零数乘某个方程;

(3) 把某个方程的若干倍加到另一个方程上去.

不难证明,将任意一个方程组施行上述三种方式的变换所得的方程组与原方程组都是同解方程组.上述三种变换称为线性方程组的**初等变换**.

在例1的求解过程中,仅对方程组的系数和常数项进行了运算,未知量并没有参与运算.很显然,一个线性方程组完全由它的系数和常数项所确定,即由它的增广矩阵所确定.线性方程组与其增广矩阵是一一对应的.一个线性方程组一定有其增广矩阵,反之,一个增广矩阵一定有与其对应的一个线性方程组.对线性方程组反复施行初等变换化为阶梯形方程组的过程,就是对它的增广矩阵施行行初等变换化为阶梯形矩阵的过程.如例1的消元过程可写成

$$\begin{bmatrix} 2 & -5 & 3 & 3 \\ -3 & 2 & -8 & 17 \\ 1 & 7 & -5 & 2 \end{bmatrix} \rightarrow \begin{bmatrix} 1 & 7 & -5 & 2 \\ -3 & 2 & -8 & 17 \\ 2 & -5 & 3 & 3 \end{bmatrix} \rightarrow \begin{bmatrix} 1 & 7 & -5 & 2 \\ 0 & 23 & -23 & 23 \\ 0 & -19 & 13 & -1 \end{bmatrix}$$

$$\rightarrow \begin{bmatrix} 1 & 7 & -5 & 2 \\ 0 & 1 & -1 & 1 \\ 0 & -19 & 13 & -1 \end{bmatrix} \rightarrow \begin{bmatrix} 1 & 7 & -5 & 2 \\ 0 & 1 & -1 & 1 \\ 0 & 0 & -6 & 18 \end{bmatrix}.$$

这个阶梯形矩阵对应的阶梯形方程组为

$$\begin{cases} x_1 + 7x_2 - 5x_3 = 2, \\ x_2 - x_3 = 1, \\ -6x_3 = 18. \end{cases}$$

同时,利用矩阵的行初等变换还可以把回代过程表示为

$$\begin{bmatrix} 1 & 7 & -5 & 2 \\ 0 & 1 & -1 & 1 \\ 0 & 0 & -6 & 18 \end{bmatrix} \rightarrow \begin{bmatrix} 1 & 7 & -5 & 2 \\ 0 & 1 & -1 & 1 \\ 0 & 0 & 1 & -3 \end{bmatrix}$$

$$\rightarrow \begin{bmatrix} 1 & 7 & 0 & -13 \\ 0 & 1 & 0 & -2 \\ 0 & 0 & 1 & -3 \end{bmatrix} \rightarrow \begin{bmatrix} 1 & 0 & 0 & 1 \\ 0 & 1 & 0 & -2 \\ 0 & 0 & 1 & -3 \end{bmatrix}.$$

由上面最后一个矩阵直接写出原方程组(3.4)的解为

$$\begin{cases} x_1=1, \\ x_2=-2, \\ x_3=-3. \end{cases}$$

上述最后一个矩阵的特点是,每一行的第一个非零元素是 1,而 1 所在列的其他元素全为零,这样的阶梯形矩阵称为**简化阶梯形矩阵**. 其好处是可以由它直接写出线性方程组的解来,还可以直接写成解的向量形式,即所谓**解向量**

$$\begin{pmatrix} x_1 \\ x_2 \\ x_3 \end{pmatrix} = \begin{pmatrix} 1 \\ -2 \\ -3 \end{pmatrix}.$$

例 2 解线性方程组

$$\begin{cases} x_1-2x_2+3x_3-4x_4=4, \\ x_2-x_3+x_4=-3, \\ x_1+3x_2-3x_4=1, \\ -7x_2+3x_3+x_4=-3. \end{cases}$$

解 对线性方程组的增广矩阵施行行初等变换化为简化阶梯形矩阵

$$\overline{A} = \begin{pmatrix} 1 & -2 & 3 & -4 & 4 \\ 0 & 1 & -1 & 1 & -3 \\ 1 & 3 & 0 & -3 & 1 \\ 0 & -7 & 3 & 1 & -3 \end{pmatrix} \rightarrow \begin{pmatrix} 1 & -2 & 3 & -4 & 4 \\ 0 & 1 & -1 & 1 & -3 \\ 0 & 5 & -3 & 1 & -3 \\ 0 & -7 & 3 & 1 & -3 \end{pmatrix}$$

$$\rightarrow \begin{pmatrix} 1 & -2 & 3 & -4 & 4 \\ 0 & 1 & -1 & 1 & -3 \\ 0 & 0 & 2 & -4 & 12 \\ 0 & 0 & -4 & 8 & -24 \end{pmatrix} \rightarrow \begin{pmatrix} 1 & -2 & 3 & -4 & 4 \\ 0 & 1 & -1 & 1 & -3 \\ 0 & 0 & 1 & -2 & 6 \\ 0 & 0 & 0 & 0 & 0 \end{pmatrix}$$

$$\rightarrow \begin{pmatrix} 1 & -2 & 0 & 2 & -14 \\ 0 & 1 & 0 & -1 & 3 \\ 0 & 0 & 1 & -2 & 6 \\ 0 & 0 & 0 & 0 & 0 \end{pmatrix} \rightarrow \begin{pmatrix} 1 & 0 & 0 & 0 & -8 \\ 0 & 1 & 0 & -1 & 3 \\ 0 & 0 & 1 & -2 & 6 \\ 0 & 0 & 0 & 0 & 0 \end{pmatrix}.$$

简化阶梯形矩阵对应的线性方程组为

$$\begin{cases} x_1=-8, \\ x_2-x_4=3, \\ x_3-2x_4=6, \end{cases}$$

解得

$$\begin{cases} x_1=-8, \\ x_2=3+x_4, \\ x_3=6+2x_4. \end{cases}$$

其中未知量 x_4 称为**自由未知量**. 就是说 x_4 可以任意取值. x_4 取任意值, 所得结果都是原方程组的解, 因此原方程组有无穷多个解. 取自由未知量 $x_4 = c$, 则解向量

$$\begin{pmatrix} x_1 \\ x_2 \\ x_3 \\ x_4 \end{pmatrix} = \begin{pmatrix} -8 \\ 3+c \\ 6+2c \\ c \end{pmatrix} = \begin{pmatrix} -8 \\ 3 \\ 6 \\ 0 \end{pmatrix} + c \begin{pmatrix} 0 \\ 1 \\ 2 \\ 1 \end{pmatrix}, \quad c \text{ 为任意常数.}$$

这个解称为线性方程组的**一般解**.

值得注意的是

(1) 线性方程组的一般解是指用一组任意常数表示线性方程组无穷多个解的表达式.

(2) 在一般解中, 自由未知量的选择一般不是唯一确定的. 如例 2 中, 自由未知量取 x_4, 也可以选取 x_2 或 x_3. 但是自由未知量的个数总是确定的, 例 2 中仅为一个.

例 3 解线性方程组

$$\begin{cases} 2x_1 + 5x_2 + x_3 + 3x_4 = 2, \\ 4x_1 + 6x_2 + 3x_3 + 5x_4 = 4, \\ 4x_1 + 14x_2 + x_3 + 7x_4 = 4, \\ 2x_1 - 3x_2 + 3x_3 + x_4 = 7. \end{cases}$$

解 对线性方程组的增广矩阵施以行初等变换, 有

$$\bar{A} = \begin{pmatrix} 2 & 5 & 1 & 3 & 2 \\ 4 & 6 & 3 & 5 & 4 \\ 4 & 14 & 1 & 7 & 4 \\ 2 & -3 & 3 & 1 & 7 \end{pmatrix} \rightarrow \begin{pmatrix} 2 & 5 & 1 & 3 & 2 \\ 0 & -4 & 1 & -1 & 0 \\ 0 & 4 & -1 & 1 & 0 \\ 0 & -8 & 2 & -2 & 5 \end{pmatrix}$$

$$\rightarrow \begin{pmatrix} 2 & 5 & 1 & 3 & 2 \\ 0 & -4 & 1 & -1 & 0 \\ 0 & 0 & 0 & 0 & 0 \\ 0 & 0 & 0 & 0 & 5 \end{pmatrix} \rightarrow \begin{pmatrix} 2 & 5 & 1 & 3 & 2 \\ 0 & -4 & 1 & -1 & 0 \\ 0 & 0 & 0 & 0 & 5 \\ 0 & 0 & 0 & 0 & 0 \end{pmatrix}.$$

最后矩阵对应的阶梯形方程组为

$$\begin{cases} 2x_1 + 5x_2 + x_3 + 3x_4 = 2, \\ -4x_2 + x_3 - x_4 = 0, \\ 0 = 5, \\ 0 = 0. \end{cases}$$

上述方程组中最后一个方程为恒等式"0＝0",说明这个方程是多余的,可以去掉;第三个方程"0＝5"是矛盾方程,无解.所以上述线性方程组无解,故原线性方程组也无解.

从上面例1、例2、例3可以看出:线性方程组可能无解,也可能有解.在有解的情况下可能有唯一解,也可能有无穷多个解.

矩阵作为工具,在用消元法解线性方程组时,首先将线性方程组的增广矩阵用行初等变换化成阶梯形矩阵,写出相应的阶梯形方程组.若方程组有解,进一步将阶梯形矩阵化为简化阶梯形矩阵,写出解来.

三、线性方程组解的情况

这里讨论一般线性方程组(3.1)的解的情况.线性方程组(3.1)的增广矩阵 $\overline{A}$,总可以经过一系列的行初等变换化为阶梯形矩阵.事实上, $\overline{A}$ 的前 n 列中任意一列的元素不会全为零.否则,若 $\overline{A}$ 的第 j 列元素全为零,即 $\boldsymbol{\alpha}_j = \boldsymbol{0}(j=1,2,\cdots,n)$,则原线性方程组(3.1)中未知量 x_j 可以取任意值,这时只需解余下的含有 $n-1$ 个未知量的方程组就可以了.

为方便起见,不妨设 $\overline{A}$ 的第一列中 $a_{11} \neq 0$,把 $\overline{A}$ 的第一行的 $\left(-\dfrac{a_{i1}}{a_{11}}\right)(i=2,3,\cdots,m)$ 倍加到第 i 行上去, $\overline{A}$ 化为

$$
\begin{bmatrix}
a_{11} & a_{12} & \cdots & a_{1n} & b_1 \\
0 & a_{22}' & \cdots & a_{2n}' & b_2' \\
\vdots & \vdots & & \vdots & \vdots \\
0 & a_{m2}' & \cdots & a_{mn}' & b_m'
\end{bmatrix},
$$

由后 $m-1$ 行,右边的 n 列可以组成一个 $(m-1)\times n$ 矩阵,对此矩阵重复施以上述变换,直到 $\overline{A}$ 化为如下形式的阶梯形矩阵:

$$
\overline{A} \to \cdots \to
\begin{bmatrix}
\overline{a}_{11} & \overline{a}_{12} & \cdots & \overline{a}_{1r} & \overline{a}_{1,r+1} & \cdots & \overline{a}_{1n} & d_1 \\
0 & \overline{a}_{22} & \cdots & \overline{a}_{2r} & \overline{a}_{2,r+1} & \cdots & \overline{a}_{2n} & d_2 \\
\vdots & \vdots & & \vdots & \vdots & & \vdots & \vdots \\
0 & 0 & \cdots & \overline{a}_{rr} & \overline{a}_{r,r+1} & \cdots & \overline{a}_{rn} & d_r \\
0 & 0 & \cdots & 0 & 0 & \cdots & 0 & d_{r+1} \\
0 & 0 & \cdots & 0 & 0 & \cdots & 0 & 0 \\
\vdots & \vdots & & \vdots & \vdots & & \vdots & \vdots \\
0 & 0 & \cdots & 0 & 0 & \cdots & 0 & 0
\end{bmatrix}. \tag{3.9}
$$

其中 $\overline{a}_{ii} \neq 0(i=1,2,\cdots,r)$.它对应的阶梯形方程组为

$$\begin{cases} \bar{a}_{11}x_1+\bar{a}_{12}x_2+\cdots+\bar{a}_{1r}x_r+\bar{a}_{1,r+1}x_{r+1}+\cdots+\bar{a}_{1n}x_n=d_1, \\ \bar{a}_{22}x_2+\cdots+\bar{a}_{2r}x_r+\bar{a}_{2,r+1}x_{r+1}+\cdots+\bar{a}_{2n}x_n=d_2, \\ \qquad\qquad\cdots\cdots \\ \bar{a}_{rr}x_r+\bar{a}_{r,r+1}x_{r+1}+\cdots+\bar{a}_{rn}x_n=d_r, \\ 0=d_{r+1}, \\ \qquad\cdots\cdots \\ 0=0. \end{cases} \qquad (3.10)$$

上述方程组中后面一些方程"$0=0$"是恒等式,可以去掉,不影响方程组的解.

线性方程组(3.10)与线性方程组(3.1)是同解方程组.因此只需讨论方程组 (3.10)解的情况.由于线性方程组(3.10)中含有 n 个未知量,所以方程组(3.10)中 一定有 $r \leqslant n$,这时可能出现下述情况.

(1) $d_{r+1} \neq 0$. 于是方程组(3.10)中的第 $r+1$ 个方程"$0=d_{r+1}$"是矛盾方程,因 此方程组(3.10)无解,原方程组也无解,如本节的例 3.

(2) $d_{r+1}=0$. 方程组(3.10)有解,其中后 $m-r$ 个等式"$0=0$"是恒等式,表明 原方程组中相应的方程是多余的,这时可能出现以下两种情况.

① 如果 $r=n$,则方程组(3.10)的解就是下述方程组的解

$$\begin{cases} \bar{a}_{11}x_1+\bar{a}_{12}x_2+\cdots+\bar{a}_{1n}x_n=d_1, \\ \bar{a}_{22}x_2+\cdots+\bar{a}_{2n}x_n=d_2, \\ \qquad\cdots\cdots \\ \bar{a}_{nn}x_n=d_n, \end{cases}$$

其中 $\bar{a}_{ii} \neq 0 (i=1,2,\cdots,n)$. 这个方程组的系数行列式

$$\begin{vmatrix} \bar{a}_{11} & \bar{a}_{12} & \cdots & \bar{a}_{1n} \\ 0 & \bar{a}_{22} & \cdots & \bar{a}_{2n} \\ \vdots & \vdots & & \vdots \\ 0 & 0 & \cdots & \bar{a}_{nn} \end{vmatrix} = \bar{a}_{11}\bar{a}_{22}\cdots\bar{a}_{nn} \neq 0,$$

根据克拉默法则,这个方程组有唯一解,因而方程组(3.1)也有唯一解.在上述 方程组中,自下而上依次求出 $x_1, x_2, \cdots, x_n$ 的值,则可求得方程组(3.10)的唯一 解,也是原方程组(3.1)的唯一解,回代过程可由相应的阶梯形矩阵自下而上逐次 施行行初等变换,化为

$$\begin{pmatrix} 1 & 0 & \cdots & 0 & d'_1 \\ 0 & 1 & \cdots & 0 & d'_2 \\ \vdots & \vdots & & \vdots & \vdots \\ 0 & 0 & \cdots & 1 & d'_n \\ 0 & 0 & \cdots & 0 & 0 \\ \vdots & \vdots & & \vdots & \vdots \\ 0 & 0 & \cdots & 0 & 0 \end{pmatrix},$$

从而直接得原方程组的唯一解为

$$\begin{cases} x_1 = d_1', \\ x_2 = d_2', \\ \cdots\cdots \\ x_n = d_n'. \end{cases}$$

如本节的例1.

② 如果 $r < n$，则方程组(3.10)化为

$$\begin{cases} \bar{a}_{11}x_1 + \bar{a}_{12}x_2 + \cdots + \bar{a}_{1r}x_r = d_1 - \bar{a}_{1,r+1}x_{r+1} - \cdots - \bar{a}_{1n}x_n, \\ \bar{a}_{22}x_2 + \cdots + \bar{a}_{2r}x_r = d_2 - \bar{a}_{2,r+1}x_{r+1} - \cdots - \bar{a}_{2n}x_n, \\ \qquad\qquad\qquad \cdots\cdots \\ \bar{a}_{rr}x_r = d_r - \bar{a}_{r,r+1}x_{r+1} - \cdots - \bar{a}_{rn}x_n, \end{cases}$$

其中 $x_{r+1}, x_{r+2}, \cdots, x_n$ 为自由未知量,任意取定一组自由未知量的值,可以唯一地确定 $x_1, x_2, \cdots, x_r$ 的值,从而确定原方程组的无穷多个解. 为了简便,实际计算时可以对阶梯形矩阵(3.9)自下而上逐次施行行初等变换,化为

$$\begin{pmatrix} 1 & 0 & \cdots & 0 & \tilde{a}_{1,r+1} & \cdots & \tilde{a}_{1n} & \tilde{d}_1 \\ 0 & 1 & \cdots & 0 & \tilde{a}_{2,r+1} & \cdots & \tilde{a}_{2n} & \tilde{d}_2 \\ \vdots & \vdots & & \vdots & \vdots & & \vdots & \vdots \\ 0 & 0 & \cdots & 1 & \tilde{a}_{rr} & \cdots & \tilde{a}_{rn} & \tilde{d}_r \\ 0 & 0 & \cdots & 0 & 0 & \cdots & 0 & 0 \\ \vdots & \vdots & & \vdots & \vdots & & \vdots & \vdots \\ 0 & 0 & \cdots & 0 & 0 & \cdots & 0 & 0 \end{pmatrix}.$$

直接可写出方程组(3.1)的同解方程组

$$\begin{cases} x_1 = \tilde{d}_1 - \tilde{a}_{1,r+1}x_{r+1} - \cdots - \tilde{a}_{1n}x_n, \\ x_2 = \tilde{d}_2 - \tilde{a}_{2,r+1}x_{r+1} - \cdots - \tilde{a}_{2n}x_n, \\ \qquad\qquad \cdots\cdots \\ x_r = \tilde{d}_r - \tilde{a}_{r,r+1}x_{r+1} - \cdots - \tilde{a}_{rn}x_n, \end{cases}$$

其中 $x_{r+1}, x_{r+2}, \cdots, x_n$ 为自由未知量. 分别取

$$\begin{cases} x_{r+1} = c_1, \\ x_{r+2} = c_2, \\ \cdots\cdots \\ x_n = c_{n-r}, \end{cases}$$

线性方程组(3.1)的一般解为

$$\begin{pmatrix} x_1 \\ x_2 \\ \vdots \\ x_r \\ x_{r+1} \\ x_{r+2} \\ \vdots \\ x_n \end{pmatrix} = \begin{pmatrix} \widetilde{d}_1 \\ \widetilde{d}_2 \\ \vdots \\ \widetilde{d}_r \\ 0 \\ 0 \\ \vdots \\ 0 \end{pmatrix} + c_1 \begin{pmatrix} -\widetilde{a}_{1,r+1} \\ -\widetilde{a}_{2,r+1} \\ \vdots \\ -\widetilde{a}_{r,r+1} \\ 1 \\ 0 \\ \vdots \\ 0 \end{pmatrix} + c_2 \begin{pmatrix} -\widetilde{a}_{1,r+2} \\ -\widetilde{a}_{2,r+2} \\ \vdots \\ -\widetilde{a}_{r,r+1} \\ 0 \\ 1 \\ \vdots \\ 0 \end{pmatrix} + \cdots + c_{n-r} \begin{pmatrix} -\widetilde{a}_{1n} \\ -\widetilde{a}_{2n} \\ \vdots \\ -\widetilde{a}_{m} \\ 0 \\ 0 \\ \vdots \\ 1 \end{pmatrix}.$$

如本节例 2.

综上所述线性方程组(3.1)的解共有三种情况,在矩阵(3.9)中

(1) 当 $d_{r+1} \neq 0$ 时,原方程组(3.1)无解;

(2) 当 $d_{r+1} = 0$ 且 $r = n$ 时,原方程组(3.1)有唯一解;

(3) 当 $d_{r+1} = 0$ 且 $r < n$ 时,原方程组(3.1)有无穷多个解.

对于齐次线性方程组

$$\begin{cases} a_{11}x_1 + a_{12}x_2 + \cdots + a_{1n}x_n = 0, \\ a_{21}x_1 + a_{22}x_2 + \cdots + a_{2n}x_n = 0, \\ \qquad\qquad \cdots\cdots \\ a_{m1}x_1 + a_{m2}x_2 + \cdots + a_{mn}x_n = 0, \end{cases} \tag{3.11}$$

因为其增广矩阵 $\overline{A}$ 的最后一列元素均为零,所以对 $\overline{A}$ 施行行初等变换,一定可以把 $\overline{A}$ 化为如下形式的阶梯形矩阵:

$$\overline{A} \to \cdots \to \begin{pmatrix} \bar{a}_{11} & \bar{a}_{12} & \cdots & \bar{a}_{1r} & \bar{a}_{1,r+1} & \cdots & \bar{a}_{1n} & 0 \\ 0 & \bar{a}_{22} & \cdots & \bar{a}_{2r} & \bar{a}_{2,r+1} & \cdots & \bar{a}_{2n} & 0 \\ \vdots & \vdots & & \vdots & \vdots & & \vdots & \vdots \\ 0 & 0 & \cdots & \bar{a}_{rr} & \bar{a}_{r,r+1} & \cdots & \bar{a}_{rn} & 0 \\ 0 & 0 & \cdots & 0 & 0 & \cdots & 0 & 0 \\ 0 & 0 & \cdots & 0 & 0 & \cdots & 0 & 0 \\ \vdots & \vdots & & \vdots & \vdots & & \vdots & \vdots \\ 0 & 0 & \cdots & 0 & 0 & \cdots & 0 & 0 \end{pmatrix}, \tag{3.12}$$

其中 $\bar{a}_{ii} \neq 0 (i = 1, 2, \cdots, r)$,由此可得下述结论:

(1) 当 $r = n$ 时,齐次线性方程组(3.11)仅有零解;

(2) 当 $r < n$ 时,齐次线性方程组(3.11)有非零解(即有无穷多个解).

特别地,当齐次线性方程组(3.11)中,方程个数小于未知量个数,即 $m < n$ 时,阶梯形矩阵(3.12)中必有 $r \leqslant \min\{m, n\} \leqslant n$,因此得下述定理.

定理 3.1 如果齐次线性方程组(3.11)中方程个数小于未知量个数,即 $m <$

n,则齐次线性方程组(3.11)一定有非零解.

例 4 判断齐次线性方程组

$$\begin{cases} x_1 + x_2 - 3x_3 - x_4 = 0, \\ 3x_1 - x_2 - 3x_3 + 4x_4 = 0, \\ x_1 + 5x_2 - 9x_3 - 8x_4 = 0 \end{cases}$$

有无非零解? 如果有非零解,求出它的一般解.

解 因为该齐次线性方程组中方程的个数是 3,而未知量的个数是 4,所以它一定有非零解.

$$\overline{A} = \begin{pmatrix} 1 & 1 & -3 & -1 & 0 \\ 3 & -1 & -3 & 4 & 0 \\ 1 & 5 & -9 & -8 & 0 \end{pmatrix} \rightarrow \begin{pmatrix} 1 & 1 & -3 & -1 & 0 \\ 0 & -4 & 6 & 7 & 0 \\ 0 & 4 & -6 & -7 & 0 \end{pmatrix}$$

$$\rightarrow \begin{pmatrix} 1 & 1 & -3 & -1 & 0 \\ 0 & -4 & 6 & 7 & 0 \\ 0 & 0 & 0 & 0 & 0 \end{pmatrix} \rightarrow \begin{pmatrix} 1 & 1 & -3 & -1 & 0 \\ 0 & 1 & -\dfrac{3}{2} & -\dfrac{7}{4} & 0 \\ 0 & 0 & 0 & 0 & 0 \end{pmatrix}$$

$$\rightarrow \begin{pmatrix} 1 & 0 & -\dfrac{3}{2} & \dfrac{3}{4} & 0 \\ 0 & 1 & -\dfrac{3}{2} & -\dfrac{7}{4} & 0 \\ 0 & 0 & 0 & 0 & 0 \end{pmatrix}.$$

该齐次方程组的同解方程组为

$$\begin{cases} x_1 = \dfrac{3}{2}x_3 - \dfrac{3}{4}x_4, \\ x_2 = \dfrac{3}{2}x_3 + \dfrac{7}{4}x_4, \end{cases}$$

取自由未知量

$$\begin{cases} x_3 = c_1, \\ x_4 = c_2, \end{cases}$$

得该齐次方程组的一般解为

$$\begin{pmatrix} x_1 \\ x_2 \\ x_3 \\ x_4 \end{pmatrix} = c_1 \begin{pmatrix} \dfrac{3}{2} \\ \dfrac{3}{2} \\ 1 \\ 0 \end{pmatrix} + c_2 \begin{pmatrix} -\dfrac{3}{4} \\ \dfrac{7}{4} \\ 0 \\ 1 \end{pmatrix}, \quad c_1, c_2 \text{ 为任意常数.}$$

3.3 向量间的线性关系

一、向量的线性组合

定义 3.5 设 $A:\boldsymbol{\alpha}_1,\boldsymbol{\alpha}_2,\cdots,\boldsymbol{\alpha}_s\in\mathbf{R}^n,\boldsymbol{\beta}\in\mathbf{R}^n(s$ 为正整数),如果存在一组数 k_1, $k_2,\cdots,k_s\in\mathbf{R}$,使得

$$\boldsymbol{\beta}=k_1\boldsymbol{\alpha}_1+k_2\boldsymbol{\alpha}_2+\cdots+k_s\boldsymbol{\alpha}_s.$$

则称向量 $\boldsymbol{\beta}$ 是向量组 A 的**线性组合**,或称向量 $\boldsymbol{\beta}$ 可以由向量组 A **线性表示**. 称 k_1, $k_2,\cdots,k_s$ 为线性组合(线性表示)的系数.

n 维零向量是任一 n 维向量组的线性组合. 事实上,有

$$\mathbf{0}=0\boldsymbol{\alpha}_1+0\boldsymbol{\alpha}_2+\cdots+0\boldsymbol{\alpha}_s.$$

任意一个 n 维向量 $\boldsymbol{\alpha}=(a_1,a_2,\cdots,a_n)^{\mathrm{T}}$ 都是 n 维向量组 E:

$$\boldsymbol{\varepsilon}_1=\begin{pmatrix}1\\0\\\vdots\\0\end{pmatrix},\quad\boldsymbol{\varepsilon}_2=\begin{pmatrix}0\\1\\\vdots\\0\end{pmatrix},\quad\cdots,\quad\boldsymbol{\varepsilon}_n=\begin{pmatrix}0\\0\\\vdots\\1\end{pmatrix}$$

的线性组合. 因为

$$\boldsymbol{\alpha}=a_1\boldsymbol{\varepsilon}_1+a_2\boldsymbol{\varepsilon}_2+\cdots+a_n\boldsymbol{\varepsilon}_n.$$

n 维向量组 E 称为 n 维**基本向量组**.

一个向量组 $A:\boldsymbol{\alpha}_1,\boldsymbol{\alpha}_2,\cdots,\boldsymbol{\alpha}_s$ 中的任意一个向量 $\boldsymbol{\alpha}_i(1\leqslant i\leqslant s)$ 都是这个向量组 A 的线性组合,因为 $\boldsymbol{\alpha}_i=0\boldsymbol{\alpha}_1+\cdots+0\boldsymbol{\alpha}_{i-1}+1\boldsymbol{\alpha}_i+0\boldsymbol{\alpha}_{i+1}+\cdots+0\boldsymbol{\alpha}_s.$

例 1 设 $\boldsymbol{\beta}=(2,3,-3)^{\mathrm{T}},\boldsymbol{\alpha}_1=(-1,-1,2)^{\mathrm{T}},\boldsymbol{\alpha}_2=(-1,2,-3)^{\mathrm{T}},\boldsymbol{\alpha}_3=(2,-3,5)^{\mathrm{T}}$,判断向量 $\boldsymbol{\beta}$ 是否可以由向量组 $A:\boldsymbol{\alpha}_1,\boldsymbol{\alpha}_2,\boldsymbol{\alpha}_3$ 线性表示?若能,写出其表示式.

解 设 $\boldsymbol{\beta}=k_1\boldsymbol{\alpha}_1+k_2\boldsymbol{\alpha}_2+k_3\boldsymbol{\alpha}_3$,即

$$\begin{pmatrix}2\\3\\-3\end{pmatrix}=k_1\begin{pmatrix}-1\\-1\\2\end{pmatrix}+k_2\begin{pmatrix}-1\\2\\-3\end{pmatrix}+k_3\begin{pmatrix}2\\-3\\5\end{pmatrix}=\begin{pmatrix}-k_1-k_2+2k_3\\-k_1+2k_2-3k_3\\2k_1-3k_2+5k_3\end{pmatrix},$$

得三元线性方程组

$$\begin{cases}-k_1-k_2+2k_3=2,\\-k_1+2k_2-3k_3=3,\\2k_1-3k_2+5k_3=-3,\end{cases}$$

解得

$$\begin{cases} k_1 = -1, \\ k_2 = 7, \\ k_3 = 4, \end{cases}$$

故 $\boldsymbol{\beta}$ 可以由 A 线性表示,且 $\boldsymbol{\beta} = -\boldsymbol{\alpha}_1 + 7\boldsymbol{\alpha}_2 + 4\boldsymbol{\alpha}_3$.

由定义 3.5 知,向量 $\boldsymbol{\beta} = (b_1, b_2, \cdots, b_n)^{\mathrm{T}}$ 可以表示为向量组 A

$$\boldsymbol{\alpha}_1 = \begin{pmatrix} a_{11} \\ a_{21} \\ \vdots \\ a_{n1} \end{pmatrix}, \quad \boldsymbol{\alpha}_2 = \begin{pmatrix} a_{12} \\ a_{22} \\ \vdots \\ a_{n2} \end{pmatrix}, \quad \cdots, \quad \boldsymbol{\alpha}_s = \begin{pmatrix} a_{1s} \\ a_{2s} \\ \vdots \\ a_{ns} \end{pmatrix}$$

的线性组合的充分必要条件是 s 元线性方程组

$$\begin{cases} a_{11}x_1 + a_{12}x_2 + \cdots + a_{1s}x_s = b_1, \\ a_{21}x_1 + a_{22}x_2 + \cdots + a_{2s}x_s = b_2, \\ \qquad\cdots\cdots \\ a_{n1}x_1 + a_{n2}x_2 + \cdots + a_{ns}x_s = b_n \end{cases} \tag{3.13}$$

有解.

进一步,如果方程组(3.13)有唯一解,说明 $\boldsymbol{\beta}$ 可以由向量组 $A:\boldsymbol{\alpha}_1, \boldsymbol{\alpha}_2, \cdots, \boldsymbol{\alpha}_s$ 线性表示,并且表示法唯一;如果方程组(3.13)有无穷多个解,则说明 $\boldsymbol{\beta}$ 可以由向量组 $A:\boldsymbol{\alpha}_1, \boldsymbol{\alpha}_2, \cdots, \boldsymbol{\alpha}_s$ 线性表示,并且表示法不唯一.

在线性方程组(3.13)中,当 $s = n$ 时,由克拉默法则知,线性方程组的系数行列式不为零,可求出其唯一解,从而 $\boldsymbol{\beta}$ 可以表示为向量组 A 的线性组合,如例 1.

由于齐次线性方程组

$$\begin{cases} a_{11}x_1 + a_{12}x_2 + \cdots + a_{1s}x_s = 0, \\ a_{21}x_1 + a_{22}x_2 + \cdots + a_{2s}x_s = 0, \\ \qquad\cdots\cdots \\ a_{n1}x_1 + a_{n2}x_2 + \cdots + a_{ns}x_s = 0 \end{cases}$$

至少存在零解,故由定义 3.5 可知:零向量 $\mathbf{0} \in \mathbf{R}^n$,可由 $\mathbf{R}^n$ 中的任意向量组 $\boldsymbol{\alpha}_1$, $\boldsymbol{\alpha}_2, \cdots, \boldsymbol{\alpha}_s$ 线性表示,其中 $\boldsymbol{\alpha}_j = (a_{1j}, a_{2j}, \cdots, a_{nj})^{\mathrm{T}}, j = 1, 2, \cdots, s$.

由以上讨论,例 1 求解归纳如下.

设 $\boldsymbol{\beta} = x_1\boldsymbol{\alpha}_1 + x_2\boldsymbol{\alpha}_2 + x_3\boldsymbol{\alpha}_3$,对应的线性方程组的增广矩阵

$$\overline{A} = \begin{pmatrix} -1 & -1 & 2 & 2 \\ -1 & 2 & -3 & 3 \\ 2 & -3 & 5 & -3 \end{pmatrix} \rightarrow \begin{pmatrix} 1 & 1 & -2 & -2 \\ 0 & 3 & -5 & 1 \\ 0 & -5 & 9 & 1 \end{pmatrix} \rightarrow \begin{pmatrix} 1 & 1 & -2 & -2 \\ 0 & 1 & -1 & 3 \\ 0 & 3 & -5 & 1 \end{pmatrix}$$

$$\rightarrow \begin{pmatrix} 1 & 1 & -2 & -2 \\ 0 & 1 & -1 & 3 \\ 0 & 0 & -2 & -8 \end{pmatrix} \rightarrow \begin{pmatrix} 1 & 1 & -2 & -2 \\ 0 & 1 & -1 & 3 \\ 0 & 0 & 1 & 4 \end{pmatrix} \rightarrow \begin{pmatrix} 1 & 0 & 0 & -1 \\ 0 & 1 & 0 & 7 \\ 0 & 0 & 1 & 4 \end{pmatrix}$$

得该线性方程组的唯一解为

$$\begin{bmatrix} x_1 \\ x_2 \\ x_3 \end{bmatrix} = \begin{bmatrix} -1 \\ 7 \\ 4 \end{bmatrix}.$$

故 $\boldsymbol{\beta}$ 可以由向量组 A 线性表示,且 $\boldsymbol{\beta} = -\boldsymbol{\alpha}_1 + 7\boldsymbol{\alpha}_2 + 4\boldsymbol{\alpha}_3$.

二、向量组的线性相关性

定义 3.6 对 $\mathbf{R}^n$ 中的向量组 $A : \boldsymbol{\alpha}_1, \boldsymbol{\alpha}_2, \cdots, \boldsymbol{\alpha}_s (s \geq 1)$,如果存在一组不全为零的数 $k_1, k_2, \cdots, k_s$,使得

$$k_1 \boldsymbol{\alpha}_1 + k_2 \boldsymbol{\alpha}_2 + \cdots + k_s \boldsymbol{\alpha}_s = \mathbf{0}.$$

则称向量组 A **线性相关**. 否则称 A **线性无关**.

当 $s = 1$ 时,即向量组只含一个向量 $\boldsymbol{\alpha}$,当 $\boldsymbol{\alpha} = \mathbf{0}$ 时是线性相关的,当 $\boldsymbol{\alpha} \neq \mathbf{0}$ 时是线性无关的.

当 $s = 2$ 时,对于含两个向量 $\boldsymbol{\alpha}_1, \boldsymbol{\alpha}_2$ 的向量组,线性相关的充分必要条件是 $\boldsymbol{\alpha}_1, \boldsymbol{\alpha}_2$ 的分量对应成比例.

一个向量组中若含有零向量,则这个向量组是线性相关的. 事实上,设 $A : \boldsymbol{\alpha}_1, \boldsymbol{\alpha}_2, \cdots, \boldsymbol{\alpha}_s$ 是一个含有零向量的向量组,设 $\boldsymbol{\alpha}_i = \mathbf{0}(1 \leq i \leq s)$,若取一组不全为零的数 $k_1 = 0, \cdots, k_{i-1} = 0, k_i \neq 0, k_{i+1} = 0, \cdots, k_s = 0$,则

$$k_1 \boldsymbol{\alpha}_1 + \cdots + k_{i-1} \boldsymbol{\alpha}_{i-1} + k_i \boldsymbol{\alpha}_i + k_{i+1} \boldsymbol{\alpha}_{i+1} + \cdots + k_s \boldsymbol{\alpha}_s = \mathbf{0}.$$

n 维基本向量组 $\boldsymbol{\varepsilon}_1, \boldsymbol{\varepsilon}_2, \cdots, \boldsymbol{\varepsilon}_n$ 线性无关. 事实上,设存在 n 个数 $k_1, k_2, \cdots, k_n$,使得

$$k_1 \boldsymbol{\varepsilon}_1 + k_2 \boldsymbol{\varepsilon}_2 + \cdots + k_n \boldsymbol{\varepsilon}_n = \mathbf{0},$$

即

$$k_1 (1, 0, \cdots, 0)^{\mathrm{T}} + k_2 (0, 1, \cdots, 0)^{\mathrm{T}} + \cdots + k_n (0, 0, \cdots, 1)^{\mathrm{T}}$$
$$= (k_1, k_2, \cdots, k_n)^{\mathrm{T}} = (0, 0, \cdots, 0)^{\mathrm{T}},$$

当且仅当 $k_1 = k_2 = \cdots = k_n = 0$.

例 2 设 $\boldsymbol{\alpha}_1 = (1, 1, 1)^{\mathrm{T}}, \boldsymbol{\alpha}_2 = (2, -1, 6)^{\mathrm{T}}, \boldsymbol{\alpha}_3 = (-3, 0, -7)^{\mathrm{T}}$,证明向量组 $\boldsymbol{\alpha}_1, \boldsymbol{\alpha}_2, \boldsymbol{\alpha}_3$ 线性相关.

证 设有一组数 k_1, k_2, k_3,使得 $k_1 \boldsymbol{\alpha}_1 + k_2 \boldsymbol{\alpha}_2 + k_3 \boldsymbol{\alpha}_3 = \mathbf{0}$,即

$$k_1 \begin{bmatrix} 1 \\ 1 \\ 1 \end{bmatrix} + k_2 \begin{bmatrix} 2 \\ -1 \\ 6 \end{bmatrix} + k_3 \begin{bmatrix} -3 \\ 0 \\ -7 \end{bmatrix} = \begin{bmatrix} k_1 + 2k_2 - 3k_3 \\ k_1 - k_2 \\ k_1 + 6k_2 - 7k_3 \end{bmatrix} = \begin{bmatrix} 0 \\ 0 \\ 0 \end{bmatrix}.$$

得

$$\begin{cases} k_1 + 2k_2 - 3k_3 = 0, \\ k_1 - k_2 = 0, \\ k_1 + 6k_2 - 7k_3 = 0, \end{cases}$$

这是一个以 k_1,k_2,k_3 为未知量的齐次线性方程组,其系数行列式

$$\begin{vmatrix} 1 & 2 & -3 \\ 1 & -1 & 0 \\ 1 & 6 & -7 \end{vmatrix}=0,$$

说明此方程组有非零解.设 $k_1=c_1,k_2=c_2,k_3=c_3$ 是此方程组的一个非零解,因为 k_1,k_2,k_3 不全为零,所以 $\boldsymbol{\alpha}_1,\boldsymbol{\alpha}_2,\boldsymbol{\alpha}_3$ 线性相关.

一般地,对于含有 s 个 n 维向量的向量组 A

$$\boldsymbol{\alpha}_1=\begin{pmatrix} a_{11} \\ a_{21} \\ \vdots \\ a_{n1} \end{pmatrix}, \quad \boldsymbol{\alpha}_2=\begin{pmatrix} a_{12} \\ a_{22} \\ \vdots \\ a_{n2} \end{pmatrix}, \quad \cdots, \quad \boldsymbol{\alpha}_s=\begin{pmatrix} a_{1s} \\ a_{2s} \\ \vdots \\ a_{ns} \end{pmatrix},$$

由定义 3.6 及齐次线性方程组解的判定可知

向量组 $\boldsymbol{\alpha}_1,\boldsymbol{\alpha}_2,\cdots,\boldsymbol{\alpha}_s$ 线性相关 $\Leftrightarrow s$ 元齐次线性方程组

$$\begin{cases} a_{11}x_1+a_{12}x_2+\cdots+a_{1s}x_s=0, \\ a_{21}x_1+a_{22}x_2+\cdots+a_{2s}x_s=0, \\ \qquad\cdots\cdots \\ a_{n1}x_1+a_{n2}x_2+\cdots+a_{ns}x_s=0 \end{cases} \tag{3.14}$$

有非零解;

向量组 $\boldsymbol{\alpha}_1,\boldsymbol{\alpha}_2,\cdots,\boldsymbol{\alpha}_s$ 线性无关 $\Leftrightarrow s$ 元齐次线性方程组(3.14)仅有零解.

特别地,当 $s=n$ 时,向量组 $\boldsymbol{\alpha}_1,\boldsymbol{\alpha}_2,\cdots,\boldsymbol{\alpha}_n$ 线性相关的充分必要条件是方程组(3.14)的系数行列式

$$\begin{vmatrix} a_{11} & a_{12} & \cdots & a_{1n} \\ a_{21} & a_{22} & \cdots & a_{2n} \\ \vdots & \vdots & & \vdots \\ a_{n1} & a_{n2} & \cdots & a_{nn} \end{vmatrix}=0;$$

向量组 $\boldsymbol{\alpha}_1,\boldsymbol{\alpha}_2,\cdots,\boldsymbol{\alpha}_n$ 线性无关的充分必要条件是行列式

$$\begin{vmatrix} a_{11} & a_{12} & \cdots & a_{1n} \\ a_{21} & a_{22} & \cdots & a_{2n} \\ \vdots & \vdots & & \vdots \\ a_{n1} & a_{n2} & \cdots & a_{nn} \end{vmatrix}\neq 0.$$

例 3 设 $\boldsymbol{\alpha}_1=(1,1,1)^{\mathrm{T}},\boldsymbol{\alpha}_2=(1,2,3)^{\mathrm{T}},\boldsymbol{\alpha}_3=(1,3,t)^{\mathrm{T}}.$

(1) 问当 t 为何值时,向量组 $\boldsymbol{\alpha}_1,\boldsymbol{\alpha}_2,\boldsymbol{\alpha}_3$ 线性相关?

(2) 问当 t 为何值时,向量组 $\boldsymbol{\alpha}_1,\boldsymbol{\alpha}_2,\boldsymbol{\alpha}_3$ 线性无关?

解 因为 $|\boldsymbol{\alpha}_1,\boldsymbol{\alpha}_2,\boldsymbol{\alpha}_3| = \begin{vmatrix} 1 & 1 & 1 \\ 1 & 2 & 3 \\ 1 & 3 & t \end{vmatrix} = t-5$，所以

(1) 当 $t=5$ 时，向量组 $\boldsymbol{\alpha}_1,\boldsymbol{\alpha}_2,\boldsymbol{\alpha}_3$ 线性相关；

(2) 当 $t \neq 5$ 时，向量组 $\boldsymbol{\alpha}_1,\boldsymbol{\alpha}_2,\boldsymbol{\alpha}_3$ 线性无关.

例 4 证明：若向量组 $A:\boldsymbol{\alpha}_1,\boldsymbol{\alpha}_2,\boldsymbol{\alpha}_3$ 线性无关，则向量组

$$B:\boldsymbol{\alpha}_1+\boldsymbol{\alpha}_2,\boldsymbol{\alpha}_2+\boldsymbol{\alpha}_3,\boldsymbol{\alpha}_3+\boldsymbol{\alpha}_1$$

也线性无关.

证 设存在一组数 k_1,k_2,k_3，使得

$$k_1(\boldsymbol{\alpha}_1+\boldsymbol{\alpha}_2)+k_2(\boldsymbol{\alpha}_2+\boldsymbol{\alpha}_3)+k_3(\boldsymbol{\alpha}_3+\boldsymbol{\alpha}_1)=\boldsymbol{0},$$

则

$$(k_1+k_3)\boldsymbol{\alpha}_1+(k_1+k_2)\boldsymbol{\alpha}_2+(k_2+k_3)\boldsymbol{\alpha}_3=\boldsymbol{0},$$

因为 A 线性无关，故有

$$\begin{cases} k_1+k_3=0, \\ k_1+k_2=0, \\ k_2+k_3=0. \end{cases}$$

这是一个齐次线性方程组，因其系数行列式为

$$\begin{vmatrix} 1 & 0 & 1 \\ 1 & 1 & 0 \\ 0 & 1 & 1 \end{vmatrix} = 2 \neq 0,$$

故 $k_1=k_2=k_3=0$，所以向量组 B 线性无关.

下面的定理从另一个角度反映出线性相关的向量组和线性无关的向量组的本质区别.

定理 3.2 $\mathbf{R}^n$ 中的向量组 $A:\boldsymbol{\alpha}_1,\boldsymbol{\alpha}_2,\cdots,\boldsymbol{\alpha}_s(s \geqslant 2)$ 线性相关的充分必要条件是向量组 A 中至少有一个向量可以表示为其余向量的线性组合.

证 必要性. 设向量组 $A:\boldsymbol{\alpha}_1,\boldsymbol{\alpha}_2,\cdots,\boldsymbol{\alpha}_s$ 线性相关，即存在一组不全为零的数 $k_1,k_2,\cdots,k_s$，使得

$$k_1\boldsymbol{\alpha}_1+k_2\boldsymbol{\alpha}_2+\cdots+k_s\boldsymbol{\alpha}_s=\boldsymbol{0}.$$

若 $k_i \neq 0,1 \leqslant i \leqslant s$，则

$$\boldsymbol{\alpha}_i = -\frac{1}{k_i}(k_1\boldsymbol{\alpha}_1+\cdots+k_{i-1}\boldsymbol{\alpha}_{i-1}+k_{i+1}\boldsymbol{\alpha}_{i+1}+\cdots+k_s\boldsymbol{\alpha}_s),$$

即 $\boldsymbol{\alpha}_i$ 是 $\boldsymbol{\alpha}_1,\cdots,\boldsymbol{\alpha}_{i-1},\boldsymbol{\alpha}_{i+1},\cdots,\boldsymbol{\alpha}_s$ 的线性组合.

充分性. 设 $\boldsymbol{\alpha}_j$ 是 $\boldsymbol{\alpha}_1,\cdots,\boldsymbol{\alpha}_{j-1},\boldsymbol{\alpha}_{j+1},\cdots,\boldsymbol{\alpha}_s$ 的线性组合，即有数 $l_1,\cdots,l_{j-1},l_{j+1},\cdots,l_s$，使得

$$\boldsymbol{\alpha}_j = l_1\boldsymbol{\alpha}_1+\cdots+l_{j-1}\boldsymbol{\alpha}_{j-1}+l_{j+1}\boldsymbol{\alpha}_{j+1}+\cdots+l_s\boldsymbol{\alpha}_s,$$

上式可写成

$$l_1\boldsymbol{\alpha}_1+\cdots+l_{j-1}\boldsymbol{\alpha}_{j-1}-\boldsymbol{\alpha}_j+l_{j+1}\boldsymbol{\alpha}_{j+1}+\cdots+l_s\boldsymbol{\alpha}_s=\mathbf{0},$$

式中 $l_1,\cdots,l_{j-1},-1,l_{j+1},\cdots,l_s$ 不全为零,据定义 3.6,向量组 A 线性相关.

推论 $\mathbf{R}^n$ 中的向量组 $A:\boldsymbol{\alpha}_1,\boldsymbol{\alpha}_2,\cdots,\boldsymbol{\alpha}_s$ 线性无关的充分必要条件是 A 中任何一个向量都不能表示为其余向量的线性组合.

定理 3.3 设向量组 $A:\boldsymbol{\alpha}_1,\boldsymbol{\alpha}_2,\cdots,\boldsymbol{\alpha}_s$ 线性无关,但向量组 $B:\boldsymbol{\alpha}_1,\boldsymbol{\alpha}_2,\cdots,\boldsymbol{\alpha}_s,\boldsymbol{\beta}$ 线性相关,则 $\boldsymbol{\beta}$ 可由向量组 A 线性表示,且表示法唯一.

证 因为 $B:\boldsymbol{\alpha}_1,\boldsymbol{\alpha}_2,\cdots,\boldsymbol{\alpha}_s,\boldsymbol{\beta}$ 线性相关,故存在一组不全为零的数 $k_1,k_2,\cdots,k_s,k$,使得

$$k_1\boldsymbol{\alpha}_1+k_2\boldsymbol{\alpha}_2+\cdots+k_s\boldsymbol{\alpha}_s+k\boldsymbol{\beta}=\mathbf{0}, \tag{3.15}$$

其中必有 $k\neq0$,否则,如果 $k=0$,则 $k_1,k_2,\cdots,k_s$ 不全为零且式(3.15)成为

$$k_1\boldsymbol{\alpha}_1+k_2\boldsymbol{\alpha}_2+\cdots+k_s\boldsymbol{\alpha}_s=\mathbf{0}.$$

与向量组 A 线性无关矛盾,所以 $k\neq0$,从而

$$\boldsymbol{\beta}=-\frac{k_1}{k}\boldsymbol{\alpha}_1-\frac{k_2}{k}\boldsymbol{\alpha}_2-\cdots-\frac{k_s}{k}\boldsymbol{\alpha}_s,$$

即 $\boldsymbol{\beta}$ 可由向量组 A 线性表示.若 $\boldsymbol{\beta}$ 有两种表示法

$$\boldsymbol{\beta}=k_1\boldsymbol{\alpha}_1+k_2\boldsymbol{\alpha}_2+\cdots+k_s\boldsymbol{\alpha}_s \quad \text{和} \quad \boldsymbol{\beta}=l_1\boldsymbol{\alpha}_1+l_2\boldsymbol{\alpha}_2+\cdots+l_s\boldsymbol{\alpha}_s,$$

则有

$$k_1\boldsymbol{\alpha}_1+k_2\boldsymbol{\alpha}_2+\cdots+k_s\boldsymbol{\alpha}_s=l_1\boldsymbol{\alpha}_1+l_2\boldsymbol{\alpha}_2+\cdots+l_s\boldsymbol{\alpha}_s,$$

即

$$(k_1-l_1)\boldsymbol{\alpha}_1+(k_2-l_2)\boldsymbol{\alpha}_2+\cdots+(k_s-l_s)\boldsymbol{\alpha}_s=\mathbf{0}.$$

因为向量组 A 线性无关,故 $k_1-l_1=0,k_2-l_2=0,\cdots,k_s-l_s=0$. 从而 $k_1=l_1,k_2=l_2,\cdots,k_s=l_s$. 说明 $\boldsymbol{\beta}$ 由向量组 A 线性表示的表示法唯一.

由向量组 $A:\boldsymbol{\alpha}_1,\boldsymbol{\alpha}_2,\cdots,\boldsymbol{\alpha}_s$ 中的一部分向量构成的向量组称为向量组 A 的一个部分组.

定理 3.4 如果向量组 $A:\boldsymbol{\alpha}_1,\boldsymbol{\alpha}_2,\cdots,\boldsymbol{\alpha}_s$ 的一个部分组线性相关,则向量组 A 也线性相关.

证 不妨设线性相关的部分向量组为 $B:\boldsymbol{\alpha}_1,\boldsymbol{\alpha}_2,\cdots,\boldsymbol{\alpha}_r(r<s)$,即存在不全为零的数 $k_1,k_2,\cdots,k_r$,使得

$$k_1\boldsymbol{\alpha}_1+k_2\boldsymbol{\alpha}_2+\cdots+k_r\boldsymbol{\alpha}_r=\mathbf{0}.$$

从而 $k_1,k_2,\cdots,k_r,k_{r+1}=0,\cdots,k_s=0$ 是一组不全为零的数,且

$$k_1\boldsymbol{\alpha}_1+k_2\boldsymbol{\alpha}_2+\cdots+k_r\boldsymbol{\alpha}_r+k_{r+1}\boldsymbol{\alpha}_{r+1}+\cdots+k_s\boldsymbol{\alpha}_s=\mathbf{0},$$

向量组 A 线性相关.

推论 如果向量组线性无关,则它的任何一个部分组也线性无关.

定理 3.5 如果 n 维向量组 A

$$\boldsymbol{\alpha}_1=\begin{pmatrix}a_{11}\\a_{21}\\\vdots\\a_{n1}\end{pmatrix},\quad \boldsymbol{\alpha}_2=\begin{pmatrix}a_{12}\\a_{22}\\\vdots\\a_{n2}\end{pmatrix},\quad \cdots,\quad \boldsymbol{\alpha}_s=\begin{pmatrix}a_{1s}\\a_{2s}\\\vdots\\a_{ns}\end{pmatrix} \tag{3.16}$$

线性无关,则在每个向量的分量后面添加 $m-n(m>n)$ 个分量所得到的 m 维向量组 B

$$\boldsymbol{\alpha}'_1=\begin{pmatrix}a_{11}\\a_{21}\\\vdots\\a_{n1}\\a_{n+1,1}\\\vdots\\a_{m1}\end{pmatrix},\quad \boldsymbol{\alpha}'_2=\begin{pmatrix}a_{12}\\a_{22}\\\vdots\\a_{n2}\\a_{n+1,2}\\\vdots\\a_{m2}\end{pmatrix},\quad \cdots,\quad \boldsymbol{\alpha}'_s=\begin{pmatrix}a_{1s}\\a_{2s}\\\vdots\\a_{ns}\\a_{n+1,s}\\\vdots\\a_{ms}\end{pmatrix}$$

也线性无关.

证 设有数 $k_1,k_2,\cdots,k_s$,使得
$$k_1\boldsymbol{\alpha}'_1+k_2\boldsymbol{\alpha}'_2+\cdots+k_s\boldsymbol{\alpha}'_s=\mathbf{0}.$$
考虑上式左端 m 维向量的前 n 个分量,必有
$$\begin{cases}a_{11}k_1+a_{12}k_2+\cdots+a_{1s}k_s=0,\\a_{21}k_1+a_{22}k_2+\cdots+a_{2s}k_s=0,\\\quad\quad\cdots\cdots\\a_{n1}k_1+a_{n2}k_2+\cdots+a_{ns}k_s=0.\end{cases}$$
这说明
$$k_1\boldsymbol{\alpha}_1+k_2\boldsymbol{\alpha}_2+\cdots+k_s\boldsymbol{\alpha}_s=\mathbf{0},$$
由于向量组 A 线性无关,故 $k_1=k_2=\cdots=k_s=0$,从而向量组 B 也线性无关.

推论 如果 n 维向量组(3.16)线性相关,则在每个向量的后面去掉 t 个分量得到的 r 维向量组 B

$$\boldsymbol{\alpha}'_1=\begin{pmatrix}a_{11}\\a_{21}\\\vdots\\a_{r1}\end{pmatrix},\quad \boldsymbol{\alpha}'_2=\begin{pmatrix}a_{12}\\a_{22}\\\vdots\\a_{r2}\end{pmatrix},\quad \cdots,\quad \boldsymbol{\alpha}'_s=\begin{pmatrix}a_{1s}\\a_{2s}\\\vdots\\a_{rs}\end{pmatrix}$$

也线性相关.

从定理 3.5 的证明可以看出如果添加(去掉)的分量不是全部添加(去掉)在每个向量的后部,而是在任意位置上添加(去掉),只要在每个向量中添加(去掉)的位置是相同的,定理 3.5 及其推论仍然成立.

例 5 判定下列向量组是否线性相关,如果线性相关,试将其中一个向量表为其余向量的线性组合.

(1) $\boldsymbol{\alpha}_1 = (2, -1, 3, 1)^{\mathrm{T}}, \boldsymbol{\alpha}_2 = (4, -2, 5, 4)^{\mathrm{T}}, \boldsymbol{\alpha}_3 = (2, -1, 2, 3)^{\mathrm{T}}, \boldsymbol{\alpha}_4 = (-3, 2, -1, -2)^{\mathrm{T}}$;

(2) $\boldsymbol{\alpha}_1 = (1, -2, 0, 3)^{\mathrm{T}}, \boldsymbol{\alpha}_2 = (2, 5, -1, 10)^{\mathrm{T}}, \boldsymbol{\alpha}_3 = (3, 4, 1, 2)^{\mathrm{T}}$.

解 (1) 设 $x_1\boldsymbol{\alpha}_1 + x_2\boldsymbol{\alpha}_2 + x_3\boldsymbol{\alpha}_3 + x_4\boldsymbol{\alpha}_4 = \boldsymbol{0}$,对应的齐次线性方程组的增广矩阵

$$\overline{A} = \begin{pmatrix} 2 & 4 & 2 & -3 & 0 \\ -1 & -2 & -1 & 2 & 0 \\ 3 & 5 & 2 & -1 & 0 \\ 1 & 4 & 3 & -2 & 0 \end{pmatrix} \rightarrow \begin{pmatrix} 1 & 2 & 1 & -2 & 0 \\ 0 & 0 & 0 & 1 & 0 \\ 0 & -1 & -1 & 5 & 0 \\ 0 & 2 & 2 & 0 & 0 \end{pmatrix}$$

$$\rightarrow \begin{pmatrix} 1 & 2 & 1 & -2 & 0 \\ 0 & 1 & 1 & -5 & 0 \\ 0 & 0 & 0 & 1 & 0 \\ 0 & 0 & 0 & 10 & 0 \end{pmatrix} \rightarrow \begin{pmatrix} 1 & 0 & -1 & 0 & 0 \\ 0 & 1 & 1 & 0 & 0 \\ 0 & 0 & 0 & 1 & 0 \\ 0 & 0 & 0 & 0 & 0 \end{pmatrix}.$$

该齐次线性方程组的同解方程组为

$$\begin{cases} x_1 = x_3, \\ x_2 = -x_3, \\ x_4 = 0, \end{cases}$$

取自由未知量

$$x_3 = c,$$

得该齐次线性方程组的一般解为

$$\begin{pmatrix} x_1 \\ x_2 \\ x_3 \\ x_4 \end{pmatrix} = c \begin{pmatrix} 1 \\ -1 \\ 1 \\ 0 \end{pmatrix}, \quad c \text{ 为任意常数}.$$

故向量组 $\boldsymbol{\alpha}_1, \boldsymbol{\alpha}_2, \boldsymbol{\alpha}_3, \boldsymbol{\alpha}_4$ 线性相关.若令 $c = 1$,得到方程组的一个解

$$\begin{pmatrix} x_1 \\ x_2 \\ x_3 \\ x_4 \end{pmatrix} = \begin{pmatrix} 1 \\ -1 \\ 1 \\ 0 \end{pmatrix},$$

从而有 $\boldsymbol{\alpha}_1 = \boldsymbol{\alpha}_2 - \boldsymbol{\alpha}_3 + 0\boldsymbol{\alpha}_4$(或 $\boldsymbol{\alpha}_2 = \boldsymbol{\alpha}_1 + \boldsymbol{\alpha}_3 + 0\boldsymbol{\alpha}_4$,或 $\boldsymbol{\alpha}_3 = -\boldsymbol{\alpha}_1 + \boldsymbol{\alpha}_2 + 0\boldsymbol{\alpha}_4$;但 $\boldsymbol{\alpha}_4$ 不能表为 $\boldsymbol{\alpha}_1, \boldsymbol{\alpha}_2, \boldsymbol{\alpha}_3$ 的线性组合).

(2) 设 $x_1\boldsymbol{\alpha}_1 + x_2\boldsymbol{\alpha}_2 + x_3\boldsymbol{\alpha}_3 = \boldsymbol{0}$,对应的齐次线性方程组的增广矩阵

$$\overline{A} = \begin{pmatrix} 1 & 2 & 3 & 0 \\ -2 & 5 & 4 & 0 \\ 0 & -1 & 1 & 0 \\ 3 & 10 & 2 & 0 \end{pmatrix} \rightarrow \begin{pmatrix} 1 & 2 & 3 & 0 \\ 0 & 9 & 10 & 0 \\ 0 & -1 & 1 & 0 \\ 0 & 4 & -7 & 0 \end{pmatrix}$$

$$\rightarrow \begin{pmatrix} 1 & 2 & 3 & 0 \\ 0 & -1 & 1 & 0 \\ 0 & 0 & 19 & 0 \\ 0 & 0 & -3 & 0 \end{pmatrix} \rightarrow \begin{pmatrix} 1 & 2 & 3 & 0 \\ 0 & -1 & 1 & 0 \\ 0 & 0 & 1 & 0 \\ 0 & 0 & 0 & 0 \end{pmatrix}.$$

由最后的阶梯形矩阵可见 $r=n$，故方程组仅有零解，从而 $\boldsymbol{\alpha}_1,\boldsymbol{\alpha}_2,\boldsymbol{\alpha}_3$ 线性无关.

3.4 向量组的秩

一、两个向量组的等价

前面讨论的线性相关、线性无关是一个向量组内的向量之间的一种关系，现在来讨论两个向量组之间的相互关系.

定义 3.7 设有两个向量组

$$A:\boldsymbol{\alpha}_1,\boldsymbol{\alpha}_2,\cdots,\boldsymbol{\alpha}_s \tag{3.17}$$

$$B:\boldsymbol{\beta}_1,\boldsymbol{\beta}_2,\cdots,\boldsymbol{\beta}_t \tag{3.18}$$

如果向量组 A 中的每个向量都可由向量组 B 线性表示，就称向量组 A 可由向量组 B 线性表示，如果向量组 A 与 B 可以互相线性表示，则称向量组 A 与 B **等价**，记为 $A\cong B$.

例如，向量组 $(1,2)^{\mathrm{T}}$，$(2,4)^{\mathrm{T}}$，$(3,6)^{\mathrm{T}}$ 可由向量组 $(1,0)^{\mathrm{T}}$，$(0,1)^{\mathrm{T}}$ 线性表示，但因为反过来不能被线性表示，所以这两个向量组不等价. 又如因为向量组 $(1,2)^{\mathrm{T}}$，$(2,1)^{\mathrm{T}}$ 与向量组 $(1,0)^{\mathrm{T}}$，$(0,1)^{\mathrm{T}}$，$(1,1)^{\mathrm{T}}$ 可互相线性表示，所以这两个向量组等价.

因为任何一个 n 维向量都可由 n 维基本向量组线性表示，所以任一 n 维向量组可由 n 维基本向量组线性表示.

根据定义 3.7，两个向量组的等价关系具有下列性质：

（1）自反性　任一向量组与其自身等价，即 $A\cong A$；

（2）对称性　如果 $A\cong B$，则 $B\cong A$；

（3）传递性　如果 $A\cong B$ 且 $B\cong C$，则 $A\cong C$.

定理 3.6 如果向量组 $A:\boldsymbol{\alpha}_1,\boldsymbol{\alpha}_2,\cdots,\boldsymbol{\alpha}_s$ 可由向量组 $B:\boldsymbol{\beta}_1,\boldsymbol{\beta}_2,\cdots,\boldsymbol{\beta}_t$ 线性表示且 $s>t$，则向量组 A 线性相关.

证 要证明 $A:\boldsymbol{\alpha}_1,\boldsymbol{\alpha}_2,\cdots,\boldsymbol{\alpha}_s$ 线性相关，只需证明存在一组不全为零的数 $k_1,k_2,\cdots,k_s$，使得 $k_1\boldsymbol{\alpha}_1+k_2\boldsymbol{\alpha}_2+\cdots+k_s\boldsymbol{\alpha}_s=\boldsymbol{0}$ 成立. 设向量组 A 的线性组合

$$x_1\boldsymbol{\alpha}_1 + x_2\boldsymbol{\alpha}_2 + \cdots + x_s\boldsymbol{\alpha}_s = \mathbf{0}. \tag{3.19}$$

由已知向量组 A 可由向量组 B 线性表示,设

$$\boldsymbol{\alpha}_1 = a_{11}\boldsymbol{\beta}_1 + a_{21}\boldsymbol{\beta}_2 + \cdots + a_{t1}\boldsymbol{\beta}_t,$$

$$\boldsymbol{\alpha}_2 = a_{12}\boldsymbol{\beta}_1 + a_{22}\boldsymbol{\beta}_2 + \cdots + a_{t2}\boldsymbol{\beta}_t,$$

$$\cdots\cdots$$

$$\boldsymbol{\alpha}_s = a_{1s}\boldsymbol{\beta}_1 + a_{2s}\boldsymbol{\beta}_2 + \cdots + a_{ts}\boldsymbol{\beta}_t.$$

即

$$x_1\boldsymbol{\alpha}_1 + x_2\boldsymbol{\alpha}_2 + \cdots + x_s\boldsymbol{\alpha}_s$$
$$= x_1(a_{11}\boldsymbol{\beta}_1 + a_{21}\boldsymbol{\beta}_2 + \cdots + a_{t1}\boldsymbol{\beta}_t)$$
$$+ x_2(a_{12}\boldsymbol{\beta}_1 + a_{22}\boldsymbol{\beta}_2 + \cdots + a_{t2}\boldsymbol{\beta}_t)$$
$$+ \cdots + x_s(a_{1s}\boldsymbol{\beta}_1 + a_{2s}\boldsymbol{\beta}_2 + \cdots + a_{ts}\boldsymbol{\beta}_t)$$
$$= (a_{11}x_1 + a_{12}x_2 + \cdots + a_{1s}x_s)\boldsymbol{\beta}_1$$
$$+ (a_{21}x_1 + a_{22}x_2 + \cdots + a_{2s}x_s)\boldsymbol{\beta}_2$$
$$+ \cdots + (a_{t1}x_1 + a_{t2}x_2 + \cdots + a_{ts}x_s)\boldsymbol{\beta}_t. \tag{3.20}$$

令上式中 $\boldsymbol{\beta}_1, \boldsymbol{\beta}_2, \cdots, \boldsymbol{\beta}_t$ 的系数都为零,可得到以下 s 元齐次线性方程组

$$\begin{cases} a_{11}x_1 + a_{12}x_2 + \cdots + a_{1s}x_s = 0, \\ a_{21}x_1 + a_{22}x_2 + \cdots + a_{2s}x_s = 0, \\ \qquad\cdots\cdots \\ a_{t1}x_1 + a_{t2}x_2 + \cdots + a_{ts}x_s = 0. \end{cases} \tag{3.21}$$

对式(3.21)增加 $s-t$ 个方程得到 s 个方程的 s 元齐次线性方程组

$$\begin{cases} a_{11}x_1 + a_{12}x_2 + \cdots + a_{1s}x_s = 0, \\ a_{21}x_1 + a_{22}x_2 + \cdots + a_{2s}x_s = 0, \\ \qquad\cdots\cdots \\ a_{t1}x_1 + a_{t2}x_2 + \cdots + a_{ts}x_s = 0, \\ 0x_1 + 0x_2 + \cdots + 0x_s = 0, \\ \qquad\cdots\cdots \\ 0x_1 + 0x_2 + \cdots + 0x_s = 0. \end{cases} \tag{3.22}$$

由克拉默法则知此方程组有非零解,而齐次线性方程组(3.21)与齐次线性方程组(3.22)同解.因此齐次线性方程组(3.21)同样有非零解.令

$$x_1 = k_1, \quad x_2 = k_2, \quad \cdots, \quad x_s = k_s$$

为方程组(3.21)的一个非零解,由式(3.19)和式(3.20)得

$$k_1\boldsymbol{\alpha}_1 + k_2\boldsymbol{\alpha}_2 + \cdots + k_s\boldsymbol{\alpha}_s$$
$$= (a_{11}k_1 + a_{12}k_2 + \cdots + a_{1s}k_s)\boldsymbol{\beta}_1$$
$$+ (a_{21}k_1 + a_{22}k_2 + \cdots + a_{2s}k_s)\boldsymbol{\beta}_2$$

$$+\cdots+(a_{t1}k_1+a_{t2}k_2+\cdots+a_{ts}k_s)\boldsymbol{\beta}_t$$
$$=0\boldsymbol{\beta}_1+0\boldsymbol{\beta}_2+\cdots+0\boldsymbol{\beta}_t=\mathbf{0}.$$

即存在不全为零的数 $k_1,k_2,\cdots,k_s$, 使

$$k_1\boldsymbol{\alpha}_1+k_2\boldsymbol{\alpha}_2+\cdots+k_s\boldsymbol{\alpha}_s=\mathbf{0}.$$

因此向量组 A 线性相关.

推论 1 设向量组 $A:\boldsymbol{\alpha}_1,\boldsymbol{\alpha}_2,\cdots,\boldsymbol{\alpha}_s$ 线性无关, 且可由向量组 $B:\boldsymbol{\beta}_1,\boldsymbol{\beta}_2,\cdots,\boldsymbol{\beta}_t$ 线性表示, 则 $s\leqslant t$.

因为任意 n 维向量都可由 n 维基本向量组线性表示, 而 n 维基本向量组含有 n 个向量, 所以当一个 n 维向量组中所含向量的个数大于 n 时, 由定理 3.6 知这个向量组必线性相关, 即 $\mathbf{R}^n$ 中的任意 $n+1$ 个向量一定线性相关.

推论 2 两个等价的线性无关的向量组含有相同个数的向量.

证 设向量组(3.17)和(3.18)是两个等价的线性无关的向量组, 因为(3.17)可由(3.18)线性表示, 且(3.17)线性无关. 根据定理 3.6 的推论 1, $s\leqslant t$, 同理有 $t\leqslant s$, 故 $s=t$.

二、向量组的极大线性无关组

定义 3.8 如果向量组 $A:\boldsymbol{\alpha}_1,\boldsymbol{\alpha}_2,\cdots,\boldsymbol{\alpha}_s$ 的一个部分组 $\boldsymbol{\alpha}_{i_1},\boldsymbol{\alpha}_{i_2},\cdots,\boldsymbol{\alpha}_{i_r}$ 满足以下两个条件:

(1) $\boldsymbol{\alpha}_{i_1},\boldsymbol{\alpha}_{i_2},\cdots,\boldsymbol{\alpha}_{i_r}$ 线性无关;

(2) 向量组 A 中每一个向量都可由 $\boldsymbol{\alpha}_{i_1},\boldsymbol{\alpha}_{i_2},\cdots,\boldsymbol{\alpha}_{i_r}$ 线性表示, 也就是说, 将向量组的其余向量(如果有的话)中的任意一个向量添加到部分组 $\boldsymbol{\alpha}_{i_1},\boldsymbol{\alpha}_{i_2},\cdots,\boldsymbol{\alpha}_{i_r}$ 中, 得到的向量组都线性相关, 则称 $\boldsymbol{\alpha}_{i_1},\boldsymbol{\alpha}_{i_2},\cdots,\boldsymbol{\alpha}_{i_r}$ 为向量组 A 的一个**极大线性无关组**, 简称为**极大无关组**.

对定义 3.8 作几点说明:

(1) 由于单个非零向量必线性无关, 所以含有非零向量的 n 维向量组必有极大无关组;

(2) 仅含零向量的向量组不存在极大无关组;

(3) 如果一个向量组是线性无关的, 则这个向量组的极大无关组就是它本身;

(4) 一个向量组的极大无关组一般不是唯一的.

定理 3.7 向量组 $A:\boldsymbol{\alpha}_1,\boldsymbol{\alpha}_2,\cdots,\boldsymbol{\alpha}_s$ 与它的任一极大无关组等价.

证 设 $B:\boldsymbol{\alpha}_{i_1},\boldsymbol{\alpha}_{i_2},\cdots,\boldsymbol{\alpha}_{i_r}$ 是向量组 A 的一个极大无关组. 由极大无关组的定义, 向量组 A 可由 B 线性表示, 而 B 是向量组 A 中的 r 个向量, 肯定可由向量组 A 线性表示, 由定义 3.7 知

$$A\cong B.$$

推论 一个向量组的任意两个极大无关组所含的向量个数相等.

证　设向量组 $A:\boldsymbol{\alpha}_1,\boldsymbol{\alpha}_2,\cdots,\boldsymbol{\alpha}_s$ 的两个极大无关组分别为 $B_1:\boldsymbol{\alpha}_{i_1},\boldsymbol{\alpha}_{i_2},\cdots,\boldsymbol{\alpha}_{i_r}$ 与 $B_2:\boldsymbol{\alpha}_{j_1},\boldsymbol{\alpha}_{j_2},\cdots,\boldsymbol{\alpha}_{j_t}$.

由定理 3.7 和向量组等价的传递性可知

$$B_1 \cong B_2,$$

由定理 3.6 的推论 2 知 $r=t$.

这个推论指出一个向量组尽管可能有不同的极大无关组,这些不同的极大无关组中的向量虽然不尽相同,但它们所含向量的个数却相等,于是向量组的极大无关组所含向量的个数代表着向量组本身的性质.

定义 3.9　向量组 $A:\boldsymbol{\alpha}_1,\boldsymbol{\alpha}_2,\cdots,\boldsymbol{\alpha}_s$ 的一个极大无关组所含向量的个数称为向量组 A 的**秩**,记为 $r(A)$ 或 $r(\boldsymbol{\alpha}_1,\boldsymbol{\alpha}_2,\cdots,\boldsymbol{\alpha}_s)$.

由于仅由零向量组成的向量组没有极大无关组,因此规定由零向量组成的向量组的秩为零.

例 1　因为 n 维基本向量组 $E:\boldsymbol{\varepsilon}_1,\boldsymbol{\varepsilon}_2,\cdots,\boldsymbol{\varepsilon}_n$ 线性无关,所以

$$r(\boldsymbol{\varepsilon}_1,\boldsymbol{\varepsilon}_2,\cdots,\boldsymbol{\varepsilon}_n)=n.$$

定理 3.8　设向量组 A 的秩为 r,向量组 B 的秩为 t,如果向量组 A 可由向量组 B 线性表示,则 $r \leqslant t$.

证　不妨设 $\boldsymbol{\alpha}_1,\boldsymbol{\alpha}_2,\cdots,\boldsymbol{\alpha}_r$ 是向量组 A 的极大无关组,$\boldsymbol{\beta}_1,\boldsymbol{\beta}_2,\cdots,\boldsymbol{\beta}_t$ 是向量组 B 的极大无关组.

因为向量组 A 可由向量组 B 线性表示,而向量组与其极大无关组等价,故 $\boldsymbol{\alpha}_1,\boldsymbol{\alpha}_2,\cdots,\boldsymbol{\alpha}_r$ 可由 $\boldsymbol{\beta}_1,\boldsymbol{\beta}_2,\cdots,\boldsymbol{\beta}_t$ 线性表示,又因为 $\boldsymbol{\alpha}_1,\boldsymbol{\alpha}_2,\cdots,\boldsymbol{\alpha}_r$ 线性无关,从而由推论 1 知,$r \leqslant t$.

推论　若向量组 A 与向量组 B 等价,则 $r(A)=r(B)$.

这个推论指出了等价的向量组有相同的秩,但反过来未必成立,即两个秩相同的向量组未必等价.例如 $(1,0)^{\mathrm{T}},(2,0)^{\mathrm{T}}$ 与 $(0,1)^{\mathrm{T}},(0,2)^{\mathrm{T}}$ 这两个向量组的秩都是 1,但它们不等价.

定理 3.9　若向量组 A 可由向量组 B 线性表示,且 $r(A)=r(B)$,则 $A \cong B$.

证　设 $r(A)=r(B)=r$,且向量组 $A_1:\boldsymbol{\alpha}_1,\boldsymbol{\alpha}_2,\cdots,\boldsymbol{\alpha}_r$,向量组 $B_1:\boldsymbol{\beta}_1,\boldsymbol{\beta}_2,\cdots,\boldsymbol{\beta}_r$ 分别是 A 与 B 的极大无关组.任取 $\boldsymbol{\beta}_i,1 \leqslant i \leqslant r$,向量组 $\boldsymbol{\alpha}_1,\boldsymbol{\alpha}_2,\cdots,\boldsymbol{\alpha}_r,\boldsymbol{\beta}_i$ 可由 B_1 线性表示,且含有 $r+1$ 个向量,据定理 3.6,$\boldsymbol{\alpha}_1,\boldsymbol{\alpha}_2,\cdots,\boldsymbol{\alpha}_r,\boldsymbol{\beta}_i$ 线性相关.又因为 A_1 线性无关,故据定理 3.3,$\boldsymbol{\beta}_i$ 可由 A_1 线性表示,因为 $\boldsymbol{\beta}_i$ 是 B_1 中任取的,即 B_1 中每一个向量都可由 A_1 线性表示,从而 B_1 可由 A_1 线性表示.又有 $A \cong A_1$,$A_1 \cong B_1$,$B_1 \cong B$,由向量组等价的传递性,$A \cong B$.

给定 n 维向量组 $A:\boldsymbol{\alpha}_1,\boldsymbol{\alpha}_2,\cdots,\boldsymbol{\alpha}_s$,可以看出 $r(A) \leqslant s$.若向量组 A 线性无关,则向量组 A 是它自己的极大无关组,故 $r(A)=s$;反过来,若 $r(A)=s$,则向量组 A 中含有 s 个线性无关的向量,即向量组 A 线性无关,因此有如下定理.

定理 3.10 向量组 $A: \boldsymbol{\alpha}_1, \boldsymbol{\alpha}_2, \cdots, \boldsymbol{\alpha}_s$ 线性无关的充分必要条件是 $r(A)=s$；向量组 A 线性相关的充分必要条件是 $r(A)<s$.

三、向量组的秩与矩阵的秩

定义 3.10 矩阵 $A=(a_{ij})_{m \times n}$ 的列向量组 $\boldsymbol{\alpha}_1, \boldsymbol{\alpha}_2, \cdots, \boldsymbol{\alpha}_n$ 的秩称为矩阵 A 的列秩；A 的行向量组 $\boldsymbol{\beta}_1, \boldsymbol{\beta}_2, \cdots, \boldsymbol{\beta}_m$ 的秩称为矩阵 A 的行秩.

例 2 设矩阵

$$A=\begin{pmatrix} -1 & 2 & 1 & 0 \\ 0 & 0 & -2 & 1 \\ 0 & 1 & 0 & 0 \\ 0 & 0 & 0 & 0 \\ 0 & 0 & 0 & 0 \end{pmatrix}. \qquad (3.23)$$

A 的行向量组为：$\boldsymbol{\beta}_1=(-1,2,1,0), \boldsymbol{\beta}_2=(0,0,-2,1), \boldsymbol{\beta}_3=(0,1,0,0), \boldsymbol{\beta}_4=\boldsymbol{\beta}_5=(0,0,0,0)$. 容易看出，$\boldsymbol{\beta}_1, \boldsymbol{\beta}_2, \boldsymbol{\beta}_3$ 是 A 的行向量组的一个极大无关组，故 A 的行秩为 3. A 的列向量组为

$$\boldsymbol{\alpha}_1=\begin{pmatrix} -1 \\ 0 \\ 0 \\ 0 \\ 0 \end{pmatrix}, \quad \boldsymbol{\alpha}_2=\begin{pmatrix} 2 \\ 0 \\ 1 \\ 0 \\ 0 \end{pmatrix}, \quad \boldsymbol{\alpha}_3=\begin{pmatrix} 1 \\ -2 \\ 0 \\ 0 \\ 0 \end{pmatrix}, \quad \boldsymbol{\alpha}_4=\begin{pmatrix} 0 \\ 1 \\ 0 \\ 0 \\ 0 \end{pmatrix}.$$

容易看出，$\boldsymbol{\alpha}_1, \boldsymbol{\alpha}_2, \boldsymbol{\alpha}_4$ 线性无关，且 $\boldsymbol{\alpha}_3=-\boldsymbol{\alpha}_1+0\boldsymbol{\alpha}_2-2\boldsymbol{\alpha}_4$，故 $\boldsymbol{\alpha}_1, \boldsymbol{\alpha}_2, \boldsymbol{\alpha}_4$ 是 A 的列向量组的一个极大无关组，即 A 的列秩也是 3.

而式(3.23)的矩阵 A 由其前三行前三列构成的三阶子式

$$\begin{vmatrix} -1 & 2 & 1 \\ 0 & 0 & -2 \\ 0 & 1 & 0 \end{vmatrix}=-2 \neq 0,$$

且所有四阶子式全为零，矩阵 A 的秩为 3.

对于式(3.23)的矩阵 A 来说，行秩和列秩相等都是 3，也等于矩阵 A 的秩. 这并不是巧合，对于一般的 $m \times n$ 矩阵可以证明如下定理.

定理 3.11 矩阵 A 的行秩与列秩相等且都等于矩阵 A 的秩.

定理 3.12 若 A, B 均为 $m \times n$ 矩阵，则 $r(A+B) \leqslant r(A)+r(B)$. （证明由读者完成）

定理 3.13 若 $A=(a_{ij})_{m \times s}, B=(b_{ij})_{s \times n}$，则 $r(AB) \leqslant \min\{r(A), r(B)\}$.

证 设

$$A=(\boldsymbol{\alpha}_1, \boldsymbol{\alpha}_2, \cdots, \boldsymbol{\alpha}_s), \quad AB=C=(c_{ij})_{m \times n}=(\boldsymbol{\gamma}_1, \boldsymbol{\gamma}_2, \cdots, \boldsymbol{\gamma}_n),$$

有

$$(\boldsymbol{\gamma}_1,\boldsymbol{\gamma}_2,\cdots,\boldsymbol{\gamma}_n)=(\boldsymbol{\alpha}_1,\boldsymbol{\alpha}_2,\cdots,\boldsymbol{\alpha}_s)\begin{pmatrix} b_{11} & \cdots & b_{1j} & \cdots & b_{1n} \\ b_{21} & \cdots & b_{2j} & \cdots & b_{2n} \\ \vdots & & \vdots & & \vdots \\ b_{s1} & \cdots & b_{sj} & \cdots & b_{sn} \end{pmatrix}.$$

即

$$\boldsymbol{\gamma}_j=b_{1j}\boldsymbol{\alpha}_1+b_{2j}\boldsymbol{\alpha}_2+\cdots+b_{sj}\boldsymbol{\alpha}_s \quad (j=1,2,\cdots,n),$$

亦即 AB 的列向量组 $\boldsymbol{\gamma}_1,\boldsymbol{\gamma}_2,\cdots,\boldsymbol{\gamma}_n$ 可由 A 的列向量组 $\boldsymbol{\alpha}_1,\boldsymbol{\alpha}_2,\cdots,\boldsymbol{\alpha}_s$ 线性表示,由定理 3.8 和定理 3.11 有 $r(AB)\leqslant r(A)$.

同理可证,$r(AB)\leqslant r(B)$.因此,$r(AB)\leqslant\min\{r(A),r(B)\}$.

推论 1 若 A 为 $m\times n$ 矩阵,P 为 m 阶可逆矩阵,则 $r(PA)=r(A)$.

证 由定理 3.13,$r(PA)\leqslant r(A)$.又 $A=P^{-1}PA$,由定理 3.13,$r(A)=r(P^{-1}PA)\leqslant r(PA)$,所以 $r(PA)=r(A)$.

同理可证:

推论 2 若 A 为 $m\times n$ 矩阵,P 为 m 阶可逆矩阵,Q 为 n 阶可逆矩阵,则 $r(PAQ)=r(A)$.

推论 3 若 A,B 均为 $m\times n$ 矩阵,则 A 与 B 等价的充分必要条件是 $r(A)=r(B)$.

四、向量组的秩的计算

由以上讨论知,把向量组作为矩阵的行(列)向量组构造一个矩阵,利用矩阵的初等变换可以求出矩阵的秩,也就是求出了向量组的秩.

可以证明:矩阵的行初等变换不改变其列向量间的线性关系,即

(1) 如果矩阵 A 的列向量组 $\boldsymbol{\alpha}_1,\boldsymbol{\alpha}_2,\cdots,\boldsymbol{\alpha}_n$ 中,部分组 $\boldsymbol{\alpha}_{j_1},\boldsymbol{\alpha}_{j_2},\cdots,\boldsymbol{\alpha}_{j_s}$ 线性无关,则行初等变换后得到的矩阵 A' 的对应列向量组的部分组 $\boldsymbol{\alpha}'_{j_1},\boldsymbol{\alpha}'_{j_2},\cdots,\boldsymbol{\alpha}'_{j_s}$ 也线性无关.反之亦然.

(2) 如果 A 的列向量组 $\boldsymbol{\alpha}_1,\boldsymbol{\alpha}_2,\cdots,\boldsymbol{\alpha}_n$ 中,某个向量 $\boldsymbol{\alpha}_j$ 可由其中的 $\boldsymbol{\alpha}_{j_1},\boldsymbol{\alpha}_{j_2},\cdots,\boldsymbol{\alpha}_{j_s}$ 线性表示

$$\boldsymbol{\alpha}_j=k_1\boldsymbol{\alpha}_{j_1}+k_2\boldsymbol{\alpha}_{j_2}+\cdots+k_s\boldsymbol{\alpha}_{j_s},$$

则 A' 的列向量组中,对应向量 $\boldsymbol{\alpha}'_j$ 可由其中的 $\boldsymbol{\alpha}'_{j_1},\boldsymbol{\alpha}'_{j_2},\cdots,\boldsymbol{\alpha}'_{j_s}$ 线性表示为

$$\boldsymbol{\alpha}'_j=k_1\boldsymbol{\alpha}'_{j_1}+k_2\boldsymbol{\alpha}'_{j_2}+\cdots+k_s\boldsymbol{\alpha}'_{j_s}.$$

同样,矩阵的列初等变换不改变其行向量间的线性关系.

例 3 求向量组 $\boldsymbol{\alpha}_1=(2,1,3,-1)^{\mathrm{T}},\boldsymbol{\alpha}_2=(3,-1,2,0)^{\mathrm{T}},\boldsymbol{\alpha}_3=(1,3,4,-2)^{\mathrm{T}},$ $\boldsymbol{\alpha}_4=(4,-3,1,1)^{\mathrm{T}}$ 的一个极大无关组,并将其余向量用该极大无关组线性表示.

解 构造矩阵 $A=(\boldsymbol{\alpha}_1,\boldsymbol{\alpha}_2,\boldsymbol{\alpha}_3,\boldsymbol{\alpha}_4)$,对 A 进行行初等变换

$$A = \begin{pmatrix} 2 & 3 & 1 & 4 \\ 1 & -1 & 3 & -3 \\ 3 & 2 & 4 & 1 \\ -1 & 0 & -2 & 1 \end{pmatrix} \xrightarrow{\text{交换第一、第二两行}} \begin{pmatrix} 1 & -1 & 3 & -3 \\ 2 & 3 & 1 & 4 \\ 3 & 2 & 4 & 1 \\ -1 & 0 & -2 & 1 \end{pmatrix}$$

$$\xrightarrow[\text{第一行乘以}-3\text{加到第三行}]{\substack{\text{第一行乘以}-2\text{加到第二行}\\ \text{第一行乘以}1\text{加到第四行}}} \begin{pmatrix} 1 & -1 & 3 & -3 \\ 0 & 5 & -5 & 10 \\ 0 & 5 & -5 & 10 \\ 0 & -1 & 1 & -2 \end{pmatrix} \xrightarrow{\text{第二行乘以}\frac{1}{5}} \begin{pmatrix} 1 & -1 & 3 & -3 \\ 0 & 1 & -1 & 2 \\ 0 & 5 & -5 & 10 \\ 0 & -1 & 1 & -2 \end{pmatrix}$$

$$\xrightarrow[\text{第二行乘以}1\text{加到第四行}]{\text{第二行乘以}-5\text{加到第三行}} \begin{pmatrix} 1 & -1 & 3 & -3 \\ 0 & 1 & -1 & 2 \\ 0 & 0 & 0 & 0 \\ 0 & 0 & 0 & 0 \end{pmatrix} \xrightarrow{\text{第二行加到第一行}} \begin{pmatrix} 1 & 0 & 2 & -1 \\ 0 & 1 & -1 & 2 \\ 0 & 0 & 0 & 0 \\ 0 & 0 & 0 & 0 \end{pmatrix}.$$

由最后的一个矩阵可知 $r(A)=2$. $\boldsymbol{\alpha}_1, \boldsymbol{\alpha}_2$ 是该向量组的一个极大无关组,且

$$\boldsymbol{\alpha}_3 = 2\boldsymbol{\alpha}_1 - \boldsymbol{\alpha}_2, \quad \boldsymbol{\alpha}_4 = -\boldsymbol{\alpha}_1 + 2\boldsymbol{\alpha}_2.$$

习 题 3

(A)

1. 设向量 $\boldsymbol{\alpha}=(1,1,0)^{\mathrm{T}}, \boldsymbol{\beta}=(0,1,1)^{\mathrm{T}}, \boldsymbol{\gamma}=(3,4,0)^{\mathrm{T}}$,求 $\boldsymbol{\alpha}-\boldsymbol{\beta}$ 及 $3\boldsymbol{\alpha}+2\boldsymbol{\beta}-\boldsymbol{\gamma}$.

2. 设 $3\boldsymbol{\alpha}+4\boldsymbol{\beta}=(2,1,1,2)^{\mathrm{T}}, 2\boldsymbol{\alpha}+3\boldsymbol{\beta}=(-1,2,3,1)^{\mathrm{T}}$,求向量 $\boldsymbol{\alpha}, \boldsymbol{\beta}$.

3. 用消元法解下列线性方程组.

(1) $\begin{cases} x_1 - x_2 + 2x_3 = 1, \\ x_1 - 2x_2 - x_3 = 2, \\ 3x_1 - x_2 + 5x_3 = 3, \\ -x_1 + 2x_3 = -2; \end{cases}$ (2) $\begin{cases} x_1 - 2x_2 + 3x_3 - x_4 + 2x_5 = 2, \\ 3x_1 - x_2 + 5x_3 - 3x_4 + x_5 = 6, \\ 2x_1 + x_2 + 2x_3 - 2x_4 - x_5 = 8; \end{cases}$

(3) $\begin{cases} 2x_1 - 2x_2 + x_3 - x_4 + x_5 = 2, \\ x_1 - 4x_2 + 2x_3 - 2x_4 + 3x_5 = 3, \\ 3x_1 - 6x_2 + x_3 - 3x_4 + 4x_5 = 5, \\ x_1 + 2x_2 - x_3 + x_4 - 2x_5 = -1; \end{cases}$ (4) $\begin{cases} 2x_1 - 4x_2 + 5x_3 + 3x_4 = 0, \\ 3x_1 - 6x_2 + 4x_3 + 2x_4 = 0, \\ 4x_1 - 8x_2 + 17x_3 + 11x_4 = 0. \end{cases}$

4. λ 为何值时方程组

$$\begin{cases} \lambda x_1 + x_2 + x_3 = 0, \\ x_1 + \lambda x_2 + x_3 = 0, \\ x_1 + x_2 + \lambda x_3 = 0 \end{cases}$$

只有零解? 有非零解? 并求解.

5. 判定下列各组中的向量 $\boldsymbol{\beta}$ 是否可以表示为其余向量的线性组合. 若可以,求出其表示式.

(1) $\boldsymbol{\beta}=(5,8,8)^{\mathrm{T}}, \boldsymbol{\alpha}_1=(1,3,5)^{\mathrm{T}}, \boldsymbol{\alpha}_2=(6,3,-2)^{\mathrm{T}}, \boldsymbol{\alpha}_3=(3,1,0)^{\mathrm{T}}$;

(2) $\boldsymbol{\beta}=(1,2,1)^{\mathrm{T}}, \boldsymbol{\alpha}_1=(1,1,1)^{\mathrm{T}}, \boldsymbol{\alpha}_2=(1,1,-1)^{\mathrm{T}}, \boldsymbol{\alpha}_3=(1,-1,-1)^{\mathrm{T}}$.

6. 设 $\boldsymbol{\beta}=(0,\lambda,\lambda^2)^{\mathrm{T}}$, $\boldsymbol{\alpha}_1=(1+\lambda,1,1)^{\mathrm{T}}$, $\boldsymbol{\alpha}_2=(1,1+\lambda,1)^{\mathrm{T}}$, $\boldsymbol{\alpha}_3=(1,1,1+\lambda)^{\mathrm{T}}$, 问 λ 取何值时, $\boldsymbol{\beta}$ 可由 $\boldsymbol{\alpha}_1,\boldsymbol{\alpha}_2,\boldsymbol{\alpha}_3$ 线性表示, 且表达式唯一.

7. 设 $\boldsymbol{\alpha}_1=(1,2,3)^{\mathrm{T}}$, $\boldsymbol{\alpha}_2=(3,-1,2)^{\mathrm{T}}$, $\boldsymbol{\alpha}_3=(2,3,t)^{\mathrm{T}}$, 问

(1) t 为何值时 $\boldsymbol{\alpha}_1,\boldsymbol{\alpha}_2,\boldsymbol{\alpha}_3$ 线性无关?

(2) t 为何值时 $\boldsymbol{\alpha}_1,\boldsymbol{\alpha}_2,\boldsymbol{\alpha}_3$ 线性相关? 并将 $\boldsymbol{\alpha}_3$ 表示成 $\boldsymbol{\alpha}_1,\boldsymbol{\alpha}_2$ 的线性组合.

8. 判定下列各向量组是线性相关, 还是线性无关.

(1) $\boldsymbol{\alpha}_1=(1,2,3)^{\mathrm{T}}$, $\boldsymbol{\alpha}_2=(2,1,4)^{\mathrm{T}}$;

(2) $\boldsymbol{\alpha}_1=(1,1,1,1)^{\mathrm{T}}$, $\boldsymbol{\alpha}_2=(1,1,1,0)^{\mathrm{T}}$, $\boldsymbol{\alpha}_3=(1,1,0,0)^{\mathrm{T}}$, $\boldsymbol{\alpha}_4=(1,0,0,0)^{\mathrm{T}}$.

9. 设向量组 $\boldsymbol{\alpha},\boldsymbol{\beta},\boldsymbol{\gamma}$ 线性无关, 证明: $2\boldsymbol{\alpha}+\boldsymbol{\beta},\boldsymbol{\beta}+5\boldsymbol{\gamma},4\boldsymbol{\gamma}+3\boldsymbol{\alpha}$ 也线性无关.

10. 设向量组 $\boldsymbol{\alpha}_1,\boldsymbol{\alpha}_2,\boldsymbol{\alpha}_3$ 线性相关, 向量组 $\boldsymbol{\alpha}_2,\boldsymbol{\alpha}_3,\boldsymbol{\alpha}_4$ 线性无关. 证明:

(1) $\boldsymbol{\alpha}_1$ 能由 $\boldsymbol{\alpha}_2,\boldsymbol{\alpha}_3$ 线性表示;

(2) $\boldsymbol{\alpha}_4$ 不能由 $\boldsymbol{\alpha}_1,\boldsymbol{\alpha}_2,\boldsymbol{\alpha}_3$ 线性表示.

11. 设向量组 $\boldsymbol{\alpha}_1,\boldsymbol{\alpha}_2,\cdots,\boldsymbol{\alpha}_s$ 线性相关, 且其中任意 $s-1$ 个向量都线性无关. 证明: 必存在一组全都不为零的数 $k_1,k_2,\cdots,k_s$, 使 $k_1\boldsymbol{\alpha}_1+k_2\boldsymbol{\alpha}_2+\cdots+k_s\boldsymbol{\alpha}_s=\boldsymbol{0}$.

12. 已知向量组 $\boldsymbol{\alpha}_1,\boldsymbol{\alpha}_2,\boldsymbol{\alpha}_3$ 与 $\boldsymbol{\beta}_1,\boldsymbol{\beta}_2,\boldsymbol{\beta}_3$ 满足

$$\begin{cases} \boldsymbol{\beta}_1=\boldsymbol{\alpha}_1-\boldsymbol{\alpha}_2+\boldsymbol{\alpha}_3, \\ \boldsymbol{\beta}_2=\boldsymbol{\alpha}_1+\boldsymbol{\alpha}_2-\boldsymbol{\alpha}_3, \\ \boldsymbol{\beta}_3=-\boldsymbol{\alpha}_1+\boldsymbol{\alpha}_2+\boldsymbol{\alpha}_3. \end{cases}$$

证明: $\{\boldsymbol{\alpha}_1,\boldsymbol{\alpha}_2,\boldsymbol{\alpha}_3\}\cong\{\boldsymbol{\beta}_1,\boldsymbol{\beta}_2,\boldsymbol{\beta}_3\}$.

13. 设向量 $\boldsymbol{\beta}$ 可由向量组 $\boldsymbol{\alpha}_1,\boldsymbol{\alpha}_2,\cdots,\boldsymbol{\alpha}_s$ 线性表示, 但不能由 $\boldsymbol{\alpha}_1,\boldsymbol{\alpha}_2,\cdots,\boldsymbol{\alpha}_{s-1}$ 线性表示. 证明: $\{\boldsymbol{\alpha}_1,\boldsymbol{\alpha}_2,\cdots,\boldsymbol{\alpha}_s\}\cong\{\boldsymbol{\alpha}_1,\boldsymbol{\alpha}_2,\cdots,\boldsymbol{\alpha}_{s-1},\boldsymbol{\beta}\}$.

14. 求下列向量组的秩, 并求其一个极大无关组.

(1) $\boldsymbol{\alpha}_1=(3,0,-1)^{\mathrm{T}}$, $\boldsymbol{\alpha}_2=(-2,5,4)^{\mathrm{T}}$, $\boldsymbol{\alpha}_3=(6,15,8)^{\mathrm{T}}$;

(2) $\boldsymbol{\alpha}_1=(2,1,11,2)^{\mathrm{T}}$, $\boldsymbol{\alpha}_2=(1,0,4,-1)^{\mathrm{T}}$,

$\boldsymbol{\alpha}_3=(1,4,16,15)^{\mathrm{T}}$, $\boldsymbol{\alpha}_4=(2,-1,5,-6)^{\mathrm{T}}$.

15. 求下列向量组的一个极大无关组, 并把其余向量用此极大无关组线性表示.

(1) $\boldsymbol{\alpha}_1=(3,2,-5,4)^{\mathrm{T}}$, $\boldsymbol{\alpha}_2=(3,-1,3,-3)^{\mathrm{T}}$, $\boldsymbol{\alpha}_3=(3,5,-13,11)^{\mathrm{T}}$;

(2) $\boldsymbol{\alpha}_1=(2,-5,1,2)^{\mathrm{T}}$, $\boldsymbol{\alpha}_2=(-3,-10,4,-4)^{\mathrm{T}}$,

$\boldsymbol{\alpha}_3=(1,-2,3,9)^{\mathrm{T}}$, $\boldsymbol{\alpha}_4=(-5,1,2,-3)^{\mathrm{T}}$, $\boldsymbol{\alpha}_5=(1,-21,1,-16)^{\mathrm{T}}$.

16. 证明: 设 A,B 都是 $m\times n$ 矩阵, 证明 $r(A+B)\leqslant r(A)+r(B)$.

(B)

1. 已知 $\boldsymbol{\alpha}_1=(1,0,2,3)^{\mathrm{T}}$, $\boldsymbol{\alpha}_2=(1,1,3,5)^{\mathrm{T}}$, $\boldsymbol{\alpha}_3=(1,-1,a+2,1)^{\mathrm{T}}$, $\boldsymbol{\alpha}_4=(1,2,4,a+8)^{\mathrm{T}}$ 及 $\boldsymbol{\beta}=(1,1,b+3,5)^{\mathrm{T}}$. 试问:

(1) a,b 为何值时, $\boldsymbol{\beta}$ 不能由 $\boldsymbol{\alpha}_1,\boldsymbol{\alpha}_2,\boldsymbol{\alpha}_3,\boldsymbol{\alpha}_4$ 线性表示?

(2) a,b 为何值时, $\boldsymbol{\beta}$ 有 $\boldsymbol{\alpha}_1,\boldsymbol{\alpha}_2,\boldsymbol{\alpha}_3,\boldsymbol{\alpha}_4$ 的唯一表示? 并写出该表示式.

2. 已知向量组 $\boldsymbol{\alpha}_1,\boldsymbol{\alpha}_2,\cdots,\boldsymbol{\alpha}_s(s\geqslant2)$ 线性无关. 设 $\boldsymbol{\beta}_1=\boldsymbol{\alpha}_1+\boldsymbol{\alpha}_2$, $\boldsymbol{\beta}_2=\boldsymbol{\alpha}_2+\boldsymbol{\alpha}_3,\cdots,\boldsymbol{\beta}_{s-1}=\boldsymbol{\alpha}_{s-1}+\boldsymbol{\alpha}_s$, $\boldsymbol{\beta}_s=\boldsymbol{\alpha}_s+\boldsymbol{\alpha}_1$. 讨论向量组 $\boldsymbol{\beta}_1,\boldsymbol{\beta}_2,\cdots,\boldsymbol{\beta}_s$ 的线性相关性.

3. 设向量组 $(2,1,1,1)^T$,$(2,1,a,a)^T$,$(3,2,1,a)^T$,$(4,3,2,1)^T$ 线性相关,求 a.

4. 已知向量组 $A:\boldsymbol{\alpha}_1,\boldsymbol{\alpha}_2,\boldsymbol{\alpha}_3$;$B:\boldsymbol{\alpha}_1,\boldsymbol{\alpha}_2,\boldsymbol{\alpha}_3,\boldsymbol{\alpha}_4$;$C:\boldsymbol{\alpha}_1,\boldsymbol{\alpha}_2,\boldsymbol{\alpha}_3,\boldsymbol{\alpha}_5$. 如果各向量组的秩分别为 $r(A)=r(B)=3,r(C)=4$. 证明:向量组 $\boldsymbol{\alpha}_1,\boldsymbol{\alpha}_2,\boldsymbol{\alpha}_3,\boldsymbol{\alpha}_4-\boldsymbol{\alpha}_5$ 的秩为 4.

5. 设四维向量组 $\boldsymbol{\alpha}_1=(a+1,1,1,1)^T$,$\boldsymbol{\alpha}_2=(2,a+2,2,2)^T$,$\boldsymbol{\alpha}_3=(3,3,a+3,3)^T$,$\boldsymbol{\alpha}_4=(4,4,4,a+4)^T$,问 a 为何值时,$\boldsymbol{\alpha}_1,\boldsymbol{\alpha}_2,\boldsymbol{\alpha}_3,\boldsymbol{\alpha}_4$ 线性相关? 当 $\boldsymbol{\alpha}_1,\boldsymbol{\alpha}_2,\boldsymbol{\alpha}_3,\boldsymbol{\alpha}_4$ 线性相关时,求其一个极大无关组,并将其余向量用该极大无关组线性表示.

6. 已知 $A_{m\times n},B_{n\times m}$,且 $m>n$,试证 $|AB|=0$.

7. 试证明:n 维列向量组 $A=(\boldsymbol{\alpha}_1,\boldsymbol{\alpha}_2,\cdots,\boldsymbol{\alpha}_n)$ 线性无关的充分必要条件是

$$D=\begin{vmatrix} \boldsymbol{\alpha}_1^T\boldsymbol{\alpha}_1 & \boldsymbol{\alpha}_1^T\boldsymbol{\alpha}_2 & \cdots & \boldsymbol{\alpha}_1^T\boldsymbol{\alpha}_n \\ \boldsymbol{\alpha}_2^T\boldsymbol{\alpha}_1 & \boldsymbol{\alpha}_2^T\boldsymbol{\alpha}_2 & \cdots & \boldsymbol{\alpha}_2^T\boldsymbol{\alpha}_n \\ \vdots & \vdots & & \vdots \\ \boldsymbol{\alpha}_n^T\boldsymbol{\alpha}_1 & \boldsymbol{\alpha}_n^T\boldsymbol{\alpha}_2 & \cdots & \boldsymbol{\alpha}_n^T\boldsymbol{\alpha}_n \end{vmatrix}\neq 0,$$

其中 $\boldsymbol{\alpha}_i^T$ 表示列向量 $\boldsymbol{\alpha}_i$ 的转置,$i=1,2,\cdots,n$.

8. 已知向量组 $\boldsymbol{\alpha}_1,\boldsymbol{\alpha}_2,\cdots,\boldsymbol{\alpha}_s$ 的秩为 r_1;向量组 $\boldsymbol{\beta}_1,\boldsymbol{\beta}_2,\cdots,\boldsymbol{\beta}_t$ 的秩为 r_2;向量组 $\boldsymbol{\alpha}_1,\boldsymbol{\alpha}_2,\cdots,\boldsymbol{\alpha}_s,\boldsymbol{\beta}_1,\boldsymbol{\beta}_2,\cdots,\boldsymbol{\beta}_t$ 的秩为 r_3. 证明:$\max\{r_1,r_2\}\leqslant r_3\leqslant r_1+r_2$.

9. (2011)设向量组 $\boldsymbol{\alpha}_1=(1,0,1)^T$,$\boldsymbol{\alpha}_2=(0,1,1)^T$,$\boldsymbol{\alpha}_3=(1,3,5)^T$ 不能由 $\boldsymbol{\beta}_1=(1,1,1)^T$,$\boldsymbol{\beta}_2=(1,2,3)^T$,$\boldsymbol{\beta}_3=(3,4,a)^T$ 线性表示.

(1) 求 a 的值;

(2) 将 $\boldsymbol{\beta}_1,\boldsymbol{\beta}_2,\boldsymbol{\beta}_3$ 用 $\boldsymbol{\alpha}_1,\boldsymbol{\alpha}_2,\boldsymbol{\alpha}_3$ 线性表示.

10. (2005)试确定常数 a,使得向量组 $\boldsymbol{\alpha}_1=(1,1,a)^T$,$\boldsymbol{\alpha}_2=(1,a,1)^T$,$\boldsymbol{\alpha}_3=(a,1,1)^T$ 可由向量组 $\boldsymbol{\beta}_1=(1,1,a)^T$,$\boldsymbol{\beta}_2=(-2,a,4)^T$,$\boldsymbol{\beta}_3=(-2,a,a)^T$ 线性表示,但向量组 $\boldsymbol{\beta}_1,\boldsymbol{\beta}_2,\boldsymbol{\beta}_3$ 不能由 $\boldsymbol{\alpha}_1,\boldsymbol{\alpha}_2,\boldsymbol{\alpha}_3$ 线性表示.

11. (2006)设四维向量组 $\boldsymbol{\alpha}_1=(1+a,1,1,1)^T$,$\boldsymbol{\alpha}_2=(2,2+a,2,2)^T$,$\boldsymbol{\alpha}_3=(3,3,3+a,3)^T$,$\boldsymbol{\alpha}_4=(4,4,4,4+a)^T$. 试问:

(1) 当 a 为何值时,$\boldsymbol{\alpha}_1,\boldsymbol{\alpha}_2,\boldsymbol{\alpha}_3,\boldsymbol{\alpha}_4$ 线性相关?

(2) 当 $\boldsymbol{\alpha}_1,\boldsymbol{\alpha}_2,\boldsymbol{\alpha}_3,\boldsymbol{\alpha}_4$ 线性相关时,求其一个极大无关组,并把其余向量用极大无关组线性表出.

第 3 章测试题

第4章

线性方程组解的存在性与解的结构

第 3 章虽然讨论了线性方程组的解,但对于一般线性方程组,能否由原方程组的系数和常数项判定解的存在性和给出解(如果有)的表示.这就需要研究线性方程组中各个方程之间的关系.本章将以向量、矩阵为基本工具来讨论线性方程组解的存在性与解的结构.

4.1 线性方程组解的存在性

一、线性方程组有解的判定定理

设含有 m 个方程 n 个未知量的线性方程组为

$$\begin{cases} a_{11}x_1 + a_{12}x_2 + \cdots + a_{1n}x_n = b_1, \\ a_{21}x_1 + a_{22}x_2 + \cdots + a_{2n}x_n = b_2, \\ \qquad\qquad \cdots\cdots \\ a_{m1}x_1 + a_{m2}x_2 + \cdots + a_{mn}x_n = b_m. \end{cases} \tag{4.1}$$

利用 n 维向量组的秩和矩阵的秩的概念,可以直接从原线性方程组的系数和常数项判别线性方程组解的情况.

定理 4.1 线性方程组(4.1)有解的充分必要条件是系数矩阵的秩等于增广矩阵的秩,即 $r(A) = r(\overline{A})$.

证 必要性.如果线性方程组(4.1)有解,设它的一组解为 $k_1, k_2, \cdots, k_n$,由线性方程组的向量形式(3.3)有

$$k_1\boldsymbol{\alpha}_1 + k_2\boldsymbol{\alpha}_2 + \cdots + k_n\boldsymbol{\alpha}_n = \boldsymbol{\beta}.$$

即 $\boldsymbol{\beta}$ 可以由向量 $\boldsymbol{\alpha}_1, \boldsymbol{\alpha}_2, \cdots, \boldsymbol{\alpha}_n$ 线性表示.这样,向量组 $\boldsymbol{\alpha}_1, \boldsymbol{\alpha}_2, \cdots, \boldsymbol{\alpha}_n, \boldsymbol{\beta}$ 可以由向量组 $\boldsymbol{\alpha}_1, \boldsymbol{\alpha}_2, \cdots, \boldsymbol{\alpha}_n$ 线性表示,显然向量组 $\boldsymbol{\alpha}_1, \boldsymbol{\alpha}_2, \cdots, \boldsymbol{\alpha}_n$ 也可以由向量组 $\boldsymbol{\alpha}_1, \boldsymbol{\alpha}_2, \cdots, \boldsymbol{\alpha}_n, \boldsymbol{\beta}$ 线性表示,所以 $\{\boldsymbol{\alpha}_1, \boldsymbol{\alpha}_2, \cdots, \boldsymbol{\alpha}_n\} \cong \{\boldsymbol{\alpha}_1, \boldsymbol{\alpha}_2, \cdots, \boldsymbol{\alpha}_n, \boldsymbol{\beta}\}$.由 3.4 节定理 3.8 的推论知,等价向量组有相同的秩,即

$$r(\boldsymbol{\alpha}_1, \boldsymbol{\alpha}_2, \cdots, \boldsymbol{\alpha}_n) = r(\boldsymbol{\alpha}_1, \boldsymbol{\alpha}_2, \cdots, \boldsymbol{\alpha}_n, \boldsymbol{\beta}),$$

亦即

$$r(A) = r(\overline{A}).$$

充分性.如果 $r(A) = r(\overline{A}) = r$,则 A 和 $\overline{A}$ 的列向量组有相同的秩.不妨设 $\boldsymbol{\alpha}_1$,

$\boldsymbol{\alpha}_2,\cdots,\boldsymbol{\alpha}_r$ 是矩阵 A 的列向量组 $\boldsymbol{\alpha}_1,\boldsymbol{\alpha}_2,\cdots,\boldsymbol{\alpha}_{r-1},\boldsymbol{\alpha}_r,\boldsymbol{\alpha}_{r+1},\cdots,\boldsymbol{\alpha}_n$ 的一个极大无关组,则它也是 $\overline{A}$ 的列向量组 $\boldsymbol{\alpha}_1,\boldsymbol{\alpha}_2,\cdots,\boldsymbol{\alpha}_n,\boldsymbol{\beta}$ 的一个极大无关组.因此 $\boldsymbol{\beta}$ 可以由 $\boldsymbol{\alpha}_1$,$\boldsymbol{\alpha}_2,\cdots,\boldsymbol{\alpha}_r$ 线性表示,当然也可以由 $\boldsymbol{\alpha}_1,\boldsymbol{\alpha}_2,\cdots,\boldsymbol{\alpha}_n$ 线性表示,故线性方程组(4.1)有解.

定理 4.1 与 3.2 节中用消元法的结果判别线性方程组(4.1)是否有解是一致的.因为用行初等变换把增广矩阵 $\overline{A}$ 化成阶梯形矩阵的同时,系数矩阵 A 也在其中化成了阶梯形矩阵.当阶梯形方程组出现“$0=d_{r+1}$”,而 d_{r+1} 是非零数时,系数矩阵 A 的非零行的行数比增广矩阵 $\overline{A}$ 的非零行的行数少一行,即 $r(A)\neq r(\overline{A})$,此时,线性方程组无解;当出现“$0=d_{r+1}$”,d_{r+1} 为零时,A 与 $\overline{A}$ 的非零行的行数相同,因而有 $r(A)=r(\overline{A})$.此时线性方程组(4.1)有解.

对于齐次线性方程组(3.11),因为其增广矩阵 $\overline{A}$ 的最后一列全为零,所以必有 $r(A)=r(\overline{A})$,它总是有解.

例 1 判断下面方程组是否有解?

$$\begin{cases} x_1+x_2=1, \\ ax_1+bx_2=c, \qquad a,b,c\ 互异. \\ a^2x_1+b^2x_2=c^2, \end{cases}$$

解 因线性方程组的增广矩阵对应的行列式

$$\begin{vmatrix} 1 & 1 & 1 \\ a & b & c \\ a^2 & b^2 & c^2 \end{vmatrix}=(b-a)(c-a)(c-b)\neq 0,$$

所以,增广矩阵的秩为 3.又系数矩阵 $A=\begin{pmatrix} 1 & 1 \\ a & b \\ a^2 & b^2 \end{pmatrix}$ 有二阶子式 $\begin{vmatrix} 1 & 1 \\ a & b \end{vmatrix}=b-a\neq 0$,

所以 $r(A)=2$,因此原线性方程组无解.

二、线性方程组解的个数

对照 3.2 节中消元法判别解的个数的原则,不难发现消元法求解时,最后化得的阶梯形方程组中方程的个数就是其相应的阶梯形矩阵的非零行的行数,也就是原方程组的增广矩阵的秩.在线性方程组有解的情况下,它就等于系数矩阵的秩.因此,有以下结论.

当 $r(A)=r(\overline{A})=r$ 时,有

(1) 若 $r=n$,则线性方程组(4.1)有唯一解;

(2) 若 $r<n$,则线性方程组(4.1)有无穷多个解.

将上述结论应用到齐次线性方程组(3.11)上去,可得

推论 1 齐次线性方程组(3.11)仅有零解的充分必要条件是它的系数矩阵的

秩 r 等于未知量的个数 n，即 $r(A)=n$.

推论 2　齐次线性方程组(3.11)有非零解的充分必要条件是 $r<n$.

特别地，当齐次线性方程组(3.11)中未知量个数与方程个数相等，即 $m=n$ 时，有以下推论.

推论 3　齐次线性方程组

$$\begin{cases} a_{11}x_1+a_{12}x_2+\cdots+a_{1n}x_n=0, \\ a_{21}x_1+a_{22}x_2+\cdots+a_{2n}x_n=0, \\ \quad\quad\cdots\cdots \\ a_{n1}x_1+a_{n2}x_2+\cdots+a_{nn}x_n=0 \end{cases}$$

有非零解的充分必要条件是它的系数行列式等于零.

例 2　λ 为何值时，齐次线性方程组

$$\begin{cases} x_1-x_2+x_3=0, \\ \lambda x_1+2x_2+x_3=0, \\ 2x_1+\lambda x_2=0 \end{cases}$$

有非零解? 并求解.

解　线性方程组的系数行列式

$$D=\begin{vmatrix} 1 & -1 & 1 \\ \lambda & 2 & 1 \\ 2 & \lambda & 0 \end{vmatrix}=\begin{vmatrix} 1 & -1 & 1 \\ \lambda-1 & 3 & 0 \\ 2 & \lambda & 0 \end{vmatrix}=\lambda^2-\lambda-6=(\lambda+2)(\lambda-3).$$

因为该方程组有非零解的充分必要条件是

$$D=(\lambda+2)(\lambda-3)=0,$$

所以当 $\lambda=-2$ 或 $\lambda=3$ 时有非零解.

当 $\lambda=3$ 时，化线性方程组的增广矩阵为简化阶梯形矩阵

$$\overline{A}_1=\begin{pmatrix} 1 & -1 & 1 & 0 \\ 3 & 2 & 1 & 0 \\ 2 & 3 & 0 & 0 \end{pmatrix}\rightarrow\begin{pmatrix} 1 & -1 & 1 & 0 \\ 0 & 5 & -2 & 0 \\ 0 & 5 & -2 & 0 \end{pmatrix}$$

$$\rightarrow\begin{pmatrix} 1 & -1 & 1 & 0 \\ 0 & 1 & -\dfrac{2}{5} & 0 \\ 0 & 0 & 0 & 0 \end{pmatrix}\rightarrow\begin{pmatrix} 1 & 0 & \dfrac{3}{5} & 0 \\ 0 & 1 & -\dfrac{2}{5} & 0 \\ 0 & 0 & 0 & 0 \end{pmatrix}.$$

对应方程组为

$$\begin{cases} x_1=-\dfrac{3}{5}x_3, \\ x_2=\dfrac{2}{5}x_3, \end{cases}$$

取自由未知量 $x_3 = c$,得方程组的一般解为

$$\begin{pmatrix} x_1 \\ x_2 \\ x_3 \end{pmatrix} = c \begin{pmatrix} -\dfrac{3}{5} \\ \dfrac{2}{5} \\ 1 \end{pmatrix}, \quad c \text{ 为任意常数}.$$

当 $\lambda = -2$ 时,化线性方程组的增广矩阵为简化阶梯形矩阵

$$\overline{A}_2 = \begin{pmatrix} 1 & -1 & 1 & 0 \\ -2 & 2 & 1 & 0 \\ 2 & -2 & 0 & 0 \end{pmatrix} \rightarrow \begin{pmatrix} 1 & -1 & 1 & 0 \\ 0 & 0 & 3 & 0 \\ 0 & 0 & -2 & 0 \end{pmatrix}$$

$$\rightarrow \begin{pmatrix} 1 & -1 & 1 & 0 \\ 0 & 0 & 1 & 0 \\ 0 & 0 & 0 & 0 \end{pmatrix} \rightarrow \begin{pmatrix} 1 & -1 & 0 & 0 \\ 0 & 0 & 1 & 0 \\ 0 & 0 & 0 & 0 \end{pmatrix}.$$

对应方程组为

$$\begin{cases} x_1 = x_2, \\ x_3 = 0, \end{cases}$$

取自由未知量 $x_2 = c$,得它的一般解为

$$\begin{pmatrix} x_1 \\ x_2 \\ x_3 \end{pmatrix} = c \begin{pmatrix} 1 \\ 1 \\ 0 \end{pmatrix}, \quad c \text{ 为任意常数}.$$

例 3 判断线性方程组

$$\begin{cases} 2x_1 - x_2 + x_3 + x_4 = 1, \\ x_1 + 2x_2 - x_3 + 4x_4 = 2, \\ x_1 + 7x_2 - 4x_3 + 11x_4 = 5 \end{cases}$$

是否有解? 如果有解,求其解.

解 对其增广矩阵施行行初等变换

$$\overline{A} = \begin{pmatrix} 2 & -1 & 1 & 1 & 1 \\ 1 & 2 & -1 & 4 & 2 \\ 1 & 7 & -4 & 11 & 5 \end{pmatrix} \rightarrow \begin{pmatrix} 1 & 2 & -1 & 4 & 2 \\ 2 & -1 & 1 & 1 & 1 \\ 1 & 7 & -4 & 11 & 5 \end{pmatrix}$$

$$\rightarrow \begin{pmatrix} 1 & 2 & -1 & 4 & 2 \\ 0 & -5 & 3 & -7 & -3 \\ 0 & 5 & -3 & 7 & 3 \end{pmatrix} \rightarrow \begin{pmatrix} 1 & 2 & -1 & 4 & 2 \\ 0 & 1 & -\dfrac{3}{5} & \dfrac{7}{5} & \dfrac{3}{5} \\ 0 & 0 & 0 & 0 & 0 \end{pmatrix}$$

$$\rightarrow \begin{pmatrix} 1 & 0 & \dfrac{1}{5} & \dfrac{6}{5} & \dfrac{4}{5} \\ 0 & 1 & -\dfrac{3}{5} & \dfrac{7}{5} & \dfrac{3}{5} \\ 0 & 0 & 0 & 0 & 0 \end{pmatrix}.$$

因为 $r(A)=r(\overline{A})=2$,故该线性方程组有解.又因未知量个数 $n=4$,所以方程组有无穷多个解,对应方程组为

$$\begin{cases} x_1 = \dfrac{4}{5} - \dfrac{1}{5}x_3 - \dfrac{6}{5}x_4, \\ x_2 = \dfrac{3}{5} + \dfrac{3}{5}x_3 - \dfrac{7}{5}x_4, \end{cases}$$

取自由未知量

$$\begin{cases} x_3 = c_1, \\ x_4 = c_2, \end{cases}$$

得方程组的一般解为

$$\begin{pmatrix} x_1 \\ x_2 \\ x_3 \\ x_4 \end{pmatrix} = \begin{pmatrix} \dfrac{4}{5} \\ \dfrac{3}{5} \\ 0 \\ 0 \end{pmatrix} + c_1 \begin{pmatrix} -\dfrac{1}{5} \\ \dfrac{3}{5} \\ 1 \\ 0 \end{pmatrix} + c_2 \begin{pmatrix} -\dfrac{6}{5} \\ -\dfrac{7}{5} \\ 0 \\ 1 \end{pmatrix}, \quad c_1,c_2 \text{ 为任意常数}.$$

例 4 讨论 λ 取何值时线性方程组

$$\begin{cases} (\lambda+3)x_1 + x_2 + 2x_3 = \lambda, \\ \lambda x_1 + (\lambda-1)x_2 + x_3 = 2\lambda, \\ 3(\lambda+1)x_1 + \lambda x_2 + (\lambda+3)x_3 = 3\lambda \end{cases}$$

有唯一解？无穷多解？无解？在有解时求解.

解 该方程组的系数行列式为

$$D = \begin{vmatrix} \lambda+3 & 1 & 2 \\ \lambda & \lambda-1 & 1 \\ 3(\lambda+1) & \lambda & \lambda+3 \end{vmatrix} = \begin{vmatrix} 3 & 2-\lambda & 1 \\ \lambda & \lambda-1 & 1 \\ 3 & 3-2\lambda & \lambda \end{vmatrix}$$

$$= \begin{vmatrix} 3 & 2-\lambda & 1 \\ \lambda & \lambda-1 & 1 \\ 0 & 1-\lambda & \lambda-1 \end{vmatrix} = \begin{vmatrix} 3 & 2-\lambda & 1 \\ \lambda & 0 & \lambda \\ 0 & 1-\lambda & \lambda-1 \end{vmatrix}$$

$$= \begin{vmatrix} 3 & 2-\lambda & -2 \\ \lambda & 0 & 0 \\ 0 & 1-\lambda & \lambda-1 \end{vmatrix} = -\lambda \begin{vmatrix} 2-\lambda & -2 \\ 1-\lambda & \lambda-1 \end{vmatrix}$$

$$=-\lambda\begin{vmatrix} -\lambda & -2 \\ 0 & \lambda-1 \end{vmatrix}=\lambda^2(\lambda-1).$$

显然,当 $\lambda\neq0$ 且 $\lambda\neq1$ 时, $D\neq0$,由克拉默法则,该线性方程组有唯一解,计算得 $D_1=\lambda^2(\lambda-3),D_2=\lambda^2(\lambda+3),D_3=\lambda^2(3-\lambda)$,得其唯一解为

$$\begin{pmatrix} x_1 \\ x_2 \\ x_3 \end{pmatrix}=\begin{pmatrix} \dfrac{\lambda-3}{\lambda-1} \\ \dfrac{\lambda+3}{\lambda-1} \\ \dfrac{3-\lambda}{\lambda-1} \end{pmatrix}.$$

当 $\lambda=0$ 时,对其增广矩阵施行行初等变换

$$\overline{A}_1=\begin{pmatrix} 3 & 1 & 2 & 0 \\ 0 & -1 & 1 & 0 \\ 3 & 0 & 3 & 0 \end{pmatrix}\to\begin{pmatrix} 3 & 0 & 3 & 0 \\ 0 & -1 & 1 & 0 \\ 0 & -1 & 1 & 0 \end{pmatrix}\to\begin{pmatrix} 1 & 0 & 1 & 0 \\ 0 & 1 & -1 & 0 \\ 0 & 0 & 0 & 0 \end{pmatrix},$$

此时,因为 $r(A)=r(\overline{A})=2<n(n=3)$,所以原方程组有无穷多个解,对应方程组为

$$\begin{cases} x_1=-x_3, \\ x_2=x_3, \end{cases}$$

取自由未知量 $x_3=c$,得方程组的一般解为

$$\begin{pmatrix} x_1 \\ x_2 \\ x_3 \end{pmatrix}=\begin{pmatrix} -c \\ c \\ c \end{pmatrix}, \quad c \text{ 为任意常数.}$$

当 $\lambda=1$ 时,对其增广矩阵施行行初等变换

$$\overline{A}_2=\begin{pmatrix} 4 & 1 & 2 & 1 \\ 1 & 0 & 1 & 2 \\ 6 & 1 & 4 & 3 \end{pmatrix}\to\begin{pmatrix} 1 & 0 & 1 & 2 \\ 4 & 1 & 2 & 1 \\ 6 & 1 & 4 & 3 \end{pmatrix}$$

$$\to\begin{pmatrix} 1 & 0 & 1 & 2 \\ 0 & 1 & -2 & -7 \\ 0 & 1 & -2 & -9 \end{pmatrix}\to\begin{pmatrix} 1 & 0 & 1 & 2 \\ 0 & 1 & -2 & -7 \\ 0 & 0 & 0 & -2 \end{pmatrix},$$

因 $r(A)=2$,而 $r(\overline{A})=3$,所以原线性方程组无解.

例 5 讨论线性方程组

$$\begin{cases} \lambda x+y+z=1, \\ x+\lambda y+z=\lambda, \\ x+y+\lambda z=\lambda^2, \end{cases}$$

当 λ 取何值时有唯一解?无穷多个解?无解?

解 对此线性方程组的增广矩阵施行行初等变换

$$\overline{A} = \begin{pmatrix} \lambda & 1 & 1 & 1 \\ 1 & \lambda & 1 & \lambda \\ 1 & 1 & \lambda & \lambda^2 \end{pmatrix} \rightarrow \begin{pmatrix} 1 & 1 & \lambda & \lambda^2 \\ 1 & \lambda & 1 & \lambda \\ \lambda & 1 & 1 & 1 \end{pmatrix}$$

$$\rightarrow \begin{pmatrix} 1 & 1 & \lambda & \lambda^2 \\ 0 & \lambda-1 & 1-\lambda & \lambda-\lambda^2 \\ 0 & 1-\lambda & 1-\lambda^2 & 1-\lambda^3 \end{pmatrix}$$

$$\rightarrow \begin{pmatrix} 1 & 1 & \lambda & \lambda^2 \\ 0 & \lambda-1 & 1-\lambda & \lambda-\lambda^2 \\ 0 & 0 & 2-\lambda-\lambda^2 & 1+\lambda-\lambda^2-\lambda^3 \end{pmatrix}$$

$$\rightarrow \begin{pmatrix} 1 & 1 & \lambda & \lambda^2 \\ 0 & \lambda-1 & 1-\lambda & \lambda-\lambda^2 \\ 0 & 0 & (1-\lambda)(2+\lambda) & (1-\lambda)(1+\lambda)^2 \end{pmatrix},$$

当 $\lambda \neq 1, -2$ 时, 有

$$\overline{A}_1 \rightarrow \cdots \rightarrow \begin{pmatrix} 1 & 1 & \lambda & \lambda^2 \\ 0 & 1 & -1 & -\lambda \\ 0 & 0 & 1 & \frac{(\lambda+1)^2}{\lambda+2} \end{pmatrix} \rightarrow \begin{pmatrix} 1 & 1 & 0 & -\lambda \\ 0 & 1 & 0 & 1 \\ 0 & 0 & 1 & \frac{(\lambda+1)^2}{\lambda+2} \end{pmatrix}$$

$$\rightarrow \begin{pmatrix} 1 & 0 & 0 & \frac{-\lambda-1}{\lambda+2} \\ 0 & 1 & 0 & \frac{1}{\lambda+2} \\ 0 & 0 & 1 & \frac{(\lambda+1)^2}{\lambda+2} \end{pmatrix},$$

其中 $\lambda+2 \neq 0$, 从而 $r(A)=r(\overline{A})=3$, 而因未知量个数 $n=3$, 所以线性方程组有唯一解, 其解为

$$\begin{pmatrix} x \\ y \\ z \end{pmatrix} = \begin{pmatrix} -\frac{\lambda+1}{\lambda+2} \\ \frac{1}{\lambda+2} \\ \frac{(\lambda+1)^2}{\lambda+2} \end{pmatrix}.$$

当 $\lambda=1$ 时, 有

$$\overline{A}_1 \rightarrow \cdots \rightarrow \begin{pmatrix} 1 & 1 & 1 & 1 \\ 0 & 0 & 0 & 0 \\ 0 & 0 & 0 & 0 \end{pmatrix},$$

原线性方程组有无穷多个解,对应方程组为

$$x = 1 - y - z.$$

取自由未知量

$$\begin{cases} y = c_1, \\ z = c_2, \end{cases}$$

得方程组的一般解为

$$\begin{bmatrix} x \\ y \\ z \end{bmatrix} = \begin{bmatrix} 1 \\ 0 \\ 0 \end{bmatrix} + c_1 \begin{bmatrix} -1 \\ 1 \\ 0 \end{bmatrix} + c_2 \begin{bmatrix} -1 \\ 0 \\ 1 \end{bmatrix}, \quad c_1, c_2 \text{ 为任意常数}.$$

当 $\lambda = -2$ 时,有

$$\overline{A_2} \to \cdots \to \begin{bmatrix} 1 & 1 & -2 & 4 \\ 0 & -3 & 3 & -6 \\ 0 & 0 & 0 & 3 \end{bmatrix},$$

这时,因为 $r(A) = 2$,而 $r(\overline{A}) = 3$,所以原方程组无解.

4.2　线性方程组解的结构

当线性方程组有无穷多个解时,这无穷多个解之间有什么关系,怎样用其中有限个解去表示这无穷多个解,这就是关于线性方程组解的结构问题.本节将运用 n 维向量及矩阵秩的知识来讨论这一问题.

一、齐次线性方程组解的结构

1. 齐次线性方程组解的性质

齐次线性方程组(3.11)有非零解(即无穷多个解)时,解的结构如何,先看它的解的两个基本性质.

性质 1　齐次线性方程组

$$AX = O \tag{4.2}$$

的任意两个解 $\boldsymbol{\eta}_1, \boldsymbol{\eta}_2$ 的和 $\boldsymbol{\eta}_1 + \boldsymbol{\eta}_2$ 仍然是线性方程组(4.2)的解.

证　因为 $\boldsymbol{\eta}_1$ 与 $\boldsymbol{\eta}_2$ 是齐次线性方程组(4.2)的解,即有

$$A\boldsymbol{\eta}_1 = \boldsymbol{0}, \quad A\boldsymbol{\eta}_2 = \boldsymbol{0},$$

于是

$$A(\boldsymbol{\eta}_1+\boldsymbol{\eta}_2)=A\boldsymbol{\eta}_1+A\boldsymbol{\eta}_2=\mathbf{0},$$

所以 $\boldsymbol{\eta}_1+\boldsymbol{\eta}_2$ 是齐次线性方程组(4.2)的解.

性质 2 齐次线性方程组(4.2)的一个解 $\boldsymbol{\eta}_0$ 与任意常数 k 的乘积 $k\boldsymbol{\eta}_0$,仍然是线性方程组(4.2)的解.

证 因为 $\boldsymbol{\eta}_0$ 是齐次线性方程组(4.2)的解,即有

$$A\boldsymbol{\eta}_0=\mathbf{0},$$

又

$$A(k\boldsymbol{\eta}_0)=kA\boldsymbol{\eta}_0=\mathbf{0},$$

所以,$k\boldsymbol{\eta}_0$ 是齐次线性方程组(4.2)的解.

利用这两个性质,可以推出:如果 $\boldsymbol{\eta}_1,\boldsymbol{\eta}_2,\cdots,\boldsymbol{\eta}_t$ 是齐次线性方程组(4.2)的任意 t 个解,那么它们的任意线性组合 $k_1\boldsymbol{\eta}_1+k_2\boldsymbol{\eta}_2+\cdots+k_t\boldsymbol{\eta}_t$ 也是齐次线性方程组(4.2)的解.

齐次线性方程组(4.2)的一个解是一个向量,称为**解向量**.当齐次线性方程组(4.2)有无穷多个解向量时,能否找到有限个解向量,用它们的线性组合去表示无穷多个解向量.若可以,如何去找? 这是下面要讨论的主要问题.首先引入齐次线性方程组基础解系的概念.

2. 齐次线性方程组的基础解系

定义 4.1 如果齐次线性方程组(4.2)的有限个解向量 $\boldsymbol{\eta}_1,\boldsymbol{\eta}_2,\cdots,\boldsymbol{\eta}_t$ 满足

(1) 这 t 个解向量 $\boldsymbol{\eta}_1,\boldsymbol{\eta}_2,\cdots,\boldsymbol{\eta}_t$ 线性无关;

(2) 线性方程组(4.2)的任一解向量 $\boldsymbol{\eta}$ 都可以由这 t 个解向量线性表示,则称 $\boldsymbol{\eta}_1,\boldsymbol{\eta}_2,\cdots,\boldsymbol{\eta}_t$ 是齐次线性方程组(4.2)的一个**基础解系**.

由定义可以看出,齐次线性方程组的一个基础解系实际上是齐次线性方程组(4.2)的所有解向量的一个极大无关组.因此,它具有极大无关组的特点,即一般它不是唯一的,但每个基础解系中所含解向量的个数是相等的.

问题是齐次线性方程组(4.2)有没有基础解系? 若有一个基础解系,则(4.2)的任意一个解都是这个基础解系的线性组合.这样,齐次线性方程组(4.2)的全部解就可以用它的一个基础解系表示出来.

定理 4.2 如果齐次线性方程组(4.2)有非零解,则必有基础解系,且基础解系所含解向量的个数等于其自由未知量的个数,即为 $n-r$.其中 n 为方程组(4.2)中未知量的个数,r 为(4.2)中系数矩阵的秩.

证 因为齐次线性方程组(4.2)有非零解,所以 $r(A)=r<n$,对方程组(4.2)的系数矩阵施行行初等变换,必要时可交换两列,化为简化阶梯形矩阵

$$A \to \cdots \to \begin{pmatrix} 1 & 0 & \cdots & 0 & b_{1,r+1} & \cdots & b_{1n} \\ 0 & 1 & \cdots & 0 & b_{2,r+1} & \cdots & b_{2n} \\ \vdots & \vdots & & \vdots & \vdots & & \vdots \\ 0 & 0 & \cdots & 1 & b_{r,r+1} & \cdots & b_{rn} \\ 0 & 0 & \cdots & 0 & 0 & \cdots & 0 \\ \vdots & \vdots & & \vdots & \vdots & & \vdots \\ 0 & 0 & \cdots & 0 & 0 & \cdots & 0 \end{pmatrix},$$

该矩阵对应的齐次线性方程组为

$$\begin{cases} x_1 + b_{1,r+1}x_{r+1} + \cdots + b_{1n}x_n = 0, \\ x_2 + b_{2,r+1}x_{r+1} + \cdots + b_{2n}x_n = 0, \\ \qquad\qquad \cdots\cdots \\ x_r + b_{r,r+1}x_{r+1} + \cdots + b_{rn}x_n = 0. \end{cases}$$

此线性方程组与原线性方程组同解,由此得

$$\begin{cases} x_1 = -b_{1,r+1}x_{r+1} - \cdots - b_{1n}x_n, \\ x_2 = -b_{2,r+1}x_{r+1} - \cdots - b_{2n}x_n, \\ \qquad\qquad \cdots\cdots \\ x_r = -b_{r,r+1}x_{r+1} - \cdots - b_{rn}x_n. \end{cases} \tag{4.3}$$

其中 $x_{r+1}, x_{r+2}, \cdots, x_n$ 为自由未知量,共有 $n-r$ 个,分别取

$$\begin{pmatrix} x_{r+1} \\ x_{r+2} \\ \vdots \\ x_n \end{pmatrix} = \begin{pmatrix} 1 \\ 0 \\ \vdots \\ 0 \end{pmatrix}, \begin{pmatrix} 0 \\ 1 \\ \vdots \\ 0 \end{pmatrix}, \cdots, \begin{pmatrix} 0 \\ 0 \\ \vdots \\ 1 \end{pmatrix}. \tag{4.4}$$

代入式(4.3)中,求得线性方程组(4.2)的 $n-r$ 个解向量为

$$\boldsymbol{\eta}_1 = \begin{pmatrix} -b_{1,r+1} \\ -b_{2,r+1} \\ \vdots \\ -b_{r,r+1} \\ 1 \\ 0 \\ \vdots \\ 0 \end{pmatrix}, \quad \boldsymbol{\eta}_2 = \begin{pmatrix} -b_{1,r+2} \\ -b_{2,r+2} \\ \vdots \\ -b_{r,r+2} \\ 0 \\ 1 \\ \vdots \\ 0 \end{pmatrix}, \quad \cdots, \quad \boldsymbol{\eta}_{n-r} = \begin{pmatrix} -b_{1n} \\ -b_{2n} \\ \vdots \\ -b_{rn} \\ 0 \\ 0 \\ \vdots \\ 1 \end{pmatrix}.$$

下面证明 $\boldsymbol{\eta}_1, \boldsymbol{\eta}_2, \cdots, \boldsymbol{\eta}_{n-r}$ 为齐次线性方程组(4.2)的一个基础解系.

先证 $\boldsymbol{\eta}_1, \boldsymbol{\eta}_2, \cdots, \boldsymbol{\eta}_{n-r}$ 线性无关.注意向量组 $\boldsymbol{\eta}_1, \boldsymbol{\eta}_2, \cdots, \boldsymbol{\eta}_{n-r}$ 中每一个向量都是由向量组(4.4)中的对应向量增添 r 个分量得到的,而向量组(4.4)是基本向量组,

它们是线性无关的. 由 3.3 节定理 3.5 知向量组 $\boldsymbol{\eta}_1,\boldsymbol{\eta}_2,\cdots,\boldsymbol{\eta}_{n-r}$ 也线性无关.

再证齐次线性方程组(4.2)的任意一个解向量

$$\boldsymbol{\eta}=(k_1,k_2,\cdots,k_n)^{\mathrm{T}},$$

都可以由向量 $\boldsymbol{\eta}_1,\boldsymbol{\eta}_2,\cdots,\boldsymbol{\eta}_{n-r}$ 线性表示.

因为 $\boldsymbol{\eta}=(k_1,k_2,\cdots,k_n)^{\mathrm{T}}$ 是线性方程组(4.2)的一个解,所以也是线性方程组(4.3)的一个解. 现将 $\boldsymbol{\eta}=(k_1,k_2,\cdots,k_n)^{\mathrm{T}}$ 代入式(4.3),得下述 r 个恒等式

$$\begin{cases} k_1=-b_{1,r+1}k_{r+1}-\cdots-b_{1n}k_n, \\ k_2=-b_{2,r+1}k_{r+1}-\cdots-b_{2n}k_n, \\ \qquad\cdots\cdots \\ k_r=-b_{r,r+1}k_{r+1}-\cdots-b_{rn}k_n, \end{cases}$$

再添加 $n-r$ 个恒等式

$$\begin{cases} k_{r+1}=k_{r+1}, \\ k_{r+2}=k_{r+2}, \\ \qquad\cdots\cdots \\ \quad k_n=k_n \end{cases}$$

后,写成列向量形式为

$$\begin{pmatrix} k_1 \\ k_2 \\ \vdots \\ k_r \\ k_{r+1} \\ k_{r+2} \\ \vdots \\ k_n \end{pmatrix}=k_{r+1}\begin{pmatrix} -b_{1,r+1} \\ -b_{2,r+1} \\ \vdots \\ -b_{r,r+1} \\ 1 \\ 0 \\ \vdots \\ 0 \end{pmatrix}+k_{r+2}\begin{pmatrix} -b_{1,r+2} \\ -b_{2,r+2} \\ \vdots \\ -b_{r,r+2} \\ 0 \\ 1 \\ \vdots \\ 0 \end{pmatrix}+\cdots+k_n\begin{pmatrix} -b_{1n} \\ -b_{2n} \\ \vdots \\ -b_{rn} \\ 0 \\ 0 \\ \vdots \\ 1 \end{pmatrix}.$$

即

$$\boldsymbol{\eta}=k_{r+1}\boldsymbol{\eta}_1+k_{r+2}\boldsymbol{\eta}_2+\cdots+k_n\boldsymbol{\eta}_{n-r}.$$

这就是说齐次线性方程组(4.2)的任意一个解都可以由向量组 $\boldsymbol{\eta}_1,\boldsymbol{\eta}_2,\cdots,\boldsymbol{\eta}_{n-r}$ 线性表示,$\boldsymbol{\eta}_1,\boldsymbol{\eta}_2,\cdots,\boldsymbol{\eta}_{n-r}$ 是齐次线性方程组(4.2)的一个基础解系. 定理的证明过程也给出了求齐次线性方程组基础解系的方法,在求出齐次线性方程组的基础解系 $\boldsymbol{\eta}_1,\boldsymbol{\eta}_2,\cdots,\boldsymbol{\eta}_{n-r}$ 后,齐次线性方程组(4.2)的任意一个解,即全部解可表示为

$$\boldsymbol{\eta}=c_1\boldsymbol{\eta}_1+c_2\boldsymbol{\eta}_2+\cdots+c_{n-r}\boldsymbol{\eta}_{n-r}.$$

其中 $c_1,c_2,\cdots,c_{n-r}$ 为任意常数.

从定理的证明过程可以看出

(1) 基础解系是由 $n-r$ 个解向量组成;

（2）对应自由未知量的不同取法,得到不同的基础解系,说明基础解系不是唯一的.

从向量组的角度考虑,齐次线性方程组（3.11）的系数矩阵的列向量组为 $\boldsymbol{\alpha}_1$, $\boldsymbol{\alpha}_2,\cdots,\boldsymbol{\alpha}_n$,它是由 n 个 m 维向量组成的向量组. 当系数矩阵的秩 $r(\boldsymbol{\alpha}_1,\boldsymbol{\alpha}_2,\cdots,\boldsymbol{\alpha}_n)=n$ 时,方程组（3.11）有唯一零解,向量组 $\boldsymbol{\alpha}_1,\boldsymbol{\alpha}_2,\cdots,\boldsymbol{\alpha}_n$ 线性无关；当 $r(\boldsymbol{\alpha}_1,\boldsymbol{\alpha}_2,\cdots,\boldsymbol{\alpha}_n)<n$ 时,方程组（3.11）有非零解,向量组 $\boldsymbol{\alpha}_1,\boldsymbol{\alpha}_2,\cdots,\boldsymbol{\alpha}_n$ 线性相关. 向量组 $\boldsymbol{\alpha}_1,\boldsymbol{\alpha}_2,\cdots,\boldsymbol{\alpha}_n$ 是线性相关还是线性无关归结为齐次线性方程组（3.11）是否有非零解.

例 1 求齐次线性方程组

$$\begin{cases} x_1+2x_2+3x_3+3x_4+7x_5=0, \\ 3x_1+2x_2+x_3+x_4-3x_5=0, \\ x_2+2x_3+2x_4+6x_5=0, \\ 5x_1+4x_2+3x_3+3x_4-x_5=0 \end{cases}$$

的一个基础解系,并由它表示一般解.

解 对其系数矩阵施行行初等变换

$$A=\begin{pmatrix} 1 & 2 & 3 & 3 & 7 \\ 3 & 2 & 1 & 1 & -3 \\ 0 & 1 & 2 & 2 & 6 \\ 5 & 4 & 3 & 3 & -1 \end{pmatrix} \rightarrow \begin{pmatrix} 1 & 2 & 3 & 3 & 7 \\ 0 & -4 & -8 & -8 & -24 \\ 0 & 1 & 2 & 2 & 6 \\ 0 & -6 & -12 & -12 & -36 \end{pmatrix}$$

$$\rightarrow \begin{pmatrix} 1 & 2 & 3 & 3 & 7 \\ 0 & 1 & 2 & 2 & 6 \\ 0 & 0 & 0 & 0 & 0 \\ 0 & 0 & 0 & 0 & 0 \end{pmatrix} \rightarrow \begin{pmatrix} 1 & 0 & -1 & -1 & -5 \\ 0 & 1 & 2 & 2 & 6 \\ 0 & 0 & 0 & 0 & 0 \\ 0 & 0 & 0 & 0 & 0 \end{pmatrix},$$

得齐次线性方程组

$$\begin{cases} x_1=x_3+x_4+5x_5, \\ x_2=-2x_3-2x_4-6x_5. \end{cases}$$

由于 $r(A)=2$,所以线性方程组的基础解系中有三个线性无关的解向量. 分别取自由未知量

$$\begin{pmatrix} x_3 \\ x_4 \\ x_5 \end{pmatrix}=\begin{pmatrix} 1 \\ 0 \\ 0 \end{pmatrix},\begin{pmatrix} 0 \\ 1 \\ 0 \end{pmatrix},\begin{pmatrix} 0 \\ 0 \\ 1 \end{pmatrix},$$

代入上面的方程组,得原齐次线性方程组的一个基础解系为

$$\boldsymbol{\eta}_1 = \begin{pmatrix} 1 \\ -2 \\ 1 \\ 0 \\ 0 \end{pmatrix}, \quad \boldsymbol{\eta}_2 = \begin{pmatrix} 1 \\ -2 \\ 0 \\ 1 \\ 0 \end{pmatrix}, \quad \boldsymbol{\eta}_3 = \begin{pmatrix} 5 \\ -6 \\ 0 \\ 0 \\ 1 \end{pmatrix}.$$

因此原齐次线性方程组的一般解（或全部解）可表示为

$$\boldsymbol{\eta} = c_1 \boldsymbol{\eta}_1 + c_2 \boldsymbol{\eta}_2 + c_3 \boldsymbol{\eta}_3$$

$$= c_1 \begin{pmatrix} 1 \\ -2 \\ 1 \\ 0 \\ 0 \end{pmatrix} + c_2 \begin{pmatrix} 1 \\ -2 \\ 0 \\ 1 \\ 0 \end{pmatrix} + c_3 \begin{pmatrix} 5 \\ -6 \\ 0 \\ 0 \\ 1 \end{pmatrix}, \quad c_1, c_2, c_3 \text{ 为任意常数.}$$

二、非齐次线性方程组解的结构

一般线性方程组（4.1）当常数项不全为零时，称为**非齐次线性方程组**，即

$$\begin{cases} a_{11}x_1 + a_{12}x_2 + \cdots + a_{1n}x_n = b_1, \\ a_{21}x_1 + a_{22}x_2 + \cdots + a_{2n}x_n = b_2, \\ \qquad\qquad \cdots\cdots \\ a_{m1}x_1 + a_{m2}x_2 + \cdots + a_{mn}x_n = b_m \end{cases} \tag{4.5}$$

或

$$AX = B. \tag{4.6}$$

对于给定的非齐次线性方程组 $AX = B$，若令 $B = O$，就得到与之相应的齐次线性方程组

$$AX = O,$$

称为非齐次线性方程组（4.6）的**导出组**. 应用齐次线性方程组 $AX = O$ 的解的结构，容易解决非齐次线性方程组 $AX = B$ 的解的结构问题.

先讨论非齐次线性方程组 $AX = B$ 与它的导出组 $AX = O$ 的解的性质.

性质 1 线性方程组 $AX = B$ 的任意两个解的差是它的导出组 $AX = O$ 的一个解.

证 设 $\boldsymbol{\gamma}_1, \boldsymbol{\gamma}_2$ 为线性方程组 $AX = B$ 的任意两个解，即

$$A\boldsymbol{\gamma}_1 = B, \quad A\boldsymbol{\gamma}_2 = B,$$

得

$$A(\boldsymbol{\gamma}_1 - \boldsymbol{\gamma}_2) = A\boldsymbol{\gamma}_1 - A\boldsymbol{\gamma}_2 = B - B = O.$$

说明 $\boldsymbol{\gamma}_1 - \boldsymbol{\gamma}_2$ 是方程组（4.6）的导出组 $AX = O$ 的一个解.

性质 2 线性方程组 $AX = B$ 的一个解 $\boldsymbol{\gamma}$ 与其导出组 $AX = O$ 的一个解 $\boldsymbol{\eta}$ 的

和 $\boldsymbol{\gamma}+\boldsymbol{\eta}$ 是线性方程组 $AX=B$ 的一个解.

证 因为 $\boldsymbol{\gamma}$ 是 $AX=B$ 的解, $\boldsymbol{\eta}$ 是 $AX=O$ 的解, 即

$$A\boldsymbol{\gamma}=B, \quad A\boldsymbol{\eta}=O,$$

于是

$$A(\boldsymbol{\gamma}+\boldsymbol{\eta})=A\boldsymbol{\gamma}+A\boldsymbol{\eta}=B+O=B.$$

所以 $\boldsymbol{\gamma}+\boldsymbol{\eta}$ 是线性方程组 $AX=B$ 的一个解.

定理 4.3 非齐次线性方程组(4.6)的任意一个解均可表示为方程组(4.6)的一个特解与其导出组 $AX=O$ 的一个解的和.

证 设 $\boldsymbol{\gamma}_0$ 是非齐次线性方程组(4.6)的一个特解, $\boldsymbol{\gamma}$ 是方程组(4.6)的任意一个解, 则由性质 1 知 $\boldsymbol{\gamma}-\boldsymbol{\gamma}_0$ 是线性方程组 $AX=O$ 的一个解, 记为 $\boldsymbol{\eta}$, 即 $\boldsymbol{\eta}=\boldsymbol{\gamma}-\boldsymbol{\gamma}_0$. 于是

$$\boldsymbol{\gamma}=\boldsymbol{\gamma}_0+\boldsymbol{\eta}.$$

这就证明了线性方程组(4.6)的任意一个解均可表示为上述形式, 而由性质 2 知上述形式表示的 n 维解向量也都是线性方程组(4.6)的解, 当 $\boldsymbol{\eta}$ 取遍导出组 $AX=O$ 的全部解的时候, $\boldsymbol{\gamma}=\boldsymbol{\gamma}_0+\boldsymbol{\eta}$ 就取遍线性方程组 $AX=B$ 的全部解了. 因此, 要求出线性方程组(4.6)的全部解, 只须求出(4.6)的一个特解及其导出组的全部解即可. 其导出组 $AX=O$ 是一个齐次线性方程组, 它的全部解可由其基础解系表示出来, 具体过程如下.

首先找出线性方程组(4.6)的一个特解 $\boldsymbol{\gamma}_0$, 再找出其导出组 $AX=O$ 的一个基础解系 $\boldsymbol{\eta}_1, \boldsymbol{\eta}_2, \cdots, \boldsymbol{\eta}_{n-r}$, 则导出组的任意一个解 $\boldsymbol{\eta}$ 可表示为

$$\boldsymbol{\eta}=c_1\boldsymbol{\eta}_1+c_2\boldsymbol{\eta}_2+\cdots+c_{n-r}\boldsymbol{\eta}_{n-r}.$$

其中 $c_1, c_2, \cdots, c_{n-r}$ 是任意一组实数, 由定理 4.3, 线性方程组(4.6)的任意一个解 $\boldsymbol{\gamma}$ 均可表示为

$$\boldsymbol{\gamma}=\boldsymbol{\gamma}_0+c_1\boldsymbol{\eta}_1+c_2\boldsymbol{\eta}_2+\cdots+c_{n-r}\boldsymbol{\eta}_{n-r}.$$

称此解为线性方程组(4.6)的由它的导出组的基础解系表示的一般解(或称全部解), 简称为**一般解**.

从向量组的角度考虑, 非齐次线性方程组(4.6)的系数矩阵的列向量组为 $\boldsymbol{\alpha}_1, \boldsymbol{\alpha}_2, \cdots, \boldsymbol{\alpha}_n$, 它是由 n 个 m 维向量组成的向量组. 记 $B=\boldsymbol{\beta}$, 方程组(4.6)的增广矩阵的列向量组为 $\boldsymbol{\alpha}_1, \boldsymbol{\alpha}_2, \cdots, \boldsymbol{\alpha}_n, \boldsymbol{\beta}$, 它是由 $n+1$ 个 m 维向量组成的向量组. 当系数矩阵的秩等于增广矩阵的秩, 即 $r(\boldsymbol{\alpha}_1, \boldsymbol{\alpha}_2, \cdots, \boldsymbol{\alpha}_n)=r(\boldsymbol{\alpha}_1, \boldsymbol{\alpha}_2, \cdots, \boldsymbol{\alpha}_n, \boldsymbol{\beta})$ 时, 方程组(4.6)有解, 向量 $\boldsymbol{\beta}$ 可以由向量组 $\boldsymbol{\alpha}_1, \boldsymbol{\alpha}_2, \cdots, \boldsymbol{\alpha}_n$ 线性表示, 且表示式可能是唯一的, 也可能有无穷多种形式; 当 $r(\boldsymbol{\alpha}_1, \boldsymbol{\alpha}_2, \cdots, \boldsymbol{\alpha}_n) \neq r(\boldsymbol{\alpha}_1, \boldsymbol{\alpha}_2, \cdots, \boldsymbol{\alpha}_n, \boldsymbol{\beta})$ 时, 方程组(4.6)无解, 向量 $\boldsymbol{\beta}$ 不能由向量组 $\boldsymbol{\alpha}_1, \boldsymbol{\alpha}_2, \cdots, \boldsymbol{\alpha}_n$ 线性表示. 所以, 向量 $\boldsymbol{\beta}$ 能否由向量组 $\boldsymbol{\alpha}_1, \boldsymbol{\alpha}_2, \cdots, \boldsymbol{\alpha}_n$ 线性表示归结为线性方程组(4.6)是否有解.

例2 求下面非齐次线性方程组的一般解.

$$\begin{cases} x_1+3x_2-x_3+2x_4-x_5=-4, \\ -3x_1+x_2+2x_3-5x_4-4x_5=-1, \\ 2x_1-3x_2-x_3-x_4+x_5=4, \\ -4x_1+16x_2+x_3+3x_4-9x_5=-21. \end{cases}$$

解 先求出该线性方程组的某一个解(特解),然后再求其导出组的基础解系,最后写出它的一般解.

$$\overline{A}=\begin{pmatrix} 1 & 3 & -1 & 2 & -1 & -4 \\ -3 & 1 & 2 & -5 & -4 & -1 \\ 2 & -3 & -1 & -1 & 1 & 4 \\ -4 & 16 & 1 & 3 & -9 & -21 \end{pmatrix}$$

$$\rightarrow\begin{pmatrix} 1 & 3 & -1 & 2 & -1 & -4 \\ 0 & 10 & -1 & 1 & -7 & -13 \\ 0 & -9 & 1 & -5 & 3 & 12 \\ 0 & 28 & -3 & 11 & -13 & -37 \end{pmatrix}$$

$$\rightarrow\begin{pmatrix} 1 & 3 & -1 & 2 & -1 & -4 \\ 0 & 1 & 0 & -4 & -4 & -1 \\ 0 & -9 & 1 & -5 & 3 & 12 \\ 0 & 1 & 0 & -4 & -4 & -1 \end{pmatrix}$$

$$\rightarrow\begin{pmatrix} 1 & 0 & -1 & 14 & 11 & -1 \\ 0 & 1 & 0 & -4 & -4 & -1 \\ 0 & 0 & 1 & -41 & -33 & 3 \\ 0 & 0 & 0 & 0 & 0 & 0 \end{pmatrix}$$

$$\rightarrow\begin{pmatrix} 1 & 0 & 0 & -27 & -22 & 2 \\ 0 & 1 & 0 & -4 & -4 & -1 \\ 0 & 0 & 1 & -41 & -33 & 3 \\ 0 & 0 & 0 & 0 & 0 & 0 \end{pmatrix},$$

对应线性方程组为

$$\begin{cases} x_1=2+27x_4+22x_5, \\ x_2=-1+4x_4+4x_5, \\ x_3=3+41x_4+33x_5, \end{cases}$$

取自由未知量 $\begin{pmatrix} x_4 \\ x_5 \end{pmatrix}=\begin{pmatrix} 0 \\ 0 \end{pmatrix}$,得线性方程组的一个特解

$$\boldsymbol{\gamma}_0=(2,-1,3,0,0)^{\mathrm{T}}.$$

线性方程组的导出组为

$$\begin{cases} x_1 = 27x_4 + 22x_5, \\ x_2 = 4x_4 + 4x_5, \\ x_3 = 41x_4 + 33x_5, \end{cases}$$

分别取自由未知量

$$\begin{bmatrix} x_4 \\ x_5 \end{bmatrix} = \begin{pmatrix} 1 \\ 0 \end{pmatrix}, \begin{pmatrix} 0 \\ 1 \end{pmatrix}.$$

得导出组的基础解系为

$$\boldsymbol{\eta}_1 = \begin{pmatrix} 27 \\ 4 \\ 41 \\ 1 \\ 0 \end{pmatrix}, \quad \boldsymbol{\eta}_2 = \begin{pmatrix} 22 \\ 4 \\ 33 \\ 0 \\ 1 \end{pmatrix}.$$

所以,原线性方程组的一般解可表示为

$$X = \boldsymbol{\gamma}_0 + c_1 \boldsymbol{\eta}_1 + c_2 \boldsymbol{\eta}_2$$

$$= \begin{pmatrix} 2 \\ -1 \\ 3 \\ 0 \\ 0 \end{pmatrix} + c_1 \begin{pmatrix} 27 \\ 4 \\ 41 \\ 1 \\ 0 \end{pmatrix} + c_2 \begin{pmatrix} 22 \\ 4 \\ 33 \\ 0 \\ 1 \end{pmatrix}, \quad c_1, c_2 \text{ 为任意常数}.$$

习 题 4

（A）

1. 当 a 为何值时,方程组

$$\begin{cases} x_1 + x_2 - x_3 = 1, \\ 2x_1 + 3x_2 + ax_3 = 3, \\ x_1 + ax_2 + 3x_3 = 2 \end{cases}$$

无解? 有唯一解? 有无穷多解? 在方程组有解时,求其一般解.

2. 求下列齐次线性方程组的一个基础解系,并用此基础解系表示方程组的一般解.

(1) $\begin{cases} x_1 + x_2 - x_3 + x_4 = 0, \\ x_1 - x_2 + 2x_3 - x_4 = 0, \\ 3x_1 + x_2 + x_4 = 0; \end{cases}$

(2) $\begin{cases} 2x_1 + x_2 - x_3 - x_4 + x_5 = 0, \\ x_1 - x_2 + x_3 + x_4 - 2x_5 = 0, \\ 3x_1 + 3x_2 - 3x_3 - 3x_4 + 4x_5 = 0, \\ 4x_1 + 5x_2 - 5x_3 - 5x_4 + 7x_5 = 0. \end{cases}$

3. 下列线性方程组是否有解？有解时求其解.

(1) $\begin{cases} 2x_1-4x_2-x_3=4, \\ -x_1-2x_2-x_4=4, \\ 3x_2+x_3+2x_4=1, \\ 3x_1+x_2+3x_4=-3; \end{cases}$

(2) $\begin{cases} 2x_1-x_2+4x_3-3x_4=-4, \\ x_1+x_3-x_4=-3, \\ 3x_1+x_2+x_3=1, \\ 7x_1+7x_3-3x_4=3; \end{cases}$

(3) $\begin{cases} x_1+x_2+x_3+x_4+x_5=-1, \\ 3x_1+2x_2+x_3+x_4-3x_5=-5, \\ x_2+2x_3+2x_4+6x_5=2, \\ 5x_1+4x_2+3x_3+3x_4-x_5=-7; \end{cases}$

(4) $\begin{cases} 2x_1+3x_2-x_3-5x_4=-2, \\ x_1+2x_2-x_3+x_4=-2, \\ x_1+x_2+x_3+x_4=5, \\ 3x_1+x_2+2x_3+3x_4=4. \end{cases}$

4. 设矩阵 $A=(a_{ij})_{m\times n}$, $B=(b_{ij})_{n\times s}$, 满足 $AB=O$ 且 $r(A)=r$. 试证: $r(B)\leqslant n-r$.

5. 证明: 线性方程组

$$\begin{cases} x_1-x_2=a_1, \\ x_2-x_3=a_2, \\ x_3-x_4=a_3, \\ x_4-x_5=a_4, \\ x_5-x_1=a_5 \end{cases}$$

有解的充要条件是 $\displaystyle\sum_{i=1}^{5} a_i = 0.$

6. 设线性方程组

$$\begin{cases} a_{11}x_1+a_{12}x_2+\cdots+a_{1n}x_n=b_1, \\ a_{21}x_1+a_{22}x_2+\cdots+a_{2n}x_n=b_2, \\ \qquad\qquad\cdots\cdots \\ a_{n1}x_1+a_{n2}x_2+\cdots+a_{nn}x_n=b_n, \end{cases}$$

系数矩阵 $A=(a_{ij})$ 的秩与矩阵

$$C=\begin{pmatrix} a_{11} & a_{12} & \cdots & a_{1n} & b_1 \\ a_{21} & a_{22} & \cdots & a_{2n} & b_2 \\ \vdots & \vdots & & \vdots & \vdots \\ a_{n1} & a_{n2} & \cdots & a_{nn} & b_n \\ b_1 & b_2 & \cdots & b_n & 0 \end{pmatrix}$$

的秩相等, 即 $r(A)=r(C)$, 证明这个方程组有解.

（B）

1. 设齐次线性方程组

$$\begin{cases} x_1 - 2x_2 + 2x_3 = 0, \\ 2x_1 - x_2 + \lambda x_3 = 0, \\ x_1 + 2x_2 - x_3 = 0 \end{cases}$$

的系数矩阵为 A，且存在三阶矩阵 $B \neq O$. 求 λ 的值，使得 $AB = O$.

2. 设四元线性方程组 $AX = B$ 的系数矩阵 A 的秩为 3，又已知 $\boldsymbol{\alpha}_1, \boldsymbol{\alpha}_2, \boldsymbol{\alpha}_3$ 是 $AX = B$ 的三个解，其中

$$\boldsymbol{\alpha}_1 = (2, 0, 0, 5)^{\mathrm{T}}, \quad \boldsymbol{\alpha}_2 + \boldsymbol{\alpha}_3 = (2, -4, 0, 6)^{\mathrm{T}}.$$

求方程组 $AX = B$ 的一般解.

3. 设 $\boldsymbol{\gamma}_0$ 是非齐次线性方程组 $AX = B$ 的一个解，$\boldsymbol{\eta}_1, \boldsymbol{\eta}_2, \cdots, \boldsymbol{\eta}_{n-r}$ 是其导出组 $AX = O$ 的基础解系. 证明

（1）$\boldsymbol{\gamma}_0, \boldsymbol{\eta}_1, \boldsymbol{\eta}_2, \cdots, \boldsymbol{\eta}_{n-r}$ 线性无关；

（2）$\boldsymbol{\gamma}_0, \boldsymbol{\gamma}_0 + \boldsymbol{\eta}_1, \boldsymbol{\gamma}_0 + \boldsymbol{\eta}_2, \cdots, \boldsymbol{\gamma}_0 + \boldsymbol{\eta}_{n-r}$ 线性无关.

4. 设 $\boldsymbol{\eta}_1, \boldsymbol{\eta}_2, \cdots, \boldsymbol{\eta}_s$ 是非齐次线性方程组 $AX = B$ 的 s 个解，证明 $k_1\boldsymbol{\eta}_1 + k_2\boldsymbol{\eta}_2 + \cdots + k_s\boldsymbol{\eta}_s$ 也是 $AX = B$ 的解的充要条件是 $\sum_{i=1}^{s} k_i = 1$.

5. 设齐次线性方程组

$$\begin{cases} a_{11}x_1 + a_{12}x_2 + \cdots + a_{1n}x_n = 0, \\ a_{21}x_1 + a_{22}x_2 + \cdots + a_{2n}x_n = 0, \\ \qquad\qquad \cdots\cdots \\ a_{n1}x_1 + a_{n2}x_2 + \cdots + a_{nn}x_n = 0, \end{cases}$$

系数矩阵 $A = (a_{ij})$ 的秩为 $n-1$，试证：该方程组的一般解为

$$\boldsymbol{\eta} = c \begin{pmatrix} A_{i1} \\ A_{i2} \\ \vdots \\ A_{in} \end{pmatrix}, \quad c \text{ 为任意常数},$$

其中 $A_{ij} (1 \leqslant j \leqslant n)$ 是 a_{ij} 的代数余子式，且至少有一个 $A_{ij} \neq 0$.

6. （2004）设有齐次线性方程组

$$\begin{cases} (1+a)x_1 + x_2 + \cdots + x_n = 0, \\ 2x_1 + (2+a)x_2 + \cdots + 2x_n = 0, \\ \qquad\qquad \cdots\cdots \\ nx_1 + nx_2 + \cdots + (n+a)x_n = 0, \end{cases} \quad n \geqslant 2,$$

试问 a 为何值时，该方程组有非零解，并求其通解.

7. (2010) 设 $A=\begin{pmatrix} \lambda & 1 & 1 \\ 0 & \lambda-1 & 0 \\ 1 & 1 & \lambda \end{pmatrix}$, $B=\begin{pmatrix} a \\ 1 \\ 1 \end{pmatrix}$. 已知线性方程组 $AX=B$ 存在两个不同的解,

(1) 求 λ,a ;

(2) 求方程组 $AX=B$ 的通解.

8. (2007) 设线性方程组 $\begin{cases} x_1+x_2+x_3=0, \\ x_1+2x_2+ax_3=0, \\ x_1+4x_2+a^2x_3=0 \end{cases}$ 与方程 $x_1+2x_2+x_3=a=1$ 有公共解,求 a 的

值及所有公共解.

第 4 章测试题

第5章

向量空间

在第 3 章已引入了数域 F 上的向量的概念、向量的线性运算、向量的线性关系及其性质.它们在研究线性方程组解的结构时具有重要意义.向量的概念和有关性质在科学技术、经济管理等许多领域也有着广泛的应用,因此有必要在理论上加以抽象和概括,使之应用更加广泛.本章主要讨论向量空间及其基的概念、基变换、坐标变换的相关公式、向量的内积及线性无关向量组的正交化方法、正交矩阵的定义及主要性质.

5.1 向量空间及相关概念

一、向量空间及其子空间

定义 5.1 设 V 是 n 维向量的非空集合,且 V 对向量的加法和数乘运算封闭,也就是

(1) 如果任意的 $\boldsymbol{\xi}_1,\boldsymbol{\xi}_2 \in V$,则必有 $\boldsymbol{\xi}_1 + \boldsymbol{\xi}_2 \in V$;

(2) 如果任意的 $\boldsymbol{\xi} \in V$,且 k 是任意常数,则必有 $k\boldsymbol{\xi} \in V$.

则称 V 为**向量空间**.

若 V_1,V_2 均为向量空间,且 $V_1 \subseteq V_2$,称 V_1 是 V_2 的**向量子空间**,简称**子空间**.

定义 5.2 设 V 是向量空间,若 r 个向量 $\boldsymbol{\alpha}_1,\boldsymbol{\alpha}_2,\cdots,\boldsymbol{\alpha}_r \in V$,且满足

(1) $\boldsymbol{\alpha}_1,\boldsymbol{\alpha}_2,\cdots,\boldsymbol{\alpha}_r$ 线性无关;

(2) V 中任一向量 $\boldsymbol{\alpha}$ 都可由 $\boldsymbol{\alpha}_1,\boldsymbol{\alpha}_2,\cdots,\boldsymbol{\alpha}_r$ 线性表示.

则称 $\boldsymbol{\alpha}_1,\boldsymbol{\alpha}_2,\cdots,\boldsymbol{\alpha}_r$ 是 V 的一组**基**,r 称为向量空间 V 的**维数**,记为 $\dim V = r$.

由定义 5.2 知,向量空间 V 的一组基实际上就是向量组 V 的一个极大线性无关组,向量空间的维数就是向量组 V 的秩.

例如,平面上所有起点在原点的向量组成的集合关于向量的加法(平行四边形法则)和数乘组成一个实数域 $\mathbf{R}$ 上的二维向量空间 $\mathbf{R}^2$.空间中所有起点在原点的向量组成的集合,对于向量的加法和数乘运算组成了一个实数域 $\mathbf{R}$ 上的三维向量空间 $\mathbf{R}^3$.

$\mathbf{R}^n$ 是一个 n 维向量空间,n 维基本向量组 $\boldsymbol{\varepsilon}_1,\boldsymbol{\varepsilon}_2,\cdots,\boldsymbol{\varepsilon}_n$ 是 $\mathbf{R}^n$ 的一组基.只含零向量的空间称为零空间,零空间的维数规定为 0.显然,零空间和 $\mathbf{R}^n$ 本身都是 $\mathbf{R}^n$ 的子空间,称为 $\mathbf{R}^n$ 的**平凡子空间**.$\mathbf{R}^n$ 的除此之外的子空间称为**非平凡子空间**.

因为子空间 V 是 $\mathbf{R}^n$ 的一个子集,所以子空间 V 的维数小于或等于 $\mathbf{R}^n$ 的维

数,即

$$\dim V \leqslant \dim \mathbf{R}^n = n.$$

例 1 设 $V = \{(0, a_2, \cdots, a_n)^{\mathrm{T}} \mid a_i \in \mathbf{R}, i = 2, \cdots, n\}$,即 V 是 $\mathbf{R}^n$ 中所有第一个分量为零的 n 维向量组成的集合. 由定义 5.2 知 V 是 $\mathbf{R}^n$ 的一个子空间. 因为若任意

$$\boldsymbol{\alpha} = (0, a_2, \cdots, a_n)^{\mathrm{T}} \in V, \quad \boldsymbol{\beta} = (0, b_2, \cdots, b_n)^{\mathrm{T}} \in V, \quad \lambda \in \mathbf{R},$$

则

$$\boldsymbol{\alpha} + \boldsymbol{\beta} = (0, a_2 + b_2, \cdots, a_n + b_n)^{\mathrm{T}} \in V,$$
$$\lambda \boldsymbol{\alpha} = (0, \lambda a_2, \cdots, \lambda a_n)^{\mathrm{T}} \in V,$$

且

$$\dim V = n - 1.$$

设 $\boldsymbol{\alpha}_1, \boldsymbol{\alpha}_2, \cdots, \boldsymbol{\alpha}_s$ 是 $\mathbf{R}^n$ 中的一组向量. 这些向量的全部线性组合所成的集合是非空的,并且对加法和数乘运算是封闭的. 因此它是 $\mathbf{R}^n$ 的一个子空间. 这个子空间称为向量组 $\boldsymbol{\alpha}_1, \boldsymbol{\alpha}_2, \cdots, \boldsymbol{\alpha}_s$ 的生成子空间,记为 $L(\boldsymbol{\alpha}_1, \boldsymbol{\alpha}_2, \cdots, \boldsymbol{\alpha}_s)$,即

$$L(\boldsymbol{\alpha}_1, \boldsymbol{\alpha}_2, \cdots, \boldsymbol{\alpha}_s)$$
$$= \{k_1 \boldsymbol{\alpha}_1 + k_2 \boldsymbol{\alpha}_2 + \cdots + k_s \boldsymbol{\alpha}_s \mid \boldsymbol{\alpha}_i \in \mathbf{R}^n, i = 1, 2, \cdots, s; k_i \in \mathbf{R}\}.$$

如果向量组 $\boldsymbol{\alpha}_1, \boldsymbol{\alpha}_2, \cdots, \boldsymbol{\alpha}_s$ 的秩为 r,则

$$\dim L(\boldsymbol{\alpha}_1, \boldsymbol{\alpha}_2, \cdots, \boldsymbol{\alpha}_s) = r.$$

例 2 设 $A = (a_{ij})_{m \times n}$,实数域上的齐次线性方程组 $AX = O$ 的解向量的集合记为 V,由定义 5.2 知 V 是 $\mathbf{R}^n$ 的一个子空间. 实际上零向量一定是方程组的解,所以 $V \neq \varnothing$.

又因为如果 $\boldsymbol{\alpha}, \boldsymbol{\beta} \in V$,则 $A\boldsymbol{\alpha} = \mathbf{0}, A\boldsymbol{\beta} = \mathbf{0}$. 于是

$$A(\boldsymbol{\alpha} + \boldsymbol{\beta}) = A\boldsymbol{\alpha} + A\boldsymbol{\beta} = \mathbf{0}.$$

即 $\boldsymbol{\alpha} + \boldsymbol{\beta} \in V$. 对于任意的 $\boldsymbol{\alpha} \in V$ 和实数 k,有

$$A(k\boldsymbol{\alpha}) = kA\boldsymbol{\alpha} = k \cdot \mathbf{0} = \mathbf{0}.$$

即 $k\boldsymbol{\alpha} \in V$,所以 V 是 $\mathbf{R}^n$ 的一个子空间. V 称为齐次方程组的解空间.

如果齐次线性方程组 $AX = O$ 只有零解,则 $V = (0), \dim V = 0$.

如果齐次线性方程组 $AX = O$ 有非零解,则 $r(A) = r < n$,若方程组的一个基础解系为 $\boldsymbol{\eta}_1, \boldsymbol{\eta}_2, \cdots, \boldsymbol{\eta}_{n-r}$,则

$$V = L(\boldsymbol{\eta}_1, \boldsymbol{\eta}_2, \cdots, \boldsymbol{\eta}_{n-r}),$$

即解空间是基础解系 $\boldsymbol{\eta}_1, \boldsymbol{\eta}_2, \cdots, \boldsymbol{\eta}_{n-r}$ 的生成子空间. 显然

$$\dim L(\boldsymbol{\eta}_1, \boldsymbol{\eta}_2, \cdots, \boldsymbol{\eta}_{n-r}) = n - r.$$

二、向量的坐标

在 n 维向量空间 $\mathbf{R}^n$ 中,有了基的概念,任意 n 维向量都可以被一组基线性表

示,而且表示的方式是唯一的.

例 3 证明 $\boldsymbol{\xi}_1=(1,0,0)^{\mathrm{T}}$,$\boldsymbol{\xi}_2=(1,1,0)^{\mathrm{T}}$,$\boldsymbol{\xi}_3=(1,1,1)^{\mathrm{T}}$ 是 $\mathbf{R}^3$ 的一组基,将 $\boldsymbol{\alpha}=(-2,1,-1)^{\mathrm{T}}$ 用 $\boldsymbol{\xi}_1,\boldsymbol{\xi}_2,\boldsymbol{\xi}_3$ 线性表示出来.

证 设有一组数 k_1,k_2,k_3 使得

$$
\begin{aligned}
&k_1\boldsymbol{\xi}_1+k_2\boldsymbol{\xi}_2+k_3\boldsymbol{\xi}_3\\
&=k_1(1,0,0)^{\mathrm{T}}+k_2(1,1,0)^{\mathrm{T}}+k_3(1,1,1)^{\mathrm{T}}\\
&=(k_1+k_2+k_3,k_2+k_3,k_3)^{\mathrm{T}}\\
&=0.
\end{aligned}
$$

出此容易看出,$k_1=k_2=k_3=0$,即 $\boldsymbol{\xi}_1,\boldsymbol{\xi}_2,\boldsymbol{\xi}_3$ 线性无关,$\boldsymbol{\xi}_1,\boldsymbol{\xi}_2,\boldsymbol{\xi}_3$ 是 $\mathbf{R}^3$ 的一组基,令

$$
\begin{aligned}
\boldsymbol{\alpha}&=(-2,1,-1)^{\mathrm{T}}\\
&=l_1(1,0,0)^{\mathrm{T}}+l_2(1,1,0)^{\mathrm{T}}+l_3(1,1,1)^{\mathrm{T}}\\
&=(l_1+l_2+l_3,l_2+l_3,l_3)^{\mathrm{T}}.
\end{aligned}
$$

有

$$
\begin{cases}
l_1+l_2+l_3=-2,\\
l_2+l_3=1,\\
l_3=-1.
\end{cases}
$$

此方程组有唯一解,解之得

$$
\begin{cases}
l_1=-3,\\
l_2=2,\\
l_3=-1,
\end{cases}
$$

即 $\boldsymbol{\alpha}=-3\boldsymbol{\xi}_1+2\boldsymbol{\xi}_2-\boldsymbol{\xi}_3$ 且只有这一种表示方式.

定义 5.3 设 $\boldsymbol{\xi}_1,\boldsymbol{\xi}_2,\cdots,\boldsymbol{\xi}_n$ 是向量空间 $\mathbf{R}^n$ 的一组基,$\boldsymbol{\alpha}\in\mathbf{R}^n$ 且 $\boldsymbol{\alpha}=k_1\boldsymbol{\xi}_1+k_2\boldsymbol{\xi}_2+\cdots+k_n\boldsymbol{\xi}_n$,则称数组 $k_1,k_2,\cdots,k_n$ 为 $\boldsymbol{\alpha}$ 在基 $\boldsymbol{\xi}_1,\boldsymbol{\xi}_2,\cdots,\boldsymbol{\xi}_n$ 下的坐标.

例如,任意 n 维向量 $(a_1,a_2,\cdots,a_n)^{\mathrm{T}}$ 在基 $\boldsymbol{\varepsilon}_1,\boldsymbol{\varepsilon}_2,\cdots,\boldsymbol{\varepsilon}_n$ 下的坐标就是 a_1,$a_2,\cdots,a_n$. 例 3 中向量 $\boldsymbol{\alpha}=(-2,1,-1)^{\mathrm{T}}$ 在基 $(1,0,0)^{\mathrm{T}}$,$(1,1,0)^{\mathrm{T}}$,$(1,1,1)^{\mathrm{T}}$ 下的坐标是 $-3,2,-1$.

三、基变换

在 $\mathbf{R}^n$ 中,任意 n 个线性无关的向量都可取作它的基. 对于不同的基,同一向量的坐标是不同的. 因此在处理一些问题时,选择一组适当的基,使得我们要讨论的向量的坐标比较简单,就是一个很实际的问题. 这个问题涉及从一组基到另一组基之间的转换,称为**基变换**. 设

$$\boldsymbol{\xi}_1,\boldsymbol{\xi}_2,\cdots,\boldsymbol{\xi}_n \tag{5.1}$$

$$\boldsymbol{\eta}_1,\boldsymbol{\eta}_2,\cdots,\boldsymbol{\eta}_n \tag{5.2}$$

是 $\mathbf{R}^n$ 的两组基. 显然, 它们是等价的两个向量组, 设基(5.2)被基(5.1)线性表示的表示式为

$$\begin{cases} \boldsymbol{\eta}_1 = a_{11}\boldsymbol{\xi}_1 + a_{12}\boldsymbol{\xi}_2 + \cdots + a_{1n}\boldsymbol{\xi}_n, \\ \boldsymbol{\eta}_2 = a_{21}\boldsymbol{\xi}_1 + a_{22}\boldsymbol{\xi}_2 + \cdots + a_{2n}\boldsymbol{\xi}_n, \\ \qquad\qquad \cdots\cdots \\ \boldsymbol{\eta}_n = a_{n1}\boldsymbol{\xi}_1 + a_{n2}\boldsymbol{\xi}_2 + \cdots + a_{nn}\boldsymbol{\xi}_n. \end{cases} \tag{5.3}$$

利用矩阵乘法, 式(5.3)可记为

$$(\boldsymbol{\eta}_1, \boldsymbol{\eta}_2, \cdots, \boldsymbol{\eta}_n) = (\boldsymbol{\xi}_1, \boldsymbol{\xi}_2, \cdots, \boldsymbol{\xi}_n) \begin{pmatrix} a_{11} & a_{21} & \cdots & a_{n1} \\ a_{12} & a_{22} & \cdots & a_{n2} \\ \vdots & \vdots & & \vdots \\ a_{1n} & a_{2n} & \cdots & a_{nn} \end{pmatrix}. \tag{5.4}$$

记

$$A = \begin{pmatrix} a_{11} & a_{21} & \cdots & a_{n1} \\ a_{12} & a_{22} & \cdots & a_{n2} \\ \vdots & \vdots & & \vdots \\ a_{1n} & a_{2n} & \cdots & a_{nn} \end{pmatrix},$$

称其为由基 $\boldsymbol{\xi}_1, \boldsymbol{\xi}_2, \cdots, \boldsymbol{\xi}_n$ 到基 $\boldsymbol{\eta}_1, \boldsymbol{\eta}_2, \cdots, \boldsymbol{\eta}_n$ 的**过渡矩阵**.

式(5.4)可简记为

$$(\boldsymbol{\eta}_1, \boldsymbol{\eta}_2, \cdots, \boldsymbol{\eta}_n) = (\boldsymbol{\xi}_1, \boldsymbol{\xi}_2, \cdots, \boldsymbol{\xi}_n)A. \tag{5.5}$$

称式(5.5)为由基 $\boldsymbol{\xi}_1, \boldsymbol{\xi}_2, \cdots, \boldsymbol{\xi}_n$ 到基 $\boldsymbol{\eta}_1, \boldsymbol{\eta}_2, \cdots, \boldsymbol{\eta}_n$ 的**基变换公式**. 随后的定理 5.1 将证明过渡矩阵 A 可逆, 则由式(5.5)得

$$(\boldsymbol{\xi}_1, \boldsymbol{\xi}_2, \cdots, \boldsymbol{\xi}_n) = (\boldsymbol{\eta}_1, \boldsymbol{\eta}_2, \cdots, \boldsymbol{\eta}_n)A^{-1}. \tag{5.6}$$

类似地, 向量的表示亦可采取这样的记法. 例如

$$\boldsymbol{\alpha} = k_1\boldsymbol{\beta}_1 + k_2\boldsymbol{\beta}_2 + \cdots + k_s\boldsymbol{\beta}_s$$

可以记为

$$\boldsymbol{\alpha} = (\boldsymbol{\beta}_1, \boldsymbol{\beta}_2, \cdots, \boldsymbol{\beta}_s) \begin{pmatrix} k_1 \\ k_2 \\ \vdots \\ k_s \end{pmatrix} \tag{5.7}$$

例 4 在 $\mathbf{R}^n$ 中, 求由 n 维基本向量组 $\boldsymbol{\varepsilon}_1, \boldsymbol{\varepsilon}_2, \cdots, \boldsymbol{\varepsilon}_n$ 到基 $\boldsymbol{\xi}_1 = (1, 0, \cdots, 0)^{\mathrm{T}}$, $\boldsymbol{\xi}_2 = (1, 1, \cdots, 0)^{\mathrm{T}}, \cdots, \boldsymbol{\xi}_n = (1, 1, \cdots, 1)^{\mathrm{T}}$ 的过渡矩阵.

解 因为

$$\begin{cases}\boldsymbol{\xi}_1 = \boldsymbol{\varepsilon}_1 + 0\boldsymbol{\varepsilon}_2 + \cdots + 0\boldsymbol{\varepsilon}_n,\\ \boldsymbol{\xi}_2 = \boldsymbol{\varepsilon}_1 + \boldsymbol{\varepsilon}_2 + \cdots + 0\boldsymbol{\varepsilon}_n,\\ \quad\cdots\cdots\\ \boldsymbol{\xi}_n = \boldsymbol{\varepsilon}_1 + \boldsymbol{\varepsilon}_2 + \cdots + \boldsymbol{\varepsilon}_n,\end{cases}$$

故所求过渡矩阵为

$$A = \begin{pmatrix} 1 & 1 & \cdots & 1\\ 0 & 1 & \cdots & 1\\ \vdots & \vdots & & \vdots\\ 0 & 0 & \cdots & 1 \end{pmatrix}.$$

定理 5.1 在 $\mathbf{R}^n$ 中由一组基过渡到另一组基的过渡矩阵必可逆.

证 设 A, B 分别是由基 (5.1) 到基 (5.2) 和由基 (5.2) 到基 (5.1) 的过渡矩阵,即

$$(\boldsymbol{\eta}_1, \boldsymbol{\eta}_2, \cdots, \boldsymbol{\eta}_n) = (\boldsymbol{\xi}_1, \boldsymbol{\xi}_2, \cdots, \boldsymbol{\xi}_n)A, \tag{5.8}$$

$$(\boldsymbol{\xi}_1, \boldsymbol{\xi}_2, \cdots, \boldsymbol{\xi}_n) = (\boldsymbol{\eta}_1, \boldsymbol{\eta}_2, \cdots, \boldsymbol{\eta}_n)B. \tag{5.9}$$

将式 (5.8) 代入式 (5.9) 得

$$(\boldsymbol{\xi}_1, \boldsymbol{\xi}_2, \cdots, \boldsymbol{\xi}_n) = (\boldsymbol{\xi}_1, \boldsymbol{\xi}_2, \cdots, \boldsymbol{\xi}_n)AB,$$

将式 (5.9) 代入式 (5.8) 得

$$(\boldsymbol{\eta}_1, \boldsymbol{\eta}_2, \cdots, \boldsymbol{\eta}_n) = (\boldsymbol{\eta}_1, \boldsymbol{\eta}_2, \cdots, \boldsymbol{\eta}_n)BA.$$

由上两式得

$$AB = BA = E.$$

这就证明了 A, B 是可逆矩阵.

利用矩阵的初等变换可以给出在已知两个基时,过渡矩阵的一种简便的求法.

设

$$\boldsymbol{\xi}_1 = (b_{11}, b_{12}, \cdots, b_{1n})^{\mathrm{T}},$$
$$\boldsymbol{\xi}_2 = (b_{21}, b_{22}, \cdots, b_{2n})^{\mathrm{T}},$$
$$\cdots\cdots$$
$$\boldsymbol{\xi}_n = (b_{n1}, b_{n2}, \cdots, b_{nn})^{\mathrm{T}}.$$

及

$$\boldsymbol{\eta}_1 = (c_{11}, c_{12}, \cdots, c_{1n})^{\mathrm{T}},$$
$$\boldsymbol{\eta}_2 = (c_{21}, c_{22}, \cdots, c_{2n})^{\mathrm{T}},$$
$$\cdots\cdots$$
$$\boldsymbol{\eta}_n = (c_{n1}, c_{n2}, \cdots, c_{nn})^{\mathrm{T}}.$$

为 $\mathbf{R}^n$ 的两组基,将它们分别写成矩阵 B, C 的列向量,有

$$B=(\boldsymbol{\xi}_1,\boldsymbol{\xi}_2,\cdots,\boldsymbol{\xi}_n)=\begin{pmatrix} b_{11} & b_{21} & \cdots & b_{n1} \\ b_{12} & b_{22} & \cdots & b_{n2} \\ \vdots & \vdots & & \vdots \\ b_{1n} & b_{2n} & \cdots & b_{nn} \end{pmatrix},$$

$$C=(\boldsymbol{\eta}_1,\boldsymbol{\eta}_2,\cdots,\boldsymbol{\eta}_n)=\begin{pmatrix} c_{11} & c_{21} & \cdots & c_{n1} \\ c_{12} & c_{22} & \cdots & c_{n2} \\ \vdots & \vdots & & \vdots \\ c_{1n} & c_{2n} & \cdots & c_{nn} \end{pmatrix}.$$

设由基 $\boldsymbol{\xi}_1,\boldsymbol{\xi}_2,\cdots,\boldsymbol{\xi}_n$ 到基 $\boldsymbol{\eta}_1,\boldsymbol{\eta}_2,\cdots,\boldsymbol{\eta}_n$ 的过渡矩阵为 A,则根据式(5.5)有

$$C=BA.$$

因为 $\boldsymbol{\xi}_1,\boldsymbol{\xi}_2,\cdots,\boldsymbol{\xi}_n;\boldsymbol{\eta}_1,\boldsymbol{\eta}_2,\cdots,\boldsymbol{\eta}_n$ 都是线性无关的向量组,所以 $|B|\neq0;|A|\neq0$,即 B,C 皆为可逆阵,从而

$$A=B^{-1}C.$$

将 B,C 两个矩阵写成一个 $n\times2n$ 阵 (BC),对这个阵施行一系列的行初等变换,将 B 这一部分化为单位阵 E,则 C 这一部分就化成了 $B^{-1}C=A$. 这种做法实际上就是用初等变换解矩阵方程的方法.

例 5 给出 $\mathbf{R}^3$ 的两组基

$$\boldsymbol{\xi}_1=(1,0,0)^{\mathrm{T}}, \quad \boldsymbol{\xi}_2=(1,1,0)^{\mathrm{T}}, \quad \boldsymbol{\xi}_3=(1,1,1)^{\mathrm{T}};$$
$$\boldsymbol{\eta}_1=(-1,1,-1)^{\mathrm{T}}, \quad \boldsymbol{\eta}_2=(0,2,3)^{\mathrm{T}}, \quad \boldsymbol{\eta}_3=(1,-1,0)^{\mathrm{T}}.$$

求由 $\boldsymbol{\xi}_1,\boldsymbol{\xi}_2,\boldsymbol{\xi}_3$ 到 $\boldsymbol{\eta}_1,\boldsymbol{\eta}_2,\boldsymbol{\eta}_3$ 的过渡矩阵.

解 方法1.设

$$\begin{aligned} \boldsymbol{\eta}_1 &=(-1,1,-1)^{\mathrm{T}} \\ &=k_{11}(1,0,0)^{\mathrm{T}}+k_{12}(1,1,0)^{\mathrm{T}}+k_{13}(1,1,1)^{\mathrm{T}} \\ &=(k_{11}+k_{12}+k_{13},k_{12}+k_{13},k_{13})^{\mathrm{T}}, \end{aligned}$$

得

$$\begin{cases} k_{11}+k_{12}+k_{13}=-1, \\ k_{12}+k_{13}=1, \\ k_{13}=-1. \end{cases}$$

解出

$$\begin{cases} k_{11}=-2, \\ k_{12}=2, \\ k_{13}=-1. \end{cases}$$

于是

$$\boldsymbol{\eta}_1=-2\boldsymbol{\xi}_1+2\boldsymbol{\xi}_2-\boldsymbol{\xi}_3.$$

类似地,可以求出

$$\boldsymbol{\eta}_2 = -2\boldsymbol{\xi}_1 - \boldsymbol{\xi}_2 + 3\boldsymbol{\xi}_3,$$
$$\boldsymbol{\eta}_3 = 2\boldsymbol{\xi}_1 - \boldsymbol{\xi}_2.$$

所求过渡矩阵为

$$A = \begin{pmatrix} -2 & -2 & 2 \\ 2 & -1 & -1 \\ -1 & 3 & 0 \end{pmatrix}.$$

方法 2. 对下列矩阵进行行初等变换

$$\begin{pmatrix} 1 & 1 & 1 & -1 & 0 & 1 \\ 0 & 1 & 1 & 1 & 2 & -1 \\ 0 & 0 & 1 & -1 & 3 & 0 \end{pmatrix} \rightarrow \begin{pmatrix} 1 & 0 & 0 & -2 & -2 & 2 \\ 0 & 1 & 1 & 1 & 2 & -1 \\ 0 & 0 & 1 & -1 & 3 & 0 \end{pmatrix}$$

$$\rightarrow \begin{pmatrix} 1 & 0 & 0 & -2 & -2 & 2 \\ 0 & 1 & 0 & 2 & -1 & -1 \\ 0 & 0 & 1 & -1 & 3 & 0 \end{pmatrix}.$$

得所求过渡矩阵为

$$A = \begin{pmatrix} -2 & -2 & 2 \\ 2 & -1 & -1 \\ -1 & 3 & 0 \end{pmatrix}.$$

四、坐标变换

下面讨论 $\mathbf{R}^n$ 中同一个向量 $\boldsymbol{\alpha}$ 在两组不同的基(5.1)和基(5.2)下的坐标之间的关系,若 $\boldsymbol{\alpha}$ 在基(5.1)和基(5.2)下的坐标分别为 $k_1, k_2, \cdots, k_n; l_1, l_2, \cdots, l_n$,即

$$\boldsymbol{\alpha} = k_1 \boldsymbol{\xi}_1 + k_2 \boldsymbol{\xi}_2 + \cdots + k_n \boldsymbol{\xi}_n = (\boldsymbol{\xi}_1, \boldsymbol{\xi}_2, \cdots, \boldsymbol{\xi}_n) \begin{pmatrix} k_1 \\ k_2 \\ \vdots \\ k_n \end{pmatrix},$$

$$\boldsymbol{\alpha} = l_1 \boldsymbol{\eta}_1 + l_2 \boldsymbol{\eta}_2 + \cdots + l_n \boldsymbol{\eta}_n = (\boldsymbol{\eta}_1, \boldsymbol{\eta}_2, \cdots, \boldsymbol{\eta}_n) \begin{pmatrix} l_1 \\ l_2 \\ \vdots \\ l_n \end{pmatrix},$$

基变换

$$(\boldsymbol{\eta}_1, \boldsymbol{\eta}_2, \cdots, \boldsymbol{\eta}_n) = (\boldsymbol{\xi}_1, \boldsymbol{\xi}_2, \cdots, \boldsymbol{\xi}_n) A.$$

则

$$(\boldsymbol{\xi}_1,\boldsymbol{\xi}_2,\cdots,\boldsymbol{\xi}_n)A\begin{pmatrix} l_1 \\ l_2 \\ \vdots \\ l_n \end{pmatrix}=(\boldsymbol{\xi}_1,\boldsymbol{\xi}_2,\cdots,\boldsymbol{\xi}_n)\begin{pmatrix} k_1 \\ k_2 \\ \vdots \\ k_n \end{pmatrix},$$

得

$$\begin{pmatrix} k_1 \\ k_2 \\ \vdots \\ k_n \end{pmatrix}=A\begin{pmatrix} l_1 \\ l_2 \\ \vdots \\ l_n \end{pmatrix} \tag{5.10}$$

或者

$$\begin{pmatrix} l_1 \\ l_2 \\ \vdots \\ l_n \end{pmatrix}=A^{-1}\begin{pmatrix} k_1 \\ k_2 \\ \vdots \\ k_n \end{pmatrix} \tag{5.11}$$

这里,A 是由基 $\boldsymbol{\xi}_1,\boldsymbol{\xi}_2,\cdots,\boldsymbol{\xi}_n$ 到基 $\boldsymbol{\eta}_1,\boldsymbol{\eta}_2,\cdots,\boldsymbol{\eta}_n$ 的过渡矩阵. 由此可见,只要知道了两组基的过渡矩阵和向量 $\boldsymbol{\alpha}$ 在一组基下的坐标就可以求出 $\boldsymbol{\alpha}$ 在另一组基下的坐标,式(5.10)或式(5.11)称为**坐标变换公式**.

例 6 给出 $\mathbf{R}^n$ 的两组基:一组为基本向量组 $\boldsymbol{\varepsilon}_1,\boldsymbol{\varepsilon}_2,\cdots,\boldsymbol{\varepsilon}_n$,另一组为 $\boldsymbol{\xi}_1=(1,0,\cdots,0)^{\mathrm{T}},\boldsymbol{\xi}_2=(1,1,\cdots,0)^{\mathrm{T}},\cdots,\boldsymbol{\xi}_n=(1,1,\cdots,1)^{\mathrm{T}}$,求向量 $\boldsymbol{\alpha}=(a_1,a_2,\cdots,a_n)^{\mathrm{T}}$ 在基 $\boldsymbol{\xi}_1,\boldsymbol{\xi}_2,\cdots,\boldsymbol{\xi}_n$ 下的坐标.

解 因为

$$\boldsymbol{\xi}_1=\boldsymbol{\varepsilon}_1,$$
$$\boldsymbol{\xi}_2=\boldsymbol{\varepsilon}_1+\boldsymbol{\varepsilon}_2,$$
$$\cdots\cdots$$
$$\boldsymbol{\xi}_n=\boldsymbol{\varepsilon}_1+\boldsymbol{\varepsilon}_2+\cdots+\boldsymbol{\varepsilon}_n.$$

所以由基 $\boldsymbol{\varepsilon}_1,\boldsymbol{\varepsilon}_2,\cdots,\boldsymbol{\varepsilon}_n$ 到基 $\boldsymbol{\xi}_1,\boldsymbol{\xi}_2,\cdots,\boldsymbol{\xi}_n$ 的过渡矩阵为

$$A=\begin{pmatrix} 1 & 1 & \cdots & 1 & 1 \\ 0 & 1 & \cdots & 1 & 1 \\ \vdots & \vdots & & \vdots & \vdots \\ 0 & 0 & \cdots & 1 & 1 \\ 0 & 0 & \cdots & 0 & 1 \end{pmatrix},$$

从而

$$A^{-1} = \begin{pmatrix} 1 & -1 & \cdots & 0 & 0 \\ 0 & 1 & \cdots & 0 & 0 \\ \vdots & \vdots & & \vdots & \vdots \\ 0 & 0 & \cdots & 1 & -1 \\ 0 & 0 & \cdots & 0 & 1 \end{pmatrix},$$

因为 $\boldsymbol{\alpha} = (a_1, a_2, \cdots, a_n)^T$ 在基 $\boldsymbol{\varepsilon}_1, \boldsymbol{\varepsilon}_2, \cdots, \boldsymbol{\varepsilon}_n$ 下的坐标为 $a_1, a_2, \cdots, a_n$, 根据式(5.11)有

$$A^{-1} \begin{pmatrix} a_1 \\ a_2 \\ \vdots \\ a_n \end{pmatrix} = \begin{pmatrix} 1 & -1 & \cdots & 0 & 0 \\ 0 & 1 & \cdots & 0 & 0 \\ \vdots & \vdots & & \vdots & \vdots \\ 0 & 0 & \cdots & 1 & -1 \\ 0 & 0 & \cdots & 0 & 1 \end{pmatrix} \begin{pmatrix} a_1 \\ a_2 \\ \vdots \\ a_{n-1} \\ a_n \end{pmatrix} = \begin{pmatrix} a_1 - a_2 \\ a_2 - a_3 \\ \vdots \\ a_{n-1} - a_n \\ a_n \end{pmatrix}.$$

即 $\boldsymbol{\alpha}$ 在基 $\boldsymbol{\xi}_1, \boldsymbol{\xi}_2, \cdots, \boldsymbol{\xi}_n$ 下的坐标是 $a_1 - a_2, a_2 - a_3, \cdots, a_{n-1} - a_n, a_n$.

最后,讨论以下两个问题:

(1) 定理 5.1 指出,由一组基到另一组基的过渡矩阵是可逆矩阵,那么是否任一可逆矩阵都可以充当由一组基到另一组基的过渡矩阵呢? 换句话讲,如果 $\mathbf{R}^n$ 中的一组向量 $\boldsymbol{\eta}_1, \boldsymbol{\eta}_2, \cdots, \boldsymbol{\eta}_n$ 被一组基 $\boldsymbol{\xi}_1, \boldsymbol{\xi}_2, \cdots, \boldsymbol{\xi}_n$ 线性表示

$$\begin{cases} \boldsymbol{\eta}_1 = a_{11}\boldsymbol{\xi}_1 + a_{12}\boldsymbol{\xi}_2 + \cdots + a_{1n}\boldsymbol{\xi}_n, \\ \boldsymbol{\eta}_2 = a_{21}\boldsymbol{\xi}_1 + a_{22}\boldsymbol{\xi}_2 + \cdots + a_{2n}\boldsymbol{\xi}_n, \\ \qquad\qquad \cdots\cdots \\ \boldsymbol{\eta}_n = a_{n1}\boldsymbol{\xi}_1 + a_{n2}\boldsymbol{\xi}_2 + \cdots + a_{nn}\boldsymbol{\xi}_n, \end{cases}$$

或记为

$$(\boldsymbol{\eta}_1, \boldsymbol{\eta}_2, \cdots, \boldsymbol{\eta}_n) = (\boldsymbol{\xi}_1, \boldsymbol{\xi}_2, \cdots, \boldsymbol{\xi}_n)A,$$

其中

$$A = \begin{pmatrix} a_{11} & a_{21} & \cdots & a_{n1} \\ a_{12} & a_{22} & \cdots & a_{n2} \\ \vdots & \vdots & & \vdots \\ a_{1n} & a_{2n} & \cdots & a_{nn} \end{pmatrix}$$

为可逆阵,那么 $\boldsymbol{\eta}_1, \boldsymbol{\eta}_2, \cdots, \boldsymbol{\eta}_n$ 是否为 $\mathbf{R}^n$ 的一组基呢? 回答是肯定的. 事实上,由上式得出

$$(\boldsymbol{\xi}_1, \boldsymbol{\xi}_2, \cdots, \boldsymbol{\xi}_n) = (\boldsymbol{\eta}_1, \boldsymbol{\eta}_2, \cdots, \boldsymbol{\eta}_n)A^{-1},$$

即 $\boldsymbol{\xi}_1, \boldsymbol{\xi}_2, \cdots, \boldsymbol{\xi}_n$ 亦可由 $\boldsymbol{\eta}_1, \boldsymbol{\eta}_2, \cdots, \boldsymbol{\eta}_n$ 线性表示,所以 $\boldsymbol{\eta}_1, \boldsymbol{\eta}_2, \cdots, \boldsymbol{\eta}_n$ 必然线性无关.

(2) 前面给出了基变换公式(5.5)或(5.6),也给出了坐标变换公式(5.10)或(5.11),在这些公式中的 A 都是指两组基间的过渡矩阵. 由此可见,当基变换确定

之后,坐标变换也就随之确定了.反之,如果已经知道了向量在两组基下的坐标变换,则两组基的基变换公式也可由坐标变换公式确定.

例 7 设 ξ_1,ξ_2,ξ_3,ξ_4 是向量空间 $\mathbf{R}^4$ 的一组基.

$$\begin{cases}\boldsymbol{\alpha}_1=\xi_1+\xi_2+\xi_3+\xi_4,\\ \boldsymbol{\alpha}_2=\xi_1+\xi_2-\xi_3-\xi_4,\\ \boldsymbol{\alpha}_3=\xi_1-\xi_2-\xi_3-\xi_4,\\ \boldsymbol{\alpha}_4=\xi_1-\xi_2-\xi_3+\xi_4,\end{cases}\quad \begin{cases}\boldsymbol{\beta}_1=\xi_1-\xi_2+2\xi_3+\xi_4,\\ \boldsymbol{\beta}_2=\xi_1-2\xi_3-\xi_4,\\ \boldsymbol{\beta}_3=\xi_1+2\xi_2-2\xi_3,\\ \boldsymbol{\beta}_4=\xi_1+\xi_2+\xi_3+\xi_4.\end{cases}$$

(1) 证明 $\boldsymbol{\alpha}_1,\boldsymbol{\alpha}_2,\boldsymbol{\alpha}_3,\boldsymbol{\alpha}_4$ 及 $\boldsymbol{\beta}_1,\boldsymbol{\beta}_2,\boldsymbol{\beta}_3,\boldsymbol{\beta}_4$ 都是 $\mathbf{R}^4$ 的基;

(2) 求由基 $\boldsymbol{\alpha}_1,\boldsymbol{\alpha}_2,\boldsymbol{\alpha}_3,\boldsymbol{\alpha}_4$ 到基 $\boldsymbol{\beta}_1,\boldsymbol{\beta}_2,\boldsymbol{\beta}_3,\boldsymbol{\beta}_4$ 的过渡矩阵;

(3) 求由基 $\boldsymbol{\alpha}_1,\boldsymbol{\alpha}_2,\boldsymbol{\alpha}_3,\boldsymbol{\alpha}_4$ 到基 $\boldsymbol{\beta}_1,\boldsymbol{\beta}_2,\boldsymbol{\beta}_3,\boldsymbol{\beta}_4$ 的坐标变换公式.

解 (1) 因为

$$\begin{vmatrix}1&1&1&1\\1&1&-1&-1\\1&-1&-1&-1\\1&-1&-1&1\end{vmatrix}=-8\neq0,$$

$$\begin{vmatrix}1&-1&2&1\\1&0&-2&-1\\1&2&-2&0\\1&1&1&1\end{vmatrix}=-3\neq0.$$

所以 ξ_1,ξ_2,ξ_3,ξ_4 亦可由 $\boldsymbol{\alpha}_1,\boldsymbol{\alpha}_2,\boldsymbol{\alpha}_3,\boldsymbol{\alpha}_4$ 或 $\boldsymbol{\beta}_1,\boldsymbol{\beta}_2,\boldsymbol{\beta}_3,\boldsymbol{\beta}_4$ 线性表示,即 $\boldsymbol{\alpha}_1,\boldsymbol{\alpha}_2,\boldsymbol{\alpha}_3,\boldsymbol{\alpha}_4$ 及 $\boldsymbol{\beta}_1,\boldsymbol{\beta}_2,\boldsymbol{\beta}_3,\boldsymbol{\beta}_4$ 都与 ξ_1,ξ_2,ξ_3,ξ_4 等价,从而都是 $\mathbf{R}^4$ 的基.

(2) 因为由 ξ_1,ξ_2,ξ_3,ξ_4 到 $\boldsymbol{\alpha}_1,\boldsymbol{\alpha}_2,\boldsymbol{\alpha}_3,\boldsymbol{\alpha}_4$ 的过渡矩阵为

$$A=\begin{pmatrix}1&1&1&1\\1&1&-1&-1\\1&-1&-1&-1\\1&-1&-1&1\end{pmatrix},$$

故由 $\boldsymbol{\alpha}_1,\boldsymbol{\alpha}_2,\boldsymbol{\alpha}_3,\boldsymbol{\alpha}_4$ 到 ξ_1,ξ_2,ξ_3,ξ_4 的过渡矩阵为

$$A^{-1}=\frac{1}{2}\begin{pmatrix}1&0&1&0\\0&1&-1&0\\1&-1&1&-1\\0&0&-1&1\end{pmatrix}.$$

由 ξ_1,ξ_2,ξ_3,ξ_4 到 $\boldsymbol{\beta}_1,\boldsymbol{\beta}_2,\boldsymbol{\beta}_3,\boldsymbol{\beta}_4$ 的过渡矩阵为

$$B=\begin{pmatrix}1&1&1&1\\-1&0&2&1\\2&-2&-2&1\\1&-1&0&1\end{pmatrix},$$

所以根据定理 5.1,由 $\boldsymbol{\alpha}_1,\boldsymbol{\alpha}_2,\boldsymbol{\alpha}_3,\boldsymbol{\alpha}_4$ 到 $\boldsymbol{\beta}_1,\boldsymbol{\beta}_2,\boldsymbol{\beta}_3,\boldsymbol{\beta}_4$ 的过渡矩阵为

$$A^{-1}B = \frac{1}{2}\begin{pmatrix} 1 & 0 & 1 & 0 \\ 0 & 1 & -1 & 0 \\ 1 & -1 & 1 & -1 \\ 0 & 0 & -1 & 1 \end{pmatrix}\begin{pmatrix} 1 & 1 & 1 & 1 \\ -1 & 0 & 2 & 1 \\ 2 & -2 & -2 & 1 \\ 1 & -1 & 0 & 1 \end{pmatrix}$$

$$= \frac{1}{2}\begin{pmatrix} 3 & -1 & -1 & 2 \\ -3 & 2 & 4 & 0 \\ 3 & 0 & -3 & 0 \\ -1 & 1 & 2 & 0 \end{pmatrix}.$$

(3) 设 $\mathbf{R}^4$ 中一向量在基 $\boldsymbol{\alpha}_1,\boldsymbol{\alpha}_2,\boldsymbol{\alpha}_3,\boldsymbol{\alpha}_4$ 和基 $\boldsymbol{\beta}_1,\boldsymbol{\beta}_2,\boldsymbol{\beta}_3,\boldsymbol{\beta}_4$ 下的坐标分别为 x_1, x_2,x_3,x_4 和 x_1',x_2',x_3',x_4',根据式(5.10),由基 $\boldsymbol{\alpha}_1,\boldsymbol{\alpha}_2,\boldsymbol{\alpha}_3,\boldsymbol{\alpha}_4$ 到基 $\boldsymbol{\beta}_1,\boldsymbol{\beta}_2,\boldsymbol{\beta}_3,\boldsymbol{\beta}_4$ 的坐标变换公式为

$$\begin{pmatrix} x_1 \\ x_2 \\ x_3 \\ x_4 \end{pmatrix} = \frac{1}{2}\begin{pmatrix} 3 & -1 & -1 & -2 \\ -3 & 2 & 4 & 0 \\ -3 & 0 & -3 & 0 \\ -1 & 1 & 2 & 0 \end{pmatrix}\begin{pmatrix} x_1' \\ x_2' \\ x_3' \\ x_4' \end{pmatrix}.$$

5.2 向量的内积

在向量空间中,向量之间的运算只有向量的加法及数与向量的乘法,也就是只有向量间的线性运算,但是在解析几何、力学等问题中曾经遇到一个向量的长度,两个向量的夹角等向量的度量概念及其相关性质.如果向量之间只有线性运算,那么这些概念和性质将无法引入并加以讨论,但向量的度量问题在实践中却有着广泛的应用,因此有必要在向量的线性运算之外,引进新的运算以讨论向量的度量概念和性质.

一、向量内积的定义及基本性质

定义 5.4 给定 $\mathbf{R}^n$ 中的两个向量

$$\boldsymbol{\alpha} = \begin{pmatrix} a_1 \\ a_2 \\ \vdots \\ a_n \end{pmatrix}, \quad \boldsymbol{\beta} = \begin{pmatrix} b_1 \\ b_2 \\ \vdots \\ b_n \end{pmatrix},$$

称实数

$$\sum_{i=1}^{n} a_i b_i = a_1 b_1 + a_2 b_2 + \cdots + a_n b_n$$

为向量 $\boldsymbol{\alpha}$ 与 $\boldsymbol{\beta}$ 的内积, 记为 $(\boldsymbol{\alpha}, \boldsymbol{\beta})$, 即

$$(\boldsymbol{\alpha}, \boldsymbol{\beta}) = \sum_{i=1}^{n} a_i b_i = \boldsymbol{\alpha}^{\mathrm{T}} \boldsymbol{\beta}.$$

例 1 设 $\boldsymbol{\alpha}_1 = (-1, 0, 1, 2)^{\mathrm{T}}, \boldsymbol{\alpha}_2 = (1, 1, 0, 1)^{\mathrm{T}}$, 求 $(\boldsymbol{\alpha}_1, \boldsymbol{\alpha}_2), (\boldsymbol{\alpha}_1, \boldsymbol{\alpha}_1)$.

解 $(\boldsymbol{\alpha}_1, \boldsymbol{\alpha}_2) = (-1) \times 1 + 0 \times 1 + 1 \times 0 + 2 \times 1 = 1$,

$(\boldsymbol{\alpha}_1, \boldsymbol{\alpha}_1) = (-1) \times (-1) + 0 \times 0 + 1 \times 1 + 2 \times 2 = 6$.

定理 5.2 向量内积有如下性质:

(1) $(\boldsymbol{\alpha}, \boldsymbol{\beta}) = (\boldsymbol{\beta}, \boldsymbol{\alpha})$;

(2) $(\boldsymbol{\alpha} + \boldsymbol{\beta}, \boldsymbol{\gamma}) = (\boldsymbol{\alpha}, \boldsymbol{\gamma}) + (\boldsymbol{\beta}, \boldsymbol{\gamma})$;

(3) $(k\boldsymbol{\alpha}, \boldsymbol{\beta}) = k(\boldsymbol{\alpha}, \boldsymbol{\beta})$;

(4) $(\boldsymbol{\alpha}, \boldsymbol{\alpha}) \geqslant 0$, 且 $(\boldsymbol{\alpha}, \boldsymbol{\alpha}) = 0$, 当且仅当 $\boldsymbol{\alpha} = \boldsymbol{0}$.

证 设

$$\boldsymbol{\alpha} = (a_1, a_2, \cdots, a_n)^{\mathrm{T}},$$
$$\boldsymbol{\beta} = (b_1, b_2, \cdots, b_n)^{\mathrm{T}},$$
$$\boldsymbol{\gamma} = (c_1, c_2, \cdots, c_n)^{\mathrm{T}}.$$

(1) $(\boldsymbol{\alpha}, \boldsymbol{\beta}) = a_1 b_1 + a_2 b_2 + \cdots + a_n b_n$

$\qquad = b_1 a_1 + b_2 a_1 + \cdots + b_n a_n$

$\qquad = (\boldsymbol{\beta}, \boldsymbol{\alpha})$.

(2) 因为 $\boldsymbol{\alpha} + \boldsymbol{\beta} = (a_1 + b_1, a_2 + b_2, \cdots, a_n + b_n)^{\mathrm{T}}$, 所以

$(\boldsymbol{\alpha} + \boldsymbol{\beta}, \boldsymbol{\gamma}) = (a_1 + b_1) c_1 + (a_2 + b_2) c_2 + \cdots + (a_n + b_n) c_n$

$\qquad = a_1 c_1 + b_1 c_1 + a_2 c_2 + b_2 c_2 + \cdots + a_n c_n + b_n c_n$

$\qquad = (a_1 c_1 + a_2 c_2 + \cdots + a_n c_n) + (b_1 c_1 + b_2 c_2 + \cdots + b_n c_n)$

$\qquad = (\boldsymbol{\alpha}, \boldsymbol{\gamma}) + (\boldsymbol{\beta}, \boldsymbol{\gamma})$.

(3) 因为 $k\boldsymbol{\alpha} = (ka_1, ka_2, \cdots, ka_n)^{\mathrm{T}}$, 所以

$\langle k\boldsymbol{\alpha}, \boldsymbol{\beta} \rangle = (ka_1) b_1 + (ka_2) b_2 + \cdots + (ka_n b_n)$

$\qquad = k(a_1 b_1) + k(a_2 b_2) + \cdots + k(a_n b_n)$

$\qquad = k(a_1 b_1 + a_2 b_2 + \cdots + a_n b_n)$

$\qquad = k(\boldsymbol{\alpha}, \boldsymbol{\beta})$.

(4) $(\boldsymbol{\alpha}, \boldsymbol{\alpha}) = a_1^2 + a_2^2 + \cdots + a_n^2 \geqslant 0$, 若等号成立, 则必有 $a_1 = a_1 = \cdots = a_n = 0$. 反之, 显然有 $(\boldsymbol{0}, \boldsymbol{0}) = 0$.

由定理 5.2 的(1)和(3), 还有

$$(k\boldsymbol{\alpha} + l\boldsymbol{\beta}, \boldsymbol{\gamma}) = (k\boldsymbol{\alpha}, \boldsymbol{\gamma}) + (l\boldsymbol{\beta}, \boldsymbol{\gamma}) = k(\boldsymbol{\alpha}, \boldsymbol{\gamma}) + l(\boldsymbol{\beta}, \boldsymbol{\gamma}),$$

$$(\boldsymbol{\alpha}, k\boldsymbol{\beta} + l\boldsymbol{\gamma}) = (k\boldsymbol{\beta} + l\boldsymbol{\gamma}, \boldsymbol{\alpha}) = k(\boldsymbol{\beta}, \boldsymbol{\alpha}) + l(\boldsymbol{\gamma}, \boldsymbol{\alpha}) = k(\boldsymbol{\alpha}, \boldsymbol{\beta}) + l(\boldsymbol{\alpha}, \boldsymbol{\gamma}).$$

二、向量的长度

考虑平面直角坐标系中的向量 $\boldsymbol{\alpha} = (x, y)^{\mathrm{T}}$, 这个向量是以坐标系原点为起点,

以坐标为 (x,y) 的点 P 为终点,它的长度是 $\sqrt{x^2+y^2}$,利用定义 5.4 给出的内积的概念,可以将它的长度表示为 $\sqrt{(\boldsymbol{\alpha},\boldsymbol{\alpha})}$. 下面将这个概念推广到 n 维向量空间 $\mathbf{R}^n$ 中去.

定义 5.5 设 $\boldsymbol{\alpha}$ 为 $\mathbf{R}^n$ 中的向量,称非负实数 $\sqrt{(\boldsymbol{\alpha},\boldsymbol{\alpha})}$ 为 $\boldsymbol{\alpha}$ 的长度,记为 $\|\boldsymbol{\alpha}\|$.

根据内积的定义和性质,有如下结论:

(1) 若 $\boldsymbol{\alpha}=(a_1,a_2,\cdots,a_n)$,则 $\|\boldsymbol{\alpha}\|=\sqrt{a_1^2+a_2^2+\cdots+a_n^2}$;

(2) $\|\boldsymbol{\alpha}\|\geqslant 0$ 且 $\|\boldsymbol{\alpha}\|=0$,当且仅当 $\boldsymbol{\alpha}=\boldsymbol{0}$;

(3) 设 k 为实数,则 $\|k\boldsymbol{\alpha}\|=|k|\,\|\boldsymbol{\alpha}\|$.

定理 5.3 设 $\boldsymbol{\alpha},\boldsymbol{\beta}$ 为 $\mathbf{R}^n$ 中的向量,有

$$|(\boldsymbol{\alpha},\boldsymbol{\beta})|\leqslant \|\boldsymbol{\alpha}\|\cdot\|\boldsymbol{\beta}\| \tag{5.12}$$

等号成立,当且仅当 $\boldsymbol{\alpha}$ 与 $\boldsymbol{\beta}$ 线性相关.

证 当 $\boldsymbol{\beta}=\boldsymbol{0}$ 时,定理显然成立.

下设 $\boldsymbol{\beta}\neq\boldsymbol{0}$,考虑向量 $\boldsymbol{\alpha}+t\boldsymbol{\beta}$,其中 t 为实数.

$$(\boldsymbol{\alpha}+t\boldsymbol{\beta},\boldsymbol{\alpha}+t\boldsymbol{\beta})=(\boldsymbol{\alpha},\boldsymbol{\alpha})+2t(\boldsymbol{\alpha},\boldsymbol{\beta})+t^2(\boldsymbol{\beta},\boldsymbol{\beta}) \tag{5.13}$$

这是一个关于 t 的二次三项式,且大于等于零. 取 $t=-\dfrac{(\boldsymbol{\alpha},\boldsymbol{\beta})}{(\boldsymbol{\beta},\boldsymbol{\beta})}$,则有

$$(\boldsymbol{\alpha},\boldsymbol{\alpha})-2\frac{(\boldsymbol{\alpha},\boldsymbol{\beta})}{(\boldsymbol{\beta},\boldsymbol{\beta})}(\boldsymbol{\alpha},\boldsymbol{\beta})+\frac{(\boldsymbol{\alpha},\boldsymbol{\beta})^2}{(\boldsymbol{\beta},\boldsymbol{\beta})^2}(\boldsymbol{\beta},\boldsymbol{\beta})\geqslant 0,$$

即 $(\boldsymbol{\alpha},\boldsymbol{\alpha})-\dfrac{(\boldsymbol{\alpha},\boldsymbol{\beta})^2}{(\boldsymbol{\beta},\boldsymbol{\beta})}\geqslant 0$,从而 $(\boldsymbol{\alpha},\boldsymbol{\beta})^2\leqslant(\boldsymbol{\alpha},\boldsymbol{\alpha})(\boldsymbol{\beta},\boldsymbol{\beta})$,两边开平方有

$$|(\boldsymbol{\alpha},\boldsymbol{\beta})|\leqslant\|\boldsymbol{\alpha}\|\cdot\|\boldsymbol{\beta}\|.$$

若 $\boldsymbol{\alpha},\boldsymbol{\beta}$ 线性相关,则有实数 k,使得 $\boldsymbol{\beta}=k\boldsymbol{\alpha}$,故

$$|(\boldsymbol{\alpha},\boldsymbol{\beta})|=|(\boldsymbol{\alpha},k\boldsymbol{\alpha})|=|k(\boldsymbol{\alpha},\boldsymbol{\alpha})|=|k|\,\|\boldsymbol{\alpha}\|^2,$$
$$\|\boldsymbol{\alpha}\|\,\|\boldsymbol{\beta}\|=\|\boldsymbol{\alpha}\|\,\|k\boldsymbol{\alpha}\|=|k|\,\|\boldsymbol{\alpha}\|^2.$$

故 (5.12) 中等式成立. 反之,若 $\boldsymbol{\alpha}$ 与 $\boldsymbol{\beta}$ 线性无关,则关于任意的 $t\neq 0$,$\boldsymbol{\alpha}+t\boldsymbol{\beta}\neq\boldsymbol{0}$,二次三项式 (5.13) 大于零,从而其判别式

$$\Delta=4(\boldsymbol{\alpha},\boldsymbol{\beta})^2-4(\boldsymbol{\alpha},\boldsymbol{\alpha})(\boldsymbol{\beta},\boldsymbol{\beta})<0,$$

因此 $|(\boldsymbol{\alpha},\boldsymbol{\beta})|<\|\boldsymbol{\alpha}\|\cdot\|\boldsymbol{\beta}\|$,即式 (5.12) 中等号不成立. 这说明式 (5.12) 中等号成立时,$\boldsymbol{\alpha},\boldsymbol{\beta}$ 必线性相关.

将式 (5.12) 用数字形式表示就是所谓的柯西-布雅可夫斯基不等式:设 a_1,$a_2,\cdots,a_n$;$b_1,b_2,\cdots,b_n$ 为实数,则

$$\left|\sum_{i=1}^n a_ib_i\right|\leqslant\sqrt{\sum_{i=1}^n a_i^2}\sqrt{\sum_{i=1}^n b_i^2} \tag{5.14}$$

将长度为 1 的向量称为**单位向量**. 例如,$\boldsymbol{\varepsilon}_1,\boldsymbol{\varepsilon}_2,\cdots,\boldsymbol{\varepsilon}_n$ 等,都是单位向量. 如果

一个向量 $\boldsymbol{\alpha} \neq \boldsymbol{0}$,则向量 $\dfrac{1}{\|\boldsymbol{\alpha}\|}\boldsymbol{\alpha}$ 就是单位向量,因为它的长度

$$\left\|\frac{1}{\|\boldsymbol{\alpha}\|}\boldsymbol{\alpha}\right\| = \frac{1}{\|\boldsymbol{\alpha}\|}\|\boldsymbol{\alpha}\| = 1.$$

用向量 $\boldsymbol{\alpha}$ 长度的倒数与 $\boldsymbol{\alpha}$ 数乘而得到一个与 $\boldsymbol{\alpha}$ 线性相关的单位向量的方法称为把 $\boldsymbol{\alpha}$ **单位化**.零向量不能单位化.

例 2 求 $\boldsymbol{\alpha} = (-3,5,1,0)^{\mathrm{T}}$ 的长度,并将其单位化.

解 $\|\boldsymbol{\alpha}\| = \sqrt{(\boldsymbol{\alpha},\boldsymbol{\alpha})} = \sqrt{(-3)^2+5^2+1^2+0^2} = \sqrt{35}$,

$$\frac{1}{\|\boldsymbol{\alpha}\|}\boldsymbol{\alpha} = \frac{1}{\sqrt{35}}(-3,5,1,0)^{\mathrm{T}}.$$

设 $\boldsymbol{\alpha},\boldsymbol{\beta}$ 为 $\mathbf{R}^n$ 中的两个向量,称 $\|\boldsymbol{\alpha}-\boldsymbol{\beta}\|$ 为 $\boldsymbol{\alpha}$ 与 $\boldsymbol{\beta}$ 的**距离**.

定理 5.4 设 $\boldsymbol{\alpha},\boldsymbol{\beta},\boldsymbol{\gamma}$ 为 $\mathbf{R}^n$ 中的三个向量,则

(1) $\|\boldsymbol{\alpha}-\boldsymbol{\beta}\| = \|\boldsymbol{\beta}-\boldsymbol{\alpha}\|$;

(2) $\|\boldsymbol{\alpha}-\boldsymbol{\beta}\| \geqslant 0$,等号成立当且仅当 $\boldsymbol{\alpha}=\boldsymbol{\beta}$;

(3) $\|\boldsymbol{\alpha}-\boldsymbol{\gamma}\| \leqslant \|\boldsymbol{\alpha}-\boldsymbol{\beta}\| + \|\boldsymbol{\beta}-\boldsymbol{\gamma}\|$.

证 (1) 设 $\boldsymbol{\alpha} = (a_1,a_2,\cdots,a_n)^{\mathrm{T}}$,$\boldsymbol{\beta} = (b_1,b_2,\cdots,b_n)^{\mathrm{T}}$,则

$$\boldsymbol{\alpha}-\boldsymbol{\beta} = (a_1-b_1,a_2-b_2,\cdots,a_n-b_n)^{\mathrm{T}},$$

$$\|\boldsymbol{\alpha}-\boldsymbol{\beta}\| = \sqrt{\sum_{i=1}^{n}(a_i-b_i)^2} = \sqrt{\sum_{i=1}^{n}(b_i-a_i)^2} = \|\boldsymbol{\beta}-\boldsymbol{\alpha}\|.$$

(2) $\|\boldsymbol{\alpha}-\boldsymbol{\beta}\| \geqslant 0$ 是显然的.当 $\boldsymbol{\alpha}=\boldsymbol{\beta}$ 时,也显然有 $\|\boldsymbol{\alpha}-\boldsymbol{\beta}\| = 0$.反之,若 $\|\boldsymbol{\alpha}-\boldsymbol{\beta}\| = 0$,由(1)的证明中的式子,有

$$\sum_{i=1}^{n}(b_i-a_i)^2 = 0,$$

从而 $(b_i-a_i)^2 = 0$,故 $a_i=b_i$,$i=1,2,\cdots,n$,因此 $\boldsymbol{\alpha}=\boldsymbol{\beta}$.

(3) 因为

$$\|\boldsymbol{\alpha}+\boldsymbol{\beta}\|^2 = (\boldsymbol{\alpha}+\boldsymbol{\beta},\boldsymbol{\alpha}+\boldsymbol{\beta})$$
$$= (\boldsymbol{\alpha},\boldsymbol{\alpha})+(\boldsymbol{\beta},\boldsymbol{\beta})+2(\boldsymbol{\alpha},\boldsymbol{\beta})$$
$$= \|\boldsymbol{\alpha}\|^2+\|\boldsymbol{\beta}\|^2+2(\boldsymbol{\alpha},\boldsymbol{\beta}),$$

根据定理 5.3,因 $|(\boldsymbol{\alpha},\boldsymbol{\beta})| \leqslant \|\boldsymbol{\alpha}\| \cdot \|\boldsymbol{\beta}\|$,故

$$\|\boldsymbol{\alpha}+\boldsymbol{\beta}\|^2 \leqslant \|\boldsymbol{\alpha}\|^2+\|\boldsymbol{\beta}\|^2+2\|\boldsymbol{\alpha}\|\,\|\boldsymbol{\beta}\| = (\|\boldsymbol{\alpha}\|+\|\boldsymbol{\beta}\|)^2,$$

从而

$$\|\boldsymbol{\alpha}+\boldsymbol{\beta}\| \leqslant \|\boldsymbol{\alpha}\|+\|\boldsymbol{\beta}\|.$$

于是

$$\|\boldsymbol{\alpha}-\boldsymbol{\gamma}\| = \|(\boldsymbol{\alpha}-\boldsymbol{\beta})+(\boldsymbol{\beta}-\boldsymbol{\gamma})\| \leqslant \|\boldsymbol{\alpha}-\boldsymbol{\beta}\|+\|\boldsymbol{\beta}-\boldsymbol{\gamma}\|.$$

在平面上,上述定理 5.4(3)就是所谓的三角形不等式:两边之和大于第三边.

三、两个向量的夹角

在平面直角坐标系内的两个向量 $\boldsymbol{\alpha},\boldsymbol{\beta}$,利用余弦定理,有

$$\|\boldsymbol{\alpha}-\boldsymbol{\beta}\|^2 = \|\boldsymbol{\alpha}\|^2 + \|\boldsymbol{\beta}\|^2 - 2\|\boldsymbol{\alpha}\|\|\boldsymbol{\beta}\|\cos\langle\boldsymbol{\alpha},\boldsymbol{\beta}\rangle,$$

这里 $\langle\boldsymbol{\alpha},\boldsymbol{\beta}\rangle$ 表示 $\boldsymbol{\alpha}$ 与 $\boldsymbol{\beta}$ 的夹角,即

$$(\boldsymbol{\alpha}-\boldsymbol{\beta},\boldsymbol{\alpha}-\boldsymbol{\beta}) = (\boldsymbol{\alpha},\boldsymbol{\alpha}) + (\boldsymbol{\beta},\boldsymbol{\beta}) - 2\sqrt{(\boldsymbol{\alpha},\boldsymbol{\alpha})(\boldsymbol{\beta},\boldsymbol{\beta})}\cos\langle\boldsymbol{\alpha},\boldsymbol{\beta}\rangle.$$

将上式左端展开后,化简得

$$\cos\langle\boldsymbol{\alpha},\boldsymbol{\beta}\rangle = \frac{(\boldsymbol{\alpha},\boldsymbol{\beta})}{\sqrt{(\boldsymbol{\alpha},\boldsymbol{\alpha})(\boldsymbol{\beta},\boldsymbol{\beta})}}. \tag{5.15}$$

这就是说,可用二维向量的内积来计算两个二维向量的夹角.下面将二维向量之间夹角的概念推广到 n 维向量.

设 $\boldsymbol{\alpha},\boldsymbol{\beta}$ 为 $\mathbf{R}^n$ 中的两个向量,根据定理 5.4,$|(\boldsymbol{\alpha},\boldsymbol{\beta})| \leqslant \|\boldsymbol{\alpha}\| \cdot \|\boldsymbol{\beta}\|$,即 $\left|\dfrac{(\boldsymbol{\alpha},\boldsymbol{\beta})}{\sqrt{(\boldsymbol{\alpha},\boldsymbol{\alpha})(\boldsymbol{\beta},\boldsymbol{\beta})}}\right| \leqslant 1$.这样可以用式(5.15)来定义两个向量 $\boldsymbol{\alpha}$ 与 $\boldsymbol{\beta}$ 的夹角

$$\langle\boldsymbol{\alpha},\boldsymbol{\beta}\rangle = \arccos\frac{(\boldsymbol{\alpha},\boldsymbol{\beta})}{\sqrt{(\boldsymbol{\alpha},\boldsymbol{\alpha})(\boldsymbol{\beta},\boldsymbol{\beta})}}. \tag{5.16}$$

例 3 求 $\mathbf{R}^4$ 中向量 $\boldsymbol{\alpha}=(1,-2,0,2)^\mathrm{T}$ 与 $\boldsymbol{\beta}=(2,0,0,2)^\mathrm{T}$ 的夹角.

解 因为

$$(\boldsymbol{\alpha},\boldsymbol{\beta}) = 1\times 2 + (-2)\times 0 + 0\times 0 + 2\times 2 = 6,$$
$$(\boldsymbol{\alpha},\boldsymbol{\alpha}) = 1^2 + (-2)^2 + 0^2 + 2^2 = 9,$$
$$(\boldsymbol{\beta},\boldsymbol{\beta}) = 2^2 + 0^2 + 0^2 + 2^2 = 8.$$

所以

$$\langle\boldsymbol{\alpha},\boldsymbol{\beta}\rangle = \arccos\frac{6}{\sqrt{9\times 8}} = \arccos\frac{1}{\sqrt{2}} = \frac{\pi}{4}.$$

如果两个向量 $\boldsymbol{\alpha}$ 与 $\boldsymbol{\beta}$ 的内积为零,则由式(5.16)知 $\langle\boldsymbol{\alpha},\boldsymbol{\beta}\rangle = \dfrac{\pi}{2}$,于是有下述定义.

定义 5.6 设 $\boldsymbol{\alpha},\boldsymbol{\beta}$ 为 $\mathbf{R}^n$ 中的两个向量,如果 $(\boldsymbol{\alpha},\boldsymbol{\beta})=0$,则称 $\boldsymbol{\alpha}$ 与 $\boldsymbol{\beta}$ 正交.

据定义 5.6,零向量与任一向量正交;如果一个向量与它本身正交,这个向量必然是零向量.

例 4 设 $\boldsymbol{\alpha},\boldsymbol{\beta}$ 为 $\mathbf{R}^n$ 中的两个向量,证明 $\|\boldsymbol{\alpha}+\boldsymbol{\beta}\|^2 = \|\boldsymbol{\alpha}\|^2 + \|\boldsymbol{\beta}\|^2$,当且仅当 $\boldsymbol{\alpha}$ 与 $\boldsymbol{\beta}$ 正交.

证 在定理 5.4(3)的证明中,有

$$\|\boldsymbol{\alpha}+\boldsymbol{\beta}\|^2 = \|\boldsymbol{\alpha}\|^2 + \|\boldsymbol{\beta}\|^2 + 2(\boldsymbol{\alpha},\boldsymbol{\beta}),$$

当 $\boldsymbol{\alpha}$ 与 $\boldsymbol{\beta}$ 正交时,$(\boldsymbol{\alpha},\boldsymbol{\beta})=0$,从而 $\|\boldsymbol{\alpha}+\boldsymbol{\beta}\|^2 = \|\boldsymbol{\alpha}\|^2 + \|\boldsymbol{\beta}\|^2$.反之,若 $\|\boldsymbol{\alpha}+\boldsymbol{\beta}\|^2 =$

$\|\boldsymbol{\alpha}\|^2 + \|\boldsymbol{\beta}\|^2$,则$(\boldsymbol{\alpha},\boldsymbol{\beta})=0$,从而$\boldsymbol{\alpha}$与$\boldsymbol{\beta}$正交.

例 4 表明,在$\mathbf{R}^n$中勾股定理仍然成立.

例 5 设$\boldsymbol{\alpha}=(3,2,4)^{\mathrm{T}}$,$\boldsymbol{\beta}=(1,-2,0)^{\mathrm{T}}$,求

(1) 与$\boldsymbol{\alpha},\boldsymbol{\beta}$都正交的全部向量;

(2) 与$\boldsymbol{\alpha},\boldsymbol{\beta}$都正交的全部单位向量.

解 (1) 设$\boldsymbol{\gamma}=(x_1,x_2,x_3)^{\mathrm{T}}$与$\boldsymbol{\alpha},\boldsymbol{\beta}$都正交,则

$$\begin{cases}(\boldsymbol{\alpha},\boldsymbol{\gamma})=0,\\(\boldsymbol{\beta},\boldsymbol{\gamma})=0,\end{cases}$$

即

$$\begin{cases}3x_1+2x_2+4x_3=0,\\x_1-2x_2=0.\end{cases}$$

解之得

$$\begin{cases}x_1=-c,\\x_2=-\dfrac{1}{2}c,\quad c\text{ 为任意实数}.\\x_3=c,\end{cases}$$

所以与$\boldsymbol{\alpha},\boldsymbol{\beta}$都正交的全部向量为

$$\boldsymbol{\gamma}=c\left(-1,\frac{1}{2},1\right)^{\mathrm{T}},\quad c\text{ 为任意实数}.$$

(2) 将向量$\boldsymbol{\gamma}$单位化

$$\|\boldsymbol{\gamma}\|=\sqrt{(-c)^2+\left(-\frac{1}{2}c\right)^2+c^2}=\pm\frac{3}{2}c,$$

$$\frac{1}{\|\boldsymbol{\gamma}\|}\boldsymbol{\gamma}=\frac{1}{\pm\dfrac{3}{2}c}c\left(-1,-\frac{1}{2},1\right)^{\mathrm{T}}=\pm\left(\frac{2}{3},\frac{1}{3},-\frac{2}{3}\right)^{\mathrm{T}}.$$

所以,与$\boldsymbol{\alpha},\boldsymbol{\beta}$都正交的单位向量有两个

$$\boldsymbol{\gamma}_1=\left(\frac{2}{3},\frac{1}{3},-\frac{2}{3}\right)^{\mathrm{T}},\quad \boldsymbol{\gamma}_2=\left(-\frac{2}{3},-\frac{1}{3},\frac{2}{3}\right)^{\mathrm{T}}.$$

定义 5.7 设$\boldsymbol{\alpha}_1,\boldsymbol{\alpha}_2,\cdots,\boldsymbol{\alpha}_s$为$\mathbf{R}^n$中的一个向量组,$\boldsymbol{\alpha}_i\neq\mathbf{0}$,$i=1,2,\cdots,s$. 如果$(\boldsymbol{\alpha}_i,\boldsymbol{\alpha}_j)=0$,$i\neq j$,$1\leqslant i,j\leqslant s$,即这个向量组中任意两个向量都正交,则称这个向量组为$\mathbf{R}^n$中的一个**正交向量组**.

容易看出,基本向量组是一个正交向量组.

定理 5.5 正交向量组必线性无关.

证 设$\boldsymbol{\alpha}_1,\boldsymbol{\alpha}_2,\cdots,\boldsymbol{\alpha}_s(s\geqslant2)$为$\mathbf{R}^n$中的一个正交向量组,且存在实数$k_1,k_2,\cdots,k_s$使得

$$k_1\boldsymbol{\alpha}_1 + k_2\boldsymbol{\alpha}_2 + \cdots + k_s\boldsymbol{\alpha}_s = \boldsymbol{0},$$

任取 $\boldsymbol{\alpha}_i, 1 \leqslant i \leqslant s$, 上式两端同时与 $\boldsymbol{\alpha}_i$ 作内积, 则

$$(k_1\boldsymbol{\alpha}_1 + k_2\boldsymbol{\alpha}_2 + \cdots + k_s\boldsymbol{\alpha}_s, \boldsymbol{\alpha}_i)$$
$$= k_1(\boldsymbol{\alpha}_1, \boldsymbol{\alpha}_i) + k_2(\boldsymbol{\alpha}_2, \boldsymbol{\alpha}_i) + \cdots + k_i(\boldsymbol{\alpha}_i, \boldsymbol{\alpha}_i) + \cdots + k_s(\boldsymbol{\alpha}_s, \boldsymbol{\alpha}_i)$$
$$= k_i(\boldsymbol{\alpha}_i, \boldsymbol{\alpha}_i)$$
$$= 0,$$

但因 $(\boldsymbol{\alpha}_i, \boldsymbol{\alpha}_i) \neq 0$, 故 $k_i = 0$. 根据 $\boldsymbol{\alpha}_i$ 的任意性, 知 $k_1 = k_2 = \cdots = k_s = 0$, 从而 $\boldsymbol{\alpha}_1, \boldsymbol{\alpha}_2, \cdots,$ $\boldsymbol{\alpha}_s$ 线性无关.

但是, 线性无关的向量组未必都正交. 例如, 在 $\mathbf{R}^2$ 中, $(1,1)^{\mathrm{T}}$ 与 $(2,1)^{\mathrm{T}}$ 是一个线性无关的向量组, 因为它们的内积 $1 \times 2 + 1 \times 1 = 3 \neq 0$, 所以这不是一个正交向量组. 不过, 可以通过一个线性无关的向量组生成一个与其等价的正交向量组, 这个方法常称为施密特正交化过程.

设 $\boldsymbol{\alpha}_1, \boldsymbol{\alpha}_2, \cdots, \boldsymbol{\alpha}_s (s \geqslant 2)$ 是 $\mathbf{R}^n$ 中一组线性无关的向量组, 首先令 $\boldsymbol{\beta}_1 = \boldsymbol{\alpha}_1$, 则 $\boldsymbol{\beta}_1 \neq \boldsymbol{0}$. 作向量 $\boldsymbol{\beta}_2 = \boldsymbol{\alpha}_2 + \lambda_1 \boldsymbol{\beta}_1$, 其中 λ_1 是待定的实数. 由 $(\boldsymbol{\beta}_1, \boldsymbol{\beta}_2) = 0$, 得 $\lambda_1 = -\dfrac{(\boldsymbol{\alpha}_2, \boldsymbol{\beta}_1)}{(\boldsymbol{\beta}_1, \boldsymbol{\beta}_1)}$. 又因为 $\boldsymbol{\alpha}_1 = \boldsymbol{\beta}_1, \boldsymbol{\alpha}_2$ 线性无关, $1, \lambda_1$ 不全为零, 故 $\boldsymbol{\beta}_2 \neq \boldsymbol{0}$.

设两两正交又都不为 $\boldsymbol{0}$ 的向量 $\boldsymbol{\beta}_1, \boldsymbol{\beta}_2, \cdots, \boldsymbol{\beta}_{k-1}$ 已经求出, $(\boldsymbol{\beta}_i, \boldsymbol{\beta}_j) = 0, i \neq j$ $(i, j = 1, 2, \cdots, k-1)$. 令

$$\boldsymbol{\beta}_k = \boldsymbol{\alpha}_k + \lambda_1 \boldsymbol{\beta}_1 + \cdots + \lambda_{k-1} \boldsymbol{\beta}_{k-1},$$

这里 $\lambda_1, \lambda_2, \cdots, \lambda_{k-1}$ 是待定的实数. 对于任意的 $i, 1 \leqslant i \leqslant k-1$, 由

$$(\boldsymbol{\beta}_k, \boldsymbol{\beta}_i) = (\boldsymbol{\alpha}_k, \boldsymbol{\beta}_i) + \lambda_1(\boldsymbol{\beta}_1, \boldsymbol{\beta}_i) + \cdots + \lambda_i(\boldsymbol{\beta}_i, \boldsymbol{\beta}_i) + \cdots + \lambda_{k-1}(\boldsymbol{\beta}_{k-1}, \boldsymbol{\beta}_i)$$
$$= (\boldsymbol{\alpha}_k, \boldsymbol{\beta}_i) + \lambda_i(\boldsymbol{\beta}_i, \boldsymbol{\beta}_i)$$
$$= 0$$

得

$$\lambda_i = -\frac{(\boldsymbol{\alpha}_k, \boldsymbol{\beta}_i)}{(\boldsymbol{\beta}_i, \boldsymbol{\beta}_i)}, \quad i = 1, 2, \cdots, k-1.$$

这样, 直到把 $\boldsymbol{\alpha}_1, \boldsymbol{\alpha}_2, \cdots, \boldsymbol{\alpha}_s$ 都用完, 就得到正交向量组

$$\begin{cases} \boldsymbol{\beta}_1 = \boldsymbol{\alpha}_1, \\ \boldsymbol{\beta}_2 = \boldsymbol{\alpha}_2 - \dfrac{(\boldsymbol{\alpha}_2, \boldsymbol{\beta}_1)}{(\boldsymbol{\beta}_1, \boldsymbol{\beta}_1)} \boldsymbol{\beta}_1, \\ \boldsymbol{\beta}_3 = \boldsymbol{\alpha}_3 - \dfrac{(\boldsymbol{\alpha}_3, \boldsymbol{\beta}_1)}{(\boldsymbol{\beta}_1, \boldsymbol{\beta}_1)} \boldsymbol{\beta}_1 - \dfrac{(\boldsymbol{\alpha}_3, \boldsymbol{\beta}_2)}{(\boldsymbol{\beta}_2, \boldsymbol{\beta}_2)} \boldsymbol{\beta}_2, \\ \qquad\qquad \cdots\cdots \\ \boldsymbol{\beta}_s = \boldsymbol{\alpha}_s - \dfrac{(\boldsymbol{\alpha}_s, \boldsymbol{\beta}_1)}{(\boldsymbol{\beta}_1, \boldsymbol{\beta}_1)} \boldsymbol{\beta}_1 - \dfrac{(\boldsymbol{\alpha}_s, \boldsymbol{\beta}_2)}{(\boldsymbol{\beta}_2, \boldsymbol{\beta}_2)} \boldsymbol{\beta}_2 - \cdots - \dfrac{(\boldsymbol{\alpha}_s, \boldsymbol{\beta}_{s-1})}{(\boldsymbol{\beta}_{s-1}, \boldsymbol{\beta}_{s-1})} \boldsymbol{\beta}_{s-1}. \end{cases} \tag{5.17}$$

四、向量空间的标准正交基

定义 5.8 如果向量空间 $\mathbf{R}^n$ 中的一组基是正交向量组,则称这组基为**正交基**;如果一组正交基中的向量都是单位向量,则称这组基为**标准正交基**.

基本向量组就是 $\mathbf{R}^n$ 的标准正交基,任意给出 $\mathbf{R}^n$ 的一组基,根据式(5.17)就可以生成一组正交基;再对基中每个向量进行单位化(这显然不改变这组向量的正交性),即可得出 $\mathbf{R}^n$ 的一组标准正交基.

例 6 证明向量组 $\boldsymbol{\alpha}_1 = (1,1,0,0)^{\mathrm{T}}, \boldsymbol{\alpha}_2 = (1,0,1,0)^{\mathrm{T}}, \boldsymbol{\alpha}_3 = (-1,0,0,1)^{\mathrm{T}},$ $\boldsymbol{\alpha}_4 = (1,-1,-1,1)^{\mathrm{T}}$ 是 $\mathbf{R}^4$ 的一组基,并由这组基生成一组标准正交基.

证 因为

$$\begin{vmatrix} 1 & 1 & -1 & 1 \\ 1 & 0 & 0 & -1 \\ 0 & 1 & 0 & -1 \\ 0 & 0 & 1 & 1 \end{vmatrix} = -4 \neq 0,$$

所以 $\boldsymbol{\alpha}_1, \boldsymbol{\alpha}_2, \boldsymbol{\alpha}_3, \boldsymbol{\alpha}_4$ 线性无关,构成 $\mathbf{R}^4$ 的一组基.用施密特正交化过程将它们正交化

$$\boldsymbol{\beta}_1 = \boldsymbol{\alpha}_1 = (1,1,0,0)^{\mathrm{T}},$$

$$\boldsymbol{\beta}_2 = \boldsymbol{\alpha}_2 - \frac{(\boldsymbol{\alpha}_2, \boldsymbol{\beta}_1)}{(\boldsymbol{\beta}_1, \boldsymbol{\beta}_1)} \boldsymbol{\beta}_1 = (1,0,1,0)^{\mathrm{T}} - \frac{1}{2}(1,1,0,0)^{\mathrm{T}}$$

$$= \left(\frac{1}{2}, -\frac{1}{2}, 1, 0\right)^{\mathrm{T}},$$

$$\boldsymbol{\beta}_3 = \boldsymbol{\alpha}_3 - \frac{(\boldsymbol{\alpha}_3, \boldsymbol{\beta}_1)}{(\boldsymbol{\beta}_1, \boldsymbol{\beta}_1)} \boldsymbol{\beta}_1 - \frac{(\boldsymbol{\alpha}_3, \boldsymbol{\beta}_2)}{(\boldsymbol{\beta}_2, \boldsymbol{\beta}_2)} \boldsymbol{\beta}_2$$

$$= (-1,0,0,1)^{\mathrm{T}} - \frac{-1}{2}(1,1,0,0)^{\mathrm{T}} - \frac{-1/2}{3/2}\left(\frac{1}{2}, -\frac{1}{2}, 1, 0\right)^{\mathrm{T}}$$

$$= \left(-\frac{1}{3}, \frac{1}{3}, \frac{1}{3}, 1\right)^{\mathrm{T}},$$

$$\boldsymbol{\beta}_4 = \boldsymbol{\alpha}_4 - \frac{(\boldsymbol{\alpha}_4, \boldsymbol{\beta}_1)}{(\boldsymbol{\beta}_1, \boldsymbol{\beta}_1)} \boldsymbol{\beta}_1 - \frac{(\boldsymbol{\alpha}_4, \boldsymbol{\beta}_2)}{(\boldsymbol{\beta}_2, \boldsymbol{\beta}_2)} \boldsymbol{\beta}_2 - \frac{(\boldsymbol{\alpha}_4, \boldsymbol{\beta}_3)}{(\boldsymbol{\beta}_3, \boldsymbol{\beta}_3)} \boldsymbol{\beta}_3$$

$$= (1,-1,-1,1)^{\mathrm{T}} - \frac{0}{2}(1,1,0,0)^{\mathrm{T}}$$

$$- \frac{0}{3\sqrt{2}}\left(\frac{1}{2}, -\frac{1}{2}, 1, 0\right)^{\mathrm{T}} - \frac{0}{4\sqrt{3}}\left(-\frac{1}{3}, \frac{1}{3}, \frac{1}{3}, 1\right)^{\mathrm{T}}$$

$$= (1,-1,-1,1)^{\mathrm{T}};$$

再单位化

$$\boldsymbol{\gamma}_1 = \frac{1}{\|\boldsymbol{\beta}_1\|}\boldsymbol{\beta}_1 = \frac{1}{\sqrt{2}}(1,1,0,0)^{\mathrm{T}} = \left(\frac{\sqrt{2}}{2},\frac{\sqrt{2}}{2},0,0\right)^{\mathrm{T}},$$

$$\boldsymbol{\gamma}_2 = \frac{1}{\|\boldsymbol{\beta}_2\|}\boldsymbol{\beta}_2 = \frac{\sqrt{2}}{\sqrt{3}}\left(\frac{1}{2},-\frac{1}{2},1,0\right)^{\mathrm{T}} = \left(\frac{\sqrt{6}}{6},-\frac{\sqrt{6}}{6},\frac{\sqrt{6}}{3},0\right)^{\mathrm{T}},$$

$$\boldsymbol{\gamma}_3 = \frac{1}{\|\boldsymbol{\beta}_3\|}\boldsymbol{\beta}_3 = \frac{\sqrt{3}}{2}\left(-\frac{1}{3},\frac{1}{3},\frac{1}{3},1\right)^{\mathrm{T}} = \left(-\frac{\sqrt{3}}{6},\frac{\sqrt{3}}{6},\frac{\sqrt{3}}{6},\frac{\sqrt{3}}{2}\right)^{\mathrm{T}},$$

$$\boldsymbol{\gamma}_4 = \frac{1}{\|\boldsymbol{\beta}_4\|}\boldsymbol{\beta}_4 = \frac{1}{2}(1,-1,-1,1)^{\mathrm{T}} = \left(\frac{1}{2},-\frac{1}{2},-\frac{1}{2},\frac{1}{2}\right)^{\mathrm{T}}.$$

这样就得到了 $\mathbf{R}^4$ 的由 $\boldsymbol{\alpha}_1,\boldsymbol{\alpha}_2,\boldsymbol{\alpha}_3,\boldsymbol{\alpha}_4$ 生成的一组标准正交基 $\boldsymbol{\gamma}_1,\boldsymbol{\gamma}_2,\boldsymbol{\gamma}_3,\boldsymbol{\gamma}_4$.

本节最后,介绍两组标准正交基之间的过渡矩阵的一个性质.

设 $\boldsymbol{\xi}_1,\boldsymbol{\xi}_2,\cdots,\boldsymbol{\xi}_n$ 与 $\boldsymbol{\eta}_1,\boldsymbol{\eta}_2,\cdots,\boldsymbol{\eta}_n$ 为 $\mathbf{R}^n$ 的两组标准正交基,它们之间的过渡矩阵为 A,据式(5.5),即

$$(\boldsymbol{\eta}_1,\boldsymbol{\eta}_2,\cdots,\boldsymbol{\eta}_n) = (\boldsymbol{\xi}_1,\boldsymbol{\xi}_2,\cdots,\boldsymbol{\xi}_n)A.$$

上式转置得

$$\begin{pmatrix}\boldsymbol{\eta}_1^{\mathrm{T}}\\\boldsymbol{\eta}_2^{\mathrm{T}}\\\vdots\\\boldsymbol{\eta}_n^{\mathrm{T}}\end{pmatrix} = A^{\mathrm{T}}\begin{pmatrix}\boldsymbol{\xi}_1^{\mathrm{T}}\\\boldsymbol{\xi}_2^{\mathrm{T}}\\\vdots\\\boldsymbol{\xi}_n^{\mathrm{T}}\end{pmatrix}$$

由上两式得

$$\begin{pmatrix}\boldsymbol{\eta}_1^{\mathrm{T}}\\\boldsymbol{\eta}_2^{\mathrm{T}}\\\vdots\\\boldsymbol{\eta}_n^{\mathrm{T}}\end{pmatrix}(\boldsymbol{\eta}_1,\boldsymbol{\eta}_2,\cdots,\boldsymbol{\eta}_n) = A^{\mathrm{T}}\begin{pmatrix}\boldsymbol{\xi}_1^{\mathrm{T}}\\\boldsymbol{\xi}_2^{\mathrm{T}}\\\vdots\\\boldsymbol{\xi}_n^{\mathrm{T}}\end{pmatrix}(\boldsymbol{\xi}_1,\boldsymbol{\xi}_2,\cdots,\boldsymbol{\xi}_n)A. \tag{5.18}$$

上式左端作乘法的结果为

$$\begin{pmatrix}\boldsymbol{\eta}_1^{\mathrm{T}}\boldsymbol{\eta}_1 & \boldsymbol{\eta}_1^{\mathrm{T}}\boldsymbol{\eta}_2 & \cdots & \boldsymbol{\eta}_1^{\mathrm{T}}\boldsymbol{\eta}_n\\\boldsymbol{\eta}_2^{\mathrm{T}}\boldsymbol{\eta}_1 & \boldsymbol{\eta}_2^{\mathrm{T}}\boldsymbol{\eta}_2 & \cdots & \boldsymbol{\eta}_2^{\mathrm{T}}\boldsymbol{\eta}_n\\\vdots & \vdots & & \vdots\\\boldsymbol{\eta}_n^{\mathrm{T}}\boldsymbol{\eta}_1 & \boldsymbol{\eta}_n^{\mathrm{T}}\boldsymbol{\eta}_2 & \cdots & \boldsymbol{\eta}_n^{\mathrm{T}}\boldsymbol{\eta}_n\end{pmatrix}. \tag{5.19}$$

因为 $\boldsymbol{\eta}_1,\boldsymbol{\eta}_2,\cdots,\boldsymbol{\eta}_n$ 是标准正交基,所以

$$\boldsymbol{\eta}_i^{\mathrm{T}}\boldsymbol{\eta}_j = \begin{cases}1, & i=j,\\0, & i\neq j.\end{cases}$$

从而矩阵(5.19)是单位阵 E. 类似地

$$\begin{pmatrix} \boldsymbol{\xi}_1^{\mathrm{T}} \\ \boldsymbol{\xi}_2^{\mathrm{T}} \\ \vdots \\ \boldsymbol{\xi}_n^{\mathrm{T}} \end{pmatrix} (\boldsymbol{\xi}_1, \boldsymbol{\xi}_2, \cdots, \boldsymbol{\xi}_n) = E.$$

由式(5.18)得出如下定理.

定理 5.6　设 $\boldsymbol{\xi}_1, \boldsymbol{\xi}_2, \cdots, \boldsymbol{\xi}_n$ 与 $\boldsymbol{\eta}_1, \boldsymbol{\eta}_2, \cdots, \boldsymbol{\eta}_n$ 为 $\mathbf{R}^n$ 的两组标准正交基,则由 $\boldsymbol{\xi}_1,$ $\boldsymbol{\xi}_2, \cdots, \boldsymbol{\xi}_n$ 到 $\boldsymbol{\eta}_1, \boldsymbol{\eta}_2, \cdots, \boldsymbol{\eta}_n$ 的过渡矩阵 A 满足 $A^{\mathrm{T}} A = E.$

5.3　正　交　矩　阵

$\mathbf{R}^n$ 的两个标准正交基之间的过渡矩阵 A 满足 $A^{\mathrm{T}} A = E$,由此引入正交矩阵的概念.

定义 5.9　如果实数域上的方阵 A 满足

$$A^{\mathrm{T}} A = E,$$

则称 A 为**正交矩阵**.

例 1　证明下列矩阵都是正交阵.

(1) E;
　　　　　　　　　　　(2) $A = \begin{pmatrix} 1 & 0 \\ 0 & -1 \end{pmatrix}$;

(3) $B = \begin{pmatrix} \cos\theta & -\sin\theta \\ \sin\theta & \cos\theta \end{pmatrix}$;
　　　(4) $\begin{pmatrix} \dfrac{\sqrt{2}}{2} & \dfrac{\sqrt{2}}{6} & \dfrac{2}{3} \\ 0 & -\dfrac{2\sqrt{2}}{3} & \dfrac{1}{3} \\ -\dfrac{\sqrt{2}}{2} & \dfrac{\sqrt{2}}{6} & \dfrac{2}{3} \end{pmatrix}$.

证　(1) $E^{\mathrm{T}} E = EE = E$,故 E 是正交阵.

(2) 因 $A^{\mathrm{T}} A = \begin{pmatrix} 1 & 0 \\ 0 & -1 \end{pmatrix} \begin{pmatrix} 1 & 0 \\ 0 & -1 \end{pmatrix} = \begin{pmatrix} 1 & 0 \\ 0 & 1 \end{pmatrix}$,故 A 是正交阵.

(3) 因 $B^{\mathrm{T}} B = \begin{pmatrix} \cos\theta & \sin\theta \\ -\sin\theta & \cos\theta \end{pmatrix} \begin{pmatrix} \cos\theta & -\sin\theta \\ \sin\theta & \cos\theta \end{pmatrix}$

$$= \begin{pmatrix} \cos^2\theta + \sin^2\theta & -\cos\theta\sin\theta + \sin\theta\cos\theta \\ -\sin\theta\cos\theta + \cos\theta\sin\theta & \sin^2\theta + \cos^2\theta \end{pmatrix}$$

$$= \begin{pmatrix} 1 & 0 \\ 0 & 1 \end{pmatrix},$$

故 B 是正交阵.

（4）因

$$C^{\mathrm{T}}C=\begin{pmatrix}\dfrac{\sqrt{2}}{2}&0&-\dfrac{\sqrt{2}}{2}\\[3mm]\dfrac{\sqrt{2}}{6}&-\dfrac{2\sqrt{2}}{3}&\dfrac{\sqrt{2}}{6}\\[3mm]\dfrac{2}{3}&\dfrac{1}{3}&\dfrac{2}{3}\end{pmatrix}\begin{pmatrix}\dfrac{\sqrt{2}}{2}&\dfrac{\sqrt{2}}{6}&\dfrac{2}{3}\\[3mm]0&-\dfrac{2\sqrt{2}}{3}&\dfrac{1}{3}\\[3mm]-\dfrac{\sqrt{2}}{2}&\dfrac{\sqrt{2}}{6}&\dfrac{2}{3}\end{pmatrix}=\begin{pmatrix}1&0&0\\0&1&0\\0&0&1\end{pmatrix},$$

故 C 是正交阵.

定理 5.7 设 $A=(a_{ij})$，是 n 阶实矩阵，则下列条件等价：

（1）A 为正交阵；

（2）$A^{-1}=A^{\mathrm{T}}$；

（3）A 的列向量组是 $\mathbf{R}^n$ 的一组标准正交基；

（4）A 的行向量组是 $\mathbf{R}^n$ 的一组标准正交基.

证 （1）与（2）等价是显然的，下证（1）与（3）等价.

设 $A=(\boldsymbol{\eta}_1,\boldsymbol{\eta}_2,\cdots,\boldsymbol{\eta}_n)$，其中 $\boldsymbol{\eta}_1,\boldsymbol{\eta}_2,\cdots,\boldsymbol{\eta}_n$ 为 A 的列向量组，则 A 为正交阵等价于

$$A^{\mathrm{T}}A=E,$$

它又等价于

$$A^{\mathrm{T}}A=\begin{pmatrix}\boldsymbol{\eta}_1^{\mathrm{T}}\\\boldsymbol{\eta}_2^{\mathrm{T}}\\\vdots\\\boldsymbol{\eta}_n^{\mathrm{T}}\end{pmatrix}(\boldsymbol{\eta}_1,\boldsymbol{\eta}_2,\cdots,\boldsymbol{\eta}_n)=\begin{pmatrix}\boldsymbol{\eta}_1^{\mathrm{T}}\boldsymbol{\eta}_1&\boldsymbol{\eta}_1^{\mathrm{T}}\boldsymbol{\eta}_2&\cdots&\boldsymbol{\eta}_1^{\mathrm{T}}\boldsymbol{\eta}_n\\\boldsymbol{\eta}_2^{\mathrm{T}}\boldsymbol{\eta}_1&\boldsymbol{\eta}_2^{\mathrm{T}}\boldsymbol{\eta}_2&\cdots&\boldsymbol{\eta}_2^{\mathrm{T}}\boldsymbol{\eta}_n\\\vdots&\vdots&&\vdots\\\boldsymbol{\eta}_n^{\mathrm{T}}\boldsymbol{\eta}_1&\boldsymbol{\eta}_n^{\mathrm{T}}\boldsymbol{\eta}_2&\cdots&\boldsymbol{\eta}_n^{\mathrm{T}}\boldsymbol{\eta}_n\end{pmatrix}=E,$$

上式等价于

$$\boldsymbol{\eta}_i^{\mathrm{T}}\boldsymbol{\eta}_j=\begin{cases}1,&i=j,\\0,&i\neq j,\end{cases}$$

即 A 的列向量组 $\boldsymbol{\eta}_1,\boldsymbol{\eta}_2,\cdots,\boldsymbol{\eta}_n$ 为 $\mathbf{R}^n$ 的一组标准正交基.

（1）与（4）等价的证明与（1）与（3）等价的证明相仿，从略.

定理 5.8 设 A 为正交阵，则 $|A|=1$ 或 -1.

证 由 A 为正交阵知 $AA^{\mathrm{T}}=E$，因 $|AA^{\mathrm{T}}|=|A||A^{\mathrm{T}}|=|A|^2=|E|=1$，故 $|A|=1$ 或 -1.

例如，例 1 中四个正交阵的行列式分别为 $1,-1,1,-1$. 但定理 5.8 的逆命题不成立，即行列式是 1 或 -1 的方阵不见得是正交阵，例如，二阶方阵 $\begin{pmatrix}1&2\\0&1\end{pmatrix}$ 的行列式是 1，但因

$$\begin{pmatrix} 1 & 0 \\ 2 & 1 \end{pmatrix}\begin{pmatrix} 1 & 2 \\ 0 & 1 \end{pmatrix} = \begin{pmatrix} 1 & 2 \\ 2 & 5 \end{pmatrix} \neq E.$$

所以 $\begin{pmatrix} 1 & 2 \\ 0 & 1 \end{pmatrix}$ 不是正交阵.

定理 5.9 如果 A 是正交阵,则 A^{-1}, A^{T}, A^{*} 都是正交阵,如果 B 也是正交阵,则 AB 是正交阵.

证 因为 A 是正交阵,所以 $A^{T} = A^{-1}, (A^{-1})^{-1} = (A^{T})^{-1} = (A^{-1})^{T}$,故 A^{-1} 是正交阵. 由 $(A^{T})^{T} = (A^{-1})^{T} = (A^{T})^{-1}$ 知 A^{T} 是正交阵. 由 $(A^{*})^{T} = (A^{T})^{*} = (A^{-1})^{*} = (A^{*})^{-1}$ 知, A^{*} 是正交阵. 由 $(AB)^{T} = B^{T}A^{T} = B^{-1}A^{-1} = (AB)^{-1}$ 知, AB 是正交阵.

习 题 5

(A)

1. 判断下列向量的集合是否构成一个向量空间.

(1) $V_{1} = \{(x_{1}, 0, x_{3})^{T} \mid x_{1}, x_{3} \in \mathbf{R}\}$;

(2) $V_{2} = \{(x_{1}, x_{2}, x_{3})^{T} \mid x_{1} + x_{2} + x_{3} = 0\}$;

(3) $V_{3} = \left\{(x_{1}, x_{2}, x_{3})^{T} \mid x_{1} = \dfrac{1}{2}x_{2} + \dfrac{1}{3}x_{3}\right\}$;

(4) $V_{4} = \{(x_{1}, x_{2}, x_{3})^{T} \mid x_{1} + x_{2} + x_{3} = 1\}$.

2. 设向量组

$$\boldsymbol{\alpha}_{1} = \begin{pmatrix} 1 \\ 1 \\ 0 \\ 0 \end{pmatrix}, \quad \boldsymbol{\alpha}_{2} = \begin{pmatrix} 1 \\ 0 \\ 1 \\ 1 \end{pmatrix}, \quad \boldsymbol{\alpha}_{3} = \begin{pmatrix} 2 \\ -1 \\ 3 \\ 3 \end{pmatrix}, \quad \boldsymbol{\alpha}_{4} = \begin{pmatrix} 0 \\ 1 \\ -1 \\ -1 \end{pmatrix}.$$

$V = L(\boldsymbol{\alpha}_{1}, \boldsymbol{\alpha}_{2}, \boldsymbol{\alpha}_{3}, \boldsymbol{\alpha}_{4})$,求 $\dim V$.

3. 求由 $\mathbf{R}^{2}$ 的基 $\boldsymbol{\alpha}_{1} = \begin{pmatrix} 1 \\ 0 \end{pmatrix}, \boldsymbol{\alpha}_{2} = \begin{pmatrix} 1 \\ -1 \end{pmatrix}$ 到基 $\boldsymbol{\beta}_{1} = \begin{pmatrix} 1 \\ 1 \end{pmatrix}, \boldsymbol{\beta}_{2} = \begin{pmatrix} 1 \\ 2 \end{pmatrix}$ 的过渡矩阵.

4. 证明向量组

$$A: \boldsymbol{\alpha}_{1} = \begin{pmatrix} 1 \\ 1 \\ 1 \end{pmatrix}, \quad \boldsymbol{\alpha}_{2} = \begin{pmatrix} 1 \\ 0 \\ -1 \end{pmatrix}, \quad \boldsymbol{\alpha}_{3} = \begin{pmatrix} 1 \\ 0 \\ 1 \end{pmatrix};$$

$$B: \boldsymbol{\beta}_{1} = \begin{pmatrix} 1 \\ 2 \\ 1 \end{pmatrix}, \quad \boldsymbol{\beta}_{2} = \begin{pmatrix} 2 \\ 3 \\ 4 \end{pmatrix}, \quad \boldsymbol{\beta}_{3} = \begin{pmatrix} 3 \\ 4 \\ 3 \end{pmatrix},$$

是 $\mathbf{R}^{3}$ 的两组基. 利用坐标变换公式求向量 $\boldsymbol{\xi} = \boldsymbol{\beta}_{1} + 2\boldsymbol{\beta}_{2} - 3\boldsymbol{\beta}_{3}$ 在基 A 下的坐标.

5. 已知 $\boldsymbol{\alpha}_{1}, \boldsymbol{\alpha}_{2}, \boldsymbol{\alpha}_{3}$ 是 $\mathbf{R}^{3}$ 的一组基,又

$$\boldsymbol{\beta}_{1} = \boldsymbol{\alpha}_{1} - \boldsymbol{\alpha}_{2} + 2\boldsymbol{\alpha}_{3}, \quad \boldsymbol{\beta}_{2} = 2\boldsymbol{\alpha}_{1} - \boldsymbol{\alpha}_{2} + 2\boldsymbol{\alpha}_{3}, \quad \boldsymbol{\beta}_{3} = \boldsymbol{\alpha}_{1} + 3\boldsymbol{\alpha}_{2} - 5\boldsymbol{\alpha}_{3}.$$

证明:$\boldsymbol{\beta}_1,\boldsymbol{\beta}_2,\boldsymbol{\beta}_3$ 也是 $\mathbf{R}^3$ 的一组基,设 $\boldsymbol{\gamma}$ 在基 $\boldsymbol{\alpha}_1,\boldsymbol{\alpha}_2,\boldsymbol{\alpha}_3$ 下的坐标是 $1,-3,5$,求其在基 $\boldsymbol{\beta}_1,\boldsymbol{\beta}_2,\boldsymbol{\beta}_3$ 下的坐标.

6. 设 $\boldsymbol{\alpha}=(4,0,3)^{\mathrm{T}},\boldsymbol{\beta}=(-\sqrt{3},3,2)^{\mathrm{T}}$,求这两个向量的长度及两向量之间的夹角.

7. 将下列向量组单位正交化.

(1) $\boldsymbol{\alpha}_1=\begin{pmatrix}1\\-2\\2\end{pmatrix},\boldsymbol{\alpha}_2=\begin{pmatrix}-1\\0\\-1\end{pmatrix},\boldsymbol{\alpha}_3=\begin{pmatrix}5\\-3\\-7\end{pmatrix}$;

(2) $\boldsymbol{\alpha}_1=\begin{pmatrix}1\\1\\1\\1\end{pmatrix},\boldsymbol{\alpha}_2=\begin{pmatrix}3\\3\\-1\\-1\end{pmatrix},\boldsymbol{\alpha}_3=\begin{pmatrix}-2\\0\\6\\8\end{pmatrix}$.

8. 若向量 $\boldsymbol{\alpha}$ 与 $\boldsymbol{\beta}$ 正交,则对任意实数 $a,b,a\boldsymbol{\alpha}$ 与 $b\boldsymbol{\beta}$ 也正交.

9. 若向量 $\boldsymbol{\beta}$ 与向量 $\boldsymbol{\alpha}_1,\boldsymbol{\alpha}_2$ 都正交,则 $\boldsymbol{\beta}$ 与 $\boldsymbol{\alpha}_1,\boldsymbol{\alpha}_2$ 的任一线性组合也正交.

10. 判断下列矩阵是否为正交矩阵.

(1) $\begin{pmatrix}\dfrac{\sqrt{3}}{2} & -\dfrac{1}{2}\\[2mm]\dfrac{1}{2} & \dfrac{\sqrt{3}}{2}\end{pmatrix}$;   (2) $\begin{pmatrix}\dfrac{1}{3} & \dfrac{2}{3} & \dfrac{2}{3}\\[2mm]\dfrac{2}{3} & \dfrac{1}{3} & -\dfrac{2}{3}\\[2mm]\dfrac{2}{3} & -\dfrac{2}{3} & \dfrac{1}{3}\end{pmatrix}$.

11. 若 A 是实对称矩阵,Q 是正交矩阵,则 $Q^{-1}AQ$ 是实对称矩阵.

(B)

1. 设 $\boldsymbol{\alpha},\boldsymbol{\beta},\boldsymbol{\gamma}$ 是任意 n 维列向量,证明:

(1) $|\,\|\boldsymbol{\alpha}\|-\|\boldsymbol{\beta}\|\,|\leqslant\|\boldsymbol{\alpha}+\boldsymbol{\beta}\|$;

(2) $\|\boldsymbol{\alpha}+\boldsymbol{\beta}\|^2+\|\boldsymbol{\alpha}-\boldsymbol{\beta}\|^2=2\|\boldsymbol{\alpha}\|^2+2\|\boldsymbol{\beta}\|^2$;

(3) $\boldsymbol{\alpha}^{\mathrm{T}}\boldsymbol{\beta}=\dfrac{1}{4}\|\boldsymbol{\alpha}+\boldsymbol{\beta}\|^2-\dfrac{1}{4}\|\boldsymbol{\alpha}-\boldsymbol{\beta}\|^2$.

2. 求齐次线性方程组

$$\begin{cases}x_1+x_2-3x_3-x_5=0,\\x_1-x_2+3x_3-x_4-x_5=0,\\x_1+x_3-2x_4-x_5=0\end{cases}$$

的解构成的向量空间的一个标准正交基.

3. 若 $\mathbf{R}^n$ 中的向量 $\boldsymbol{\alpha}$ 与 $\mathbf{R}^n$ 中的任意向量都正交,则 $\boldsymbol{\alpha}$ 必是零向量.

4. 设 A 是 n 阶正交矩阵,$\boldsymbol{\alpha},\boldsymbol{\beta}$ 是 $\mathbf{R}^n$ 中的非零向量. 证明:若 $A^2=E$,则 $\boldsymbol{\alpha}^{\mathrm{T}}A^{\mathrm{T}}\boldsymbol{\beta}=\boldsymbol{\alpha}^{\mathrm{T}}A\boldsymbol{\beta}$.

5. 设 $\boldsymbol{\alpha}$ 为 n 维列向量,A 为 n 阶正交矩阵,证明:$\|A\boldsymbol{\alpha}\|=\|\boldsymbol{\alpha}\|$.

6. 如果 $\boldsymbol{\eta}_1,\boldsymbol{\eta}_2,\cdots,\boldsymbol{\eta}_n$ 是 $\mathbf{R}^n$ 的一组标准正交基,A 为 n 阶正交矩阵,则 $A\boldsymbol{\eta}_1,A\boldsymbol{\eta}_2,\cdots,A\boldsymbol{\eta}_n$ 也是一组标准正交基.

第6章

矩阵的对角化

在经济分析和经济理论的研究中,经常需要求一个方阵的特征值和特征向量,以及在矩阵相似的意义下,把矩阵化为对角矩阵.本章讨论矩阵的特征值与特征向量的概念及特征值与特征向量的求法、相似矩阵的概念及其性质、矩阵与对角阵相似的条件及对角化的方法、实对称矩阵的对角化方法,矩阵级数的概念及投入产出分析的基本原理.

6.1 矩阵的特征值与特征向量

一、矩阵的特征值与特征向量的定义

定义 6.1 设 A 是数域 F 上的 n 阶矩阵,如果存在一个复数 λ 与复数域上的非零列向量 $\boldsymbol{\alpha}$,使得

$$A\boldsymbol{\alpha} = \lambda\boldsymbol{\alpha}, \tag{6.1}$$

则称 λ 为 A 的一个**特征值**,称 $\boldsymbol{\alpha}$ 为 A 的属于特征值 λ 的**特征向量**.

例如

$$A = \begin{pmatrix} 3 & 1 \\ 5 & -1 \end{pmatrix}, \quad \lambda = -2, \quad \boldsymbol{\alpha} = \begin{pmatrix} 1 \\ -5 \end{pmatrix},$$

则有

$$A\boldsymbol{\alpha} = \begin{pmatrix} 3 & 1 \\ 5 & -1 \end{pmatrix} \begin{pmatrix} 1 \\ -5 \end{pmatrix} = -2 \begin{pmatrix} 1 \\ -5 \end{pmatrix} = \lambda\boldsymbol{\alpha},$$

即 $\lambda = -2$ 是 A 的一个特征值,$(1, -5)^{\mathrm{T}}$ 是矩阵 A 的属于 $\lambda = 2$ 的特征向量.

对未知量 λ,设

$$A = \begin{pmatrix} a_{11} & a_{12} & \cdots & a_{1n} \\ a_{21} & a_{22} & \cdots & a_{2n} \\ \vdots & \vdots & & \vdots \\ a_{n1} & a_{n2} & \cdots & a_{nn} \end{pmatrix}, \quad \boldsymbol{\alpha} = \begin{pmatrix} x_1 \\ x_2 \\ \vdots \\ x_n \end{pmatrix}.$$

式(6.1)可以写成

$$(\lambda E - A)\boldsymbol{\alpha} = O,$$

即

$$\begin{cases} (\lambda - a_{11})x_1 - a_{12}x_2 - \cdots - a_{1n}x_n = 0, \\ -a_{21}x_1 + (\lambda - a_{22}x_2) - \cdots - a_{2n}x_n = 0, \\ \qquad \cdots \cdots \\ -a_{n1}x_1 - a_{n2}x_2 - \cdots + (\lambda - a_{nn}x_n) = 0. \end{cases}$$

此方程组有非零解的充要条件是行列式

$$|\lambda E - A| = 0.$$

定义 6.2 设 A 为 n 阶矩阵,λ 是一个未知量,称矩阵 $\lambda E - A$ 为 A 的**特征矩阵**. 行列式 $f(\lambda) = |\lambda E - A|$ 称为 A 的**特征多项式**,$|\lambda E - A| = 0$ 称为 A 的**特征方程**.

由行列式的性质可知,特征多项式 $f(\lambda) = |\lambda E - A|$ 是关于 λ 的 n 次多项式. λ_0 是矩阵 A 的一个特征值的充要条件是 λ_0 为特征方程 $|\lambda E - A| = 0$ 的根,因此矩阵的特征值也称为**特征根**.

在复数域内,特征方程有 n 个根,矩阵 A 有 n 个特征值,如果其中有 k 重根,则将其称为矩阵 A 的 k 重特征值.

如果 λ_0 是矩阵 A 的特征值,$\boldsymbol{\alpha}$ 是 A 的属于 λ_0 的特征向量,则

$$A\boldsymbol{\alpha} = \lambda_0 \boldsymbol{\alpha},$$

即

$$\lambda_0 \boldsymbol{\alpha} - A\boldsymbol{\alpha} = \boldsymbol{0},$$
$$(\lambda_0 E - A)\boldsymbol{\alpha} = \boldsymbol{0}.$$

因 $\boldsymbol{\alpha} \neq \boldsymbol{0}$,即 $\boldsymbol{\alpha}$ 是齐次线性方程组

$$(\lambda_0 E - A)X = O \tag{6.2}$$

的非零解,所以求 A 的属于 λ_0 的特征向量,就是求齐次线性方程组(6.2)的全部非零解.

二、矩阵的特征值与特征向量的求法

矩阵 A 的特征值 λ_0 是 A 的特征方程 $|\lambda E - A| = 0$ 的一个根,而 A 的属于 λ_0 的特征向量都是齐次线性方程组 $(\lambda_0 E - A)X = O$ 的非零解,因此,矩阵 A 的全部特征值与特征向量的求法可归纳如下:

(1) 计算矩阵 A 的特征多项式 $f(\lambda) = |\lambda E - A|$;

(2) 求出特征方程 $|\lambda E - A| = 0$ 的全部根,即矩阵 A 的全部特征值;

(3) 对于 A 的每一个特征值 λ_0,求出其相应的齐次线性方程组 $(\lambda_0 E - A)X = O$ 的一个基础解系 $\boldsymbol{\eta}_1, \boldsymbol{\eta}_2, \cdots, \boldsymbol{\eta}_{n-r}$,其中 $r = r(\lambda_0 E - A)$,即 r 为矩阵 A 的特征矩阵 $\lambda_0 E - A$ 的秩,则 A 的属于 λ_0 的全部特征向量为

$$k_1 \boldsymbol{\eta}_1 + k_2 \boldsymbol{\eta}_2 + \cdots + k_{n-r} \boldsymbol{\eta}_{n-r}.$$

其中 $k_1, k_2, \cdots, k_{n-r}$ 是数域 F 中的一组不全为零的任意常数.

例1 求矩阵 $A = \begin{pmatrix} 3 & 4 \\ 5 & 2 \end{pmatrix}$ 的特征值与特征向量.

解 由矩阵 A 的特征方程

$$|\lambda E - A| = \begin{vmatrix} \lambda - 3 & -4 \\ -5 & \lambda - 2 \end{vmatrix} = \lambda^2 - 5\lambda - 14 = (\lambda - 7)(\lambda + 2) = 0,$$

得 A 的全部特征值为 $\lambda_1 = 7, \lambda_2 = -2$.

对 $\lambda_1 = 7$, 解齐次线性方程组

$$(\lambda_1 E - A)X = \begin{pmatrix} 4 & -4 \\ -5 & 5 \end{pmatrix} \begin{pmatrix} x_1 \\ x_2 \end{pmatrix} = O.$$

即

$$\begin{cases} 4x_1 - 4x_2 = 0, \\ -5x_1 + 5x_2 = 0, \end{cases}$$

得一个基础解系为 $(1,1)^T$, 所以 A 的属于特征值 λ_1 的全部特征向量为
$$k_1(1,1)^T, k_1 \text{ 为任意非零常数}.$$

对 $\lambda_2 = -2$, 解齐次线性方程组 $(-2E - A)X = O$, 即

$$\begin{cases} -5x_1 - 4x_2 = 0, \\ -5x_1 - 4x_2 = 0, \end{cases}$$

得一个基础解系为 $(4, -5)^T$, 所以 A 的属于特征值 λ_2 的全部特征向量为
$$k_2(4, -5)^T, k_2 \text{ 为任意非零常数}.$$

例2 求矩阵

$$A = \begin{pmatrix} -1 & 1 & 0 \\ -4 & 3 & 0 \\ 1 & 0 & 2 \end{pmatrix}$$

的特征值与特征向量.

解 解矩阵 A 的特征方程

$$\begin{aligned}
|\lambda E - A| &= \begin{vmatrix} \lambda + 1 & -1 & 0 \\ 4 & \lambda - 3 & 0 \\ -1 & 0 & \lambda - 2 \end{vmatrix} \\
&= (\lambda - 2) \begin{vmatrix} \lambda + 1 & -1 \\ 4 & \lambda - 3 \end{vmatrix} \\
&= (\lambda - 2)(\lambda - 1)^2 = 0.
\end{aligned}$$

得 A 的全部特征值为 $\lambda_1 = 2, \lambda_2 = 1$(二重).

对 $\lambda_1 = 2$, 解齐次线性方程组 $(2E - A)X = O$, 即

$$\begin{cases} 3x_1 - x_2 = 0, \\ 4x_1 - x_2 = 0, \\ -x_1 = 0, \end{cases}$$

得一个基础解系为 $(0,0,1)^T$,所以 A 的属于特征值 $\lambda_1 = 2$ 的全部特征向量为
$$k_1(0,0,1)^T,k_1 \text{ 为任意非零常数}.$$

对 $\lambda_2 = 1$(二重),解相应的齐次线性方程组 $(E-A)X=O$,即
$$\begin{cases} 2x_1 - x_2 = 0, \\ 4x_1 - 2x_2 = 0, \\ -x_1 - x_3 = 0, \end{cases}$$

得一个基础解系为 $(1,2,-1)^T$,所以 A 的属于特征值 $\lambda_2 = 1$(二重)的全部特征向量为
$$k_2(1,2,-1)^T,k_2 \text{ 为任意非零常数}.$$

例 3 求矩阵
$$A = \begin{pmatrix} 0 & 0 & 1 \\ 0 & 1 & 0 \\ 1 & 0 & 0 \end{pmatrix}$$

的特征值与特征向量.

解 解矩阵 A 的特征方程
$$|\lambda E-A| = \begin{vmatrix} \lambda & 0 & -1 \\ 0 & \lambda-1 & 0 \\ -1 & 0 & \lambda \end{vmatrix} = (\lambda-1)\begin{vmatrix} \lambda & -1 \\ -1 & \lambda \end{vmatrix} = (\lambda+1)(\lambda-1)^2 = 0,$$

得矩阵 A 的全部特征值为 $\lambda_1 = -1,\lambda_2 = 1$(二重).

对 $\lambda_1 = -1$,解齐次线性方程组 $(-E-A)X=O$,即
$$\begin{cases} -x_1 - x_3 = 0, \\ -x_2 = 0, \\ -x_1 - x_3 = 0, \end{cases}$$

得一个基础解系为 $(1,0,-1)^T$,A 的属于特征值 $\lambda_1 = -1$ 的全部特征向量为
$$k_1(1,0,-1)^T,k_1 \text{ 为任意非零常数}.$$

对 $\lambda_2 = 1$(二重),解齐次线性方程组 $(E-A)X=O$,即
$$\begin{cases} x_1 - x_3 = 0, \\ -x_1 + x_3 = 0, \end{cases}$$

得一个基础解系为 $(0,1,0)^T,(1,0,1)^T$,A 的属于特征值 $\lambda_2 = 1$(二重)的全部特征向量为
$$k_2(0,1,0)^T + k_3(1,0,1)^T,k_2,k_3 \text{ 为不全为零的任意常数}.$$

在以上例子中,可以看出矩阵 A 的 k 重特征值 λ_0 所对应的齐次线性方程组 $(\lambda_0 E-A)X=O$,其基础解系所含的解向量个数不一定是 k 个.

例4 求矩阵

$$A=\begin{pmatrix} 0 & 1 \\ -1 & 0 \end{pmatrix}$$

的特征值与特征向量.

解 矩阵 A 的特征方程为

$$|\lambda E-A|=\begin{vmatrix} \lambda & -1 \\ 1 & \lambda \end{vmatrix}=\lambda^2+1=0,$$

特征方程 $f(\lambda)=0$,在实数域内没有根,即在实数域内矩阵 A 无特征值. 在复数域内,特征方程 $f(\lambda)=0$ 的根为 $\lambda_1=i,\lambda_2=-i(i=\sqrt{-1})$.

对 $\lambda_1=i$,解齐次线性方程组 $(iE-A)=0$,即

$$\begin{cases} ix_1-x_2=0, \\ x_1+ix_2=0, \end{cases}$$

得一个基础解系为 $(1,i)^T$,矩阵 A 的属于 $\lambda_1=i$ 的全部特征向量为

$$k_1(1,i)^T,k_1 \text{ 为任意非零复数}.$$

对 $\lambda_2=-i$,解齐次线性方程组 $(-iE-A)X=O$,即

$$\begin{cases} -ix_1-x_2=0, \\ x_1-ix_2=0, \end{cases}$$

得一个基础解系为 $(1,-i)^T$,矩阵 A 的属于 $\lambda_2=-i$ 的全部特征向量为

$$k_2(1,-i)^T,k_2 \text{ 为任意非零复数}.$$

可以看出矩阵 A 的特征值,与讨论问题的数域有关系.

设 λ 为 n 阶方阵 A 的特征值,则有下列性质:

(1) λ^n 为矩阵 A^n 的特征值(n 为正整数);

(2) $\lambda\neq0$,且 A 可逆时,$\dfrac{1}{\lambda}$ 为 A^{-1} 的特征值;

(3) 矩阵 A 与其转置阵 A^T 有相同的特征值;

(4) $k\lambda$ 是矩阵 kA 的特征值(k 是任意常数).

证 (1) 若 $\boldsymbol{\alpha}$ 为 A 的属于 λ 的特征向量,即 $A\boldsymbol{\alpha}=\lambda\boldsymbol{\alpha}$,则

$$A^n\boldsymbol{\alpha}=A^{n-1}(A\boldsymbol{\alpha})=A^{n-1}(\lambda\boldsymbol{\alpha})=\lambda A^{n-1}\boldsymbol{\alpha}$$
$$=\lambda^2A^{n-2}\boldsymbol{\alpha}=\cdots=\lambda^n\boldsymbol{\alpha},$$

即 λ^n 为 A^n 的特征值.且由证明可知,A 的属于 λ 的特征向量 $\boldsymbol{\alpha}$ 也是 A^n 属于特征值 λ^n 的特征向量.

(3) 由 $(\lambda E-A)^T=\lambda E-A^T$,并根据行列式性质知下式成立.

$$|\lambda E-A|=|(\lambda E-A)^T|=|\lambda E-A^T|.$$

即矩阵 A 与其转置 A^T 有相同的特征多项式.于是,有相同的特征值.

(2),(4)留给读者证明.

例 5 如果 $A^2 = A$，则称 A 是幂等矩阵．求幂等矩阵的特征值．

解 设 λ 是 A 的一个特征值，$\boldsymbol{\alpha}$ 是 A 的属于 λ 的特征向量，即

$$A\boldsymbol{\alpha} = \lambda\boldsymbol{\alpha}.$$

由已知得

$$A^2\boldsymbol{\alpha} = \lambda\boldsymbol{\alpha},$$

又

$$A^2\boldsymbol{\alpha} = A(A\boldsymbol{\alpha}) = A(\lambda\boldsymbol{\alpha}) = \lambda(A\boldsymbol{\alpha}) = \lambda^2\boldsymbol{\alpha},$$

得

$$\lambda\boldsymbol{\alpha} = \lambda^2\boldsymbol{\alpha}.$$

即

$$(\lambda - \lambda^2)\boldsymbol{\alpha} = \boldsymbol{0}.$$

因 $\boldsymbol{\alpha} \neq \boldsymbol{0}$，所以只有 $\lambda - \lambda^2 = 0$，得 A 的特征值 $\lambda = 0$ 或 $\lambda = 1$．

三、矩阵的迹

矩阵的特征值与其特征多项式的系数有密切关系．

在矩阵 A 的特征多项式

$$f(\lambda) = |\lambda E - A| = \begin{vmatrix} \lambda - a_{11} & -a_{12} & \cdots & -a_{1n} \\ -a_{21} & \lambda - a_{22} & \cdots & -a_{2n} \\ \vdots & \vdots & & \vdots \\ -a_{n1} & -a_{n2} & \cdots & \lambda - a_{nn} \end{vmatrix}$$

的展开式中，有一项是主对角线上元素的连乘积

$$(\lambda - a_{11})(\lambda - a_{22})\cdots(\lambda - a_{nn}),$$

展开式中其余各项，至多包含 $n-2$ 个主对角线上的元素，它对 λ 的次数最高是 $n-2$．因此特征多项式中含 λ 的 n 次与 $n-1$ 次的项只能在主对角线上元素的连乘积中出现，它们是

$$\lambda^n - (a_{11} + a_{22} + \cdots + a_{nn})\lambda^{n-1}.$$

在特征多项式 $f(\lambda)$ 中令 $\lambda = 0$，即得特征多项式的常数项 $(-1)^n|A|$．

因此，如果只写出特征多项式的前两项与常数项，就有

$$f(\lambda) = |\lambda E - A| = \lambda^n - (a_{11} + a_{22} + \cdots + a_{nn})\lambda^{n-1} + \cdots + (-1)^n|A|.$$

由复数域上多项式根与系数的关系知，当 A 有 n 个特征根 $\lambda_1, \lambda_2, \cdots, \lambda_n$ 时（重根数按重数计算），有

$$\lambda_1\lambda_2\cdots\lambda_n = |A|,$$
$$\lambda_1 + \lambda_2 + \cdots + \lambda_n = a_{11} + a_{22} + \cdots + a_{nn}.$$

定义 6.3 设 $A = (a_{ij})$ 为 n 阶矩阵，A 的主对角线上元素之和称为 A 的**迹**，记为 $\mathrm{tr}(A)$，即

$$\text{tr}(A) = a_{11} + a_{22} + \cdots + a_{nn}.$$

矩阵的迹有下述性质:

(1) $\text{tr}(A+B) = \text{tr}(A) + \text{tr}(B)$;

(2) $\text{tr}(kA) = k \cdot \text{tr}(A)$;

(3) $\text{tr}(A^{\text{T}}) = \text{tr}(A)$;

(4) $\text{tr}(AB) = \text{tr}(BA)$;

(5) $\text{tr}(ABC) = \text{tr}(BCA) = \text{tr}(CAB)$.

证 设 $A = (a_{ij})_{n \times n}, B = (b_{ij})_{n \times n}$

(1) $\text{tr}(A+B) = \text{tr}(a_{ij} + b_{ij})_{n \times n} = \text{tr}(A) + \text{tr}(B)$.

$$(4) \ \text{tr}(AB) = \sum_{i=1}^{n} \left(\sum_{j=1}^{n} a_{ij} b_{ji} \right) = \sum_{i=1}^{n} \sum_{j=1}^{n} a_{ij} b_{ji};$$

$$\text{tr}(BA) = \sum_{j=1}^{n} \left(\sum_{i=1}^{n} b_{ji} a_{ij} \right) = \sum_{j=1}^{n} \sum_{i=1}^{n} a_{ij} b_{ji}.$$

由双重和号的可交换性,得 $\text{tr}(AB) = \text{tr}(BA)$.

其他性质都可以按矩阵的运算直接验证得到.

例 6 设 A, B 为 n 阶方阵,P 为 n 阶可逆矩阵,且 $P^{-1}AP = B$,试证 $\text{tr}(A) = \text{tr}(B)$.

证 $\text{tr}(B) = \text{tr}(P^{-1}AP) = \text{tr}(APP^{-1}) = \text{tr}(AE) = \text{tr}(A)$.

6.2 相似矩阵与矩阵的对角化

一、相似矩阵

定义 6.4 设 A, B 为 n 阶矩阵,如果存在一个可逆矩阵 P,使得

$$P^{-1}AP = B$$

成立,则称矩阵 A 与 B **相似**,记为 $A \sim B$.

例如,设

$$A = \begin{pmatrix} 2 & 1 \\ -1 & 0 \end{pmatrix}, \quad B = \begin{pmatrix} 1 & 1 \\ 0 & 1 \end{pmatrix}, \quad P = \begin{pmatrix} 1 & -1 \\ -1 & 2 \end{pmatrix},$$

因为

$$P^{-1}AP = \begin{pmatrix} 1 & -1 \\ -1 & 2 \end{pmatrix}^{-1} \begin{pmatrix} 2 & 1 \\ -1 & 0 \end{pmatrix} \begin{pmatrix} 1 & -1 \\ -1 & 2 \end{pmatrix}$$

$$= \begin{pmatrix} 0 & 1 \\ 1 & 1 \end{pmatrix} \begin{pmatrix} 1 & 0 \\ -1 & 1 \end{pmatrix} = \begin{pmatrix} 1 & 1 \\ 0 & 1 \end{pmatrix} = B,$$

所以 $A \sim B$.

由定义 6.4 知,矩阵的"相似"关系具有下述性质:

（1）自反性　$A \sim A$.

因 $A = E^{-1}AE$.

（2）对称性　如果 $A \sim B$，则 $B \sim A$.

如果设 $A \sim B$，则有可逆矩阵 P，使 $B = P^{-1}AP$，令 $C = P^{-1}$，因 $A = (P^{-1})^{-1}BP^{-1} = C^{-1}BC$，所以 $B \sim A$.

（3）传递性　如果 $A \sim B, B \sim C$，则 $A \sim C$.

如果设 $A \sim B, B \sim C$，则存在可逆矩阵 P_1, P_2 使 $B = P_1^{-1}AP_1, C = P_2^{-1}BP_2$，故 $C = P_2^{-1}P_1^{-1}AP_1P_2 = (P_1P_2)^{-1}A(P_1P_2)$，所以 $A \sim C$.

相似矩阵还有下面的性质：

（1）若 $A \sim B$，则 A 与 B 的行列式相等，即 $|A| = |B|$.

设 $A \sim B$，即存在可逆矩阵 P，使 $B = P^{-1}AP$，有

$$|B| = |P^{-1}AP| = |P^{-1}| |A| |P| = |P^{-1}| |P| |A| = |A|.$$

（2）若 $A \sim B$，则 A 可逆的充要条件是 B 可逆.

由（1）知，$|A| = |B|$，结论成立.

此性质说明，相似矩阵或者都可逆，或者都不可逆.

（3）若 $A \sim B$，且 A 可逆，则 A 的逆矩阵与 B 的逆矩阵也相似，即 $A^{-1} \sim B^{-1}$.

因 $A \sim B$，即存在可逆矩阵 P，使 $B = P^{-1}AP$，于是 $B^{-1} = (P^{-1}AP)^{-1} = P^{-1}A^{-1}P$，所以 $A^{-1} \sim B^{-1}$.

（4）若 $A \sim B$，则 A 与 B 有相同的特征多项式，即 $|\lambda E - B| = |\lambda E - A|$.

设 $B = P^{-1}AP$，则

$$|\lambda E - B| = |\lambda E - P^{-1}AP| = |P^{-1}(\lambda E - A)P| = |P^{-1}| |\lambda E - A| |P| = |\lambda E - A|.$$

但特征多项式相等的矩阵并不一定相似. 例如，矩阵

$$E_2 = \begin{pmatrix} 1 & 0 \\ 0 & 1 \end{pmatrix}, \quad A = \begin{pmatrix} 1 & 1 \\ 0 & 1 \end{pmatrix},$$

的特征多项式都是 $f(\lambda) = (\lambda - 1)^2$，但它们不相似，因为与 E_2 相似的矩阵只有它自己.

（5）若 $A \sim B$，则 $r(A) = r(B)$.

因 $B = P^{-1}AP$，即矩阵 A 经过若干次行与列的初等变换可化为 B，所以 A 与 B 有相同的秩.

例 1　证明，若 $A \sim B$，则 $A^T \sim B^T$.

证　因 $B = P^{-1}AP$，所以

$$B^T = (P^{-1}AP)^T = P^TA^T(P^{-1})^T = C^{-1}A^TC.$$

其中 $P^T = C^{-1}$，于是 $A^T \sim B^T$.

二、矩阵可以对角化的条件

对于给定的 n 阶方阵 A，只要存在可逆矩阵 P，使得 $B = P^{-1}AP$，A 与 B 就相

似,因此与 A 相似的矩阵很多.与 A 相似的矩阵中形式最简单的矩阵是数量矩阵,但因 $P^{-1}AP=kE$,则 $A=kE$.可见,与数量矩阵 kE 相似的矩阵只能是其自身.比数量矩阵稍复杂些的矩阵是对角矩阵,若矩阵 A 与对角矩阵相似,则称 A **可对角化**,如果矩阵 A 可对角化,就可利用相似矩阵间的共同性质,通过对角矩阵的性质,来了解矩阵 A 的性质.下面讨论矩阵 A 相似于对角矩阵的条件.

定理 6.1 数域 F 上的 n 阶矩阵 A 与对角矩阵相似的充要条件是 A 有 n 个线性无关的特征向量.

证 必要性.若 A 与对角矩阵

$$\Lambda=\mathrm{diag}(\lambda_1,\lambda_2,\cdots,\lambda_n)$$

相似,则必有可逆矩阵 $P=(\alpha_1,\alpha_2,\cdots,\alpha_n)$ 存在,使

$$P^{-1}AP=\Lambda,$$

即 $AP=P\Lambda$,亦即

$$A(\alpha_1,\alpha_2,\cdots,\alpha_n)=(\alpha_1,\alpha_2,\cdots,\alpha_n)\mathrm{diag}(\lambda_1,\lambda_2,\cdots,\lambda_n).$$

得

$$(A\alpha_1,A\alpha_2,\cdots,A\alpha_n)=(\lambda_1\alpha_1,\lambda_2\alpha_2,\cdots,\lambda_n\alpha_n).$$

于是有

$$A\alpha_i=\lambda_i\alpha_i,\quad i=1,2,\cdots,n.$$

即 α_i 是 A 的属于特征值 λ_i 的特征向量,由 P 可逆知 $|P|\neq0$,得向量组 $\alpha_1,\alpha_2,\cdots,\alpha_n$ 线性无关.

充分性.设 A 有 n 个线性无关的特征向量 $\alpha_1,\alpha_2,\cdots,\alpha_n$,对应特征值依次为 $\lambda_1,\lambda_2,\cdots,\lambda_n$,即

$$A\alpha_i=\lambda_i\alpha_i,\quad i=1,2,\cdots,n.$$

令 $(\alpha_1,\alpha_2,\cdots,\alpha_n)=P$,则 P 必可逆.再由

$$(A\alpha_1,A\alpha_2,\cdots,A\alpha_n)=(\lambda_1\alpha_1,\lambda_2\alpha_2,\cdots,\lambda_n\alpha_n),$$

即

$$A(\alpha_1,\alpha_2,\cdots,\alpha_n)=(\alpha_1,\alpha_2,\cdots,\alpha_n)\mathrm{diag}(\lambda_1,\lambda_2,\cdots,\lambda_n),$$

亦即

$$AP=P\Lambda,$$

得 $P^{-1}AP=\Lambda$,即 $A\sim\Lambda$.

由定理 6.1 知,当一个 n 阶矩阵 A 有 n 个线性无关的特征向量时,A 不但可以对角化,而且与 A 相似的对角矩阵主对角线上的元素恰为 A 的 n 个特征值.并且还可知,矩阵 A 与对角矩阵能否相似,决定于 A 的特征向量之间的线性关系.

定理 6.2 设 $\lambda_1,\lambda_2,\cdots,\lambda_m$ 是数域 F 上的 n 阶矩阵 A 的互异特征值,$\alpha_1,\alpha_2,\cdots,\alpha_m$ 是分别属于 $\lambda_1,\lambda_2,\cdots,\lambda_m$ 的特征向量,则向量组 $\alpha_1,\alpha_2,\cdots,\alpha_m$ 线性无关.

证 用数学归纳法.

当 $m=1$ 时,因属于 λ_1 的特征向量 $\boldsymbol{\alpha}_1$ 是非零向量,所以,$\boldsymbol{\alpha}_1$ 线性无关,结论成立.

假设当 $m=s$ 时结论成立,下面证明对于 $m=s+1$ 结论也成立.

当 $m=s+1$ 时,设有数 $k_1,k_2,\cdots,k_s,k_{s+1}$ 使得

$$k_1\boldsymbol{\alpha}_1+k_2\boldsymbol{\alpha}_2+\cdots+k_s\boldsymbol{\alpha}_s+k_{s+1}\boldsymbol{\alpha}_{s+1}=\mathbf{0}. \tag{6.3}$$

式(6.3)两端乘 λ_{s+1} 得

$$k_1\lambda_{s+1}\boldsymbol{\alpha}_1+k_2\lambda_{s+1}\boldsymbol{\alpha}_2+\cdots+k_s\lambda_{s+1}\boldsymbol{\alpha}_s+k_{s+1}\lambda_{s+1}\boldsymbol{\alpha}_{s+1}=\mathbf{0}. \tag{6.4}$$

式(6.3)两端左乘 A,又因 $A\boldsymbol{\alpha}_i=\lambda_i\boldsymbol{\alpha}_i(i=1,2,\cdots,n)$,得

$$k_1\lambda_1\boldsymbol{\alpha}_1+k_2\lambda_2\boldsymbol{\alpha}_2+\cdots+k_s\lambda_s\boldsymbol{\alpha}_s+k_{s+1}\lambda_{s+1}\boldsymbol{\alpha}_{s+1}=\mathbf{0}. \tag{6.5}$$

式(6.5)-式(6.4)得

$$k_1(\lambda_1-\lambda_{s+1})\boldsymbol{\alpha}_1+k_2(\lambda_2-\lambda_{s+1})\boldsymbol{\alpha}_2+\cdots+k_s(\lambda_s-\lambda_{s+1})\boldsymbol{\alpha}_s=\mathbf{0}.$$

由归纳假设知 $\boldsymbol{\alpha}_1,\boldsymbol{\alpha}_2,\cdots,\boldsymbol{\alpha}_s$ 线性无关,于是

$$k_i(\lambda_i-\lambda_{s+1})=0, \quad i=1,2,\cdots,s.$$

又 $\lambda_1,\lambda_2,\cdots,\lambda_s$ 是互异的,$\lambda_i-\lambda_{s+1}\neq 0(i=1,2,\cdots,s)$,所以只有

$$k_1=k_2=\cdots=k_s=0,$$

代入式(6.3)得

$$k_{s+1}\boldsymbol{\alpha}_{s+1}=\mathbf{0}.$$

又因 $\boldsymbol{\alpha}_{s+1}$ 是特征向量,$\boldsymbol{\alpha}_{s+1}\neq\mathbf{0}$,所以 $k_{s+1}=0$,得

$$k_1=k_2=\cdots=k_s-k_{s+1}-0.$$

于是,向量组 $\boldsymbol{\alpha}_1,\boldsymbol{\alpha}_2,\cdots,\boldsymbol{\alpha}_{s+1}$ 线性无关.

由数学归纳法知,对任一正整数 m,结论成立.

推论 若 n 阶矩阵 A 有 n 个互异的特征值,则 A 相似于一个对角矩阵.

推论的逆命题不成立.当 n 阶矩阵 A 的互异特征值个数小于 n 时,有下面的定理.

定理 6.3 若数域 F 上的 n 阶矩阵 A 有 m 个互异的特征值 $\lambda_1,\lambda_2,\cdots,\lambda_m$,而 $\boldsymbol{\alpha}_{i1},\boldsymbol{\alpha}_{i2},\cdots,\boldsymbol{\alpha}_{ir_i}$ 是 A 的属于 $\lambda_i(i=1,2,\cdots,m)$ 的线性无关的特征向量,则向量组

$$\boldsymbol{\alpha}_{11},\boldsymbol{\alpha}_{12},\cdots,\boldsymbol{\alpha}_{1r_1},\boldsymbol{\alpha}_{21},\cdots,\boldsymbol{\alpha}_{2r_2},\cdots,\boldsymbol{\alpha}_{m1},\boldsymbol{\alpha}_{m2},\cdots,\boldsymbol{\alpha}_{mr_m}$$

也线性无关.

证明与定理 6.2 类似,从略.

n 阶矩阵 A 能否与对角矩阵相似的判别及对角化的步骤如下:

(1) 求出矩阵 A 的全部互异的特征值 $\lambda_1,\lambda_2,\cdots,\lambda_m$;

(2) 对于 $\lambda_i(i=1,2,\cdots,m)$,求线性方程组

$$(\lambda_i E-A)X=O$$

的一个基础解系 $\boldsymbol{\eta}_{i1},\boldsymbol{\eta}_{i2},\cdots,\boldsymbol{\eta}_{ir_i}$;

(3) 若 $r_1+r_2+\cdots+r_m<n$,则 A 不能对角化;若 $r_1+r_2+\cdots+r_m=n$,则 A 可

以对角化,且可逆矩阵
$$P=(\boldsymbol{\eta}_{11},\boldsymbol{\eta}_{12},\cdots,\boldsymbol{\eta}_{1r_1},\boldsymbol{\eta}_{21},\cdots,\boldsymbol{\eta}_{2r_2},\cdots,\boldsymbol{\eta}_{m1},\cdots,\boldsymbol{\eta}_{mr_m}),$$
使
$$P^{-1}AP=\Lambda=\mathrm{diag}(\lambda_1,\cdots,\lambda_1,\lambda_2,\cdots,\lambda_2,\cdots,\lambda_m,\cdots,\lambda_m).$$

例 2 判断矩阵
$$A=\begin{pmatrix} 3 & 4 \\ 5 & 2 \end{pmatrix}$$

能否对角化? 若可以,求出可逆矩阵 P,使 $P^{-1}AP$ 为对角矩阵.

解 矩阵 A 互异的二个特征值分别为 $\lambda_1=7,\lambda_2=-2$,相应的特征向量为
$$\boldsymbol{\alpha}_1=(1,1)^{\mathrm{T}},\quad \boldsymbol{\alpha}_2=(4,-5)^{\mathrm{T}}.$$
因矩阵 A 有二个互异的特征值,于是 A 可以对角化.

令
$$P=\begin{pmatrix} 1 & 4 \\ 1 & -5 \end{pmatrix},$$

则
$$P^{-1}AP=\begin{pmatrix} 7 & 0 \\ 0 & -2 \end{pmatrix}.$$

例 3 判断矩阵
$$A=\begin{pmatrix} 0 & 0 & 1 \\ 0 & 1 & 0 \\ 1 & 0 & 0 \end{pmatrix}$$

能否对角化? 若可以,求出可逆矩阵 P,使 $P^{-1}AP$ 为对角阵.

解 由 6.1 节例 3 知 A 的全部特征值为 $\lambda_1=-1,\lambda_2=1$(二重),A 的属于 $\lambda_1=-1$ 的全部特征向量为 $k_1(1,0,-1)^{\mathrm{T}}(k_1\neq0)$,属于 $\lambda_2=1$ 的全部特征量为 $k_2(0,1,0)^{\mathrm{T}}+k_3(1,0,1)^{\mathrm{T}}(k_2,k_3$ 不全为零). 所以矩阵 A 有三个线性无关的特征向量,它们是
$$(1,0,-1)^{\mathrm{T}},(0,1,0)^{\mathrm{T}},(1,0,1)^{\mathrm{T}}.$$
于是矩阵 A 可以对角化.

若令
$$P=\begin{pmatrix} 1 & 0 & 1 \\ 0 & 1 & 0 \\ -1 & 0 & 1 \end{pmatrix},$$

则
$$P^{-1}AP=\begin{pmatrix} -1 & 0 & 0 \\ 0 & 1 & 0 \\ 0 & 0 & 1 \end{pmatrix}.$$

例 4 判断矩阵

$$A = \begin{pmatrix} -1 & 1 & 0 \\ -4 & 3 & 0 \\ 1 & 0 & 2 \end{pmatrix}$$

能否对角化.

解 由 6.1 节例 2 知矩阵 A 的特征值为 $\lambda_1 = 2, \lambda_2 = 1$(二重),$A$ 的属于 $\lambda_1 = 2$ 的全部特征向量为 $k_1 (0,0,1)^{\mathrm{T}}$ $(k_1 \neq 0)$,属于 $\lambda_2 = 1$ 的全部特征向量为 $k_2 (1,2,-1)^{\mathrm{T}}$ $(k_2 \neq 0)$,于是矩阵 A 的全部线性无关的特征向量为

$$(0,0,1)^{\mathrm{T}}, \quad (1,2,-1)^{\mathrm{T}}.$$

其个数为 2,小于 3,所以 A 不能对角化.

一个 n 阶矩阵 A 不能对角化时,所有与 A 相似的矩阵 $P^{-1}AP$ 中,其结构最简单的矩阵是什么呢?

在 6.1 节例 2 中,若令

$$P = \begin{pmatrix} 0 & 1 & -1 \\ 0 & 2 & -1 \\ 1 & -1 & 0 \end{pmatrix},$$

则

$$P^{-1} = \begin{pmatrix} -1 & 1 & 1 \\ -1 & 1 & 0 \\ -2 & 1 & 0 \end{pmatrix},$$

有

$$P^{-1}AP = \begin{pmatrix} 2 & 0 & 0 \\ 0 & 1 & 1 \\ 0 & 0 & 1 \end{pmatrix}.$$

一般地,把形如

$$J_n = \begin{pmatrix} \lambda & 1 & \cdots & 0 & 0 & 0 \\ 0 & \lambda & \cdots & 0 & 0 & 0 \\ \vdots & \vdots & & \vdots & \vdots & \vdots \\ 0 & 0 & \cdots & \lambda & 1 & 0 \\ 0 & 0 & \cdots & 0 & \lambda & 1 \\ 0 & 0 & \cdots & 0 & 0 & \lambda \end{pmatrix}$$

的 n 阶矩阵称为一个 n 阶**若尔当(Jordan)块**. 其中 λ 是复数.

例如,矩阵

$$\begin{pmatrix} -2 & 1 & 0 \\ 0 & -2 & 1 \\ 0 & 0 & -2 \end{pmatrix}$$

是三阶若尔当块.

形如

$$J = \begin{bmatrix} J_1 & & & \\ & J_2 & & \\ & & \ddots & \\ & & & J_s \end{bmatrix}$$

的准对角矩阵,称为**若尔当形矩阵**,其中 $J_1, J_2, \cdots, J_s$ 是若尔当块.

显然,对角矩阵是若尔当形矩阵的特例.

可以证明:复数域 C 上的任一 n 阶矩阵 A 都相似于一个 n 阶若尔当形矩阵 J. 矩阵 J 除去其中若尔当块的排列次序外是被矩阵 A 唯一决定的,J 称为 A 的若尔当标准形.

例5 对于 6.1 节例 2 中的矩阵

$$A = \begin{bmatrix} -1 & 1 & 0 \\ -4 & 3 & 0 \\ 1 & 0 & 2 \end{bmatrix},$$

试求可逆矩阵 P,使 $P^{-1}AP$ 为若尔当形矩阵.

解 A 的特征值为 $\lambda_1 = 2, \lambda_2 = 1$(二重),$A$ 的全部线性无关的特征向量为

$$(0, 0, 1)^T, (1, 2, -1)^T.$$

由于 A 不能对角化,令

$$P = \begin{bmatrix} 0 & 1 & a \\ 0 & 2 & b \\ 1 & -1 & c \end{bmatrix},$$

由

$$P^{-1}AP = \begin{bmatrix} 2 & 0 & 0 \\ 0 & 1 & 1 \\ 0 & 0 & 1 \end{bmatrix},$$

得

$$AP = P \begin{bmatrix} 2 & 0 & 0 \\ 0 & 1 & 1 \\ 0 & 0 & 1 \end{bmatrix},$$

于是

$$\begin{cases} b - a = 1 + a, \\ -4a + 3b = 2 + b, \\ a + 2c = c - 1, \end{cases}$$

解得

$$\begin{cases} b = 1 + 2a, \\ c = -1 - a. \end{cases}$$

令 $a = -1$,则 $b = -1, c = 0$,这时向量组 $(0,0,1)^{\mathrm{T}}, (1,2,-1)^{\mathrm{T}}, (-1,-1,0)^{\mathrm{T}}$ 线性无关,

$$P = \begin{pmatrix} 0 & 1 & -1 \\ 0 & 2 & -1 \\ 1 & -1 & 0 \end{pmatrix},$$

使

$$P^{-1}AP = \begin{pmatrix} 2 & 0 & 0 \\ 0 & 1 & 1 \\ 0 & 0 & 1 \end{pmatrix}.$$

6.3 实对称矩阵的对角化

各元素为实数的对称矩阵称为**实对称矩阵**,如

$$A = \begin{pmatrix} 1 & -2 & 0 \\ -2 & 2 & 1 \\ 0 & 1 & 0 \end{pmatrix}.$$

在计量经济学中经常用到实对称矩阵,由 6.2 节知,n 阶矩阵的对角化是一个较为复杂的问题,但实对称矩阵 A 一定可以对角化. 它不仅存在可逆矩阵 P,使 $P^{-1}AP$ 为对角矩阵,而且还存在正交矩阵 Q,使 $Q^{-1}AQ$ 也为对角矩阵,本节主要讨论用正交矩阵把实对称矩阵对角化的问题.

一、实对称矩阵的特征值与特征向量的性质

定理 6.4 实对称矩阵的特征值一定是实数.

证 设 A 为 n 阶实对称矩阵,λ 是 A 的任一特征值,设 $\lambda = a + bi (i = \sqrt{-1})$,$A$ 的属于 λ 的复特征向量为 $\boldsymbol{\alpha} + i\boldsymbol{\beta}$,其中 $\boldsymbol{\alpha}, \boldsymbol{\beta}$ 为 n 维实的列向量,$\boldsymbol{\alpha}, \boldsymbol{\beta}$ 不全为 $\mathbf{0}$,则

$$\mathrm{A}(\boldsymbol{\alpha} + i\boldsymbol{\beta}) = (a + bi)(\boldsymbol{\alpha} + i\boldsymbol{\beta}).$$

等式两端的实部和虚部分别相等,得

$$A\boldsymbol{\alpha} = a\boldsymbol{\alpha} - b\boldsymbol{\beta},$$
$$A\boldsymbol{\beta} = b\boldsymbol{\alpha} + a\boldsymbol{\beta}.$$

分别以 $\boldsymbol{\beta}^{\mathrm{T}}, \boldsymbol{\alpha}^{\mathrm{T}}$ 左乘以上两式,得

$$\boldsymbol{\beta}^{\mathrm{T}}A\boldsymbol{\alpha} = a\boldsymbol{\beta}^{\mathrm{T}}\boldsymbol{\alpha} - b\boldsymbol{\beta}^{\mathrm{T}}\boldsymbol{\beta} = a(\boldsymbol{\beta}, \boldsymbol{\alpha}) - b(\boldsymbol{\beta}, \boldsymbol{\beta}),$$
$$\boldsymbol{\alpha}^{\mathrm{T}}A\boldsymbol{\beta} = b\boldsymbol{\alpha}^{\mathrm{T}}\boldsymbol{\alpha} + a\boldsymbol{\alpha}^{\mathrm{T}}\boldsymbol{\beta} = b(\boldsymbol{\alpha}, \boldsymbol{\alpha}) + a(\boldsymbol{\alpha}, \boldsymbol{\beta}).$$

由上两式的右端知 $\boldsymbol{\beta}^{\mathrm{T}}A\boldsymbol{\alpha}$ 为一实数,所以 $\boldsymbol{\beta}^{\mathrm{T}}A\boldsymbol{\alpha} = (\boldsymbol{\beta}^{\mathrm{T}}A\boldsymbol{\alpha})^{\mathrm{T}} = \boldsymbol{\alpha}^{\mathrm{T}}A\boldsymbol{\beta}$,上两式相

减得
$$b[(\boldsymbol{\alpha},\boldsymbol{\alpha})+(\boldsymbol{\beta},\boldsymbol{\beta})]=0.$$
又因特征向量 $\boldsymbol{\alpha}+\mathrm{i}\boldsymbol{\beta}\neq0$，故 $(\boldsymbol{\alpha},\boldsymbol{\alpha})>0$ 或 $(\boldsymbol{\beta},\boldsymbol{\beta})>0$ ，从而 $b=0$，即 λ 是实数.

定理 6.5 实对称矩阵 A 的属于不同特征值的特征向量是正交的.

证 若 $\boldsymbol{\alpha}_1,\boldsymbol{\alpha}_2$ 是实对称矩阵 A 的分别属于不同特征值 λ_1,λ_2 的特征向量,则
$$A\boldsymbol{\alpha}_1=\lambda_1\boldsymbol{\alpha}_1,\quad A\boldsymbol{\alpha}_2=\lambda_2\boldsymbol{\alpha}_2.$$
于是
$$(A\boldsymbol{\alpha}_1,\boldsymbol{\alpha}_2)=(\lambda_1\boldsymbol{\alpha}_1,\boldsymbol{\alpha}_2)=\lambda_1(\boldsymbol{\alpha}_1,\boldsymbol{\alpha}_2).$$
又因
$$\begin{aligned}(A\boldsymbol{\alpha}_1,\boldsymbol{\alpha}_2)&=(A\boldsymbol{\alpha}_1)^{\mathrm{T}}\boldsymbol{\alpha}_2=\boldsymbol{\alpha}_1^{\mathrm{T}}A^{\mathrm{T}}\boldsymbol{\alpha}_2\\&=\boldsymbol{\alpha}_1^{\mathrm{T}}A\boldsymbol{\alpha}_2=\boldsymbol{\alpha}_1^{\mathrm{T}}(A\boldsymbol{\alpha}_2)=(\boldsymbol{\alpha}_1,A\boldsymbol{\alpha}_2)\\&=(\boldsymbol{\alpha}_1,\lambda_2\boldsymbol{\alpha}_2)=\lambda_2(\boldsymbol{\alpha}_1,\boldsymbol{\alpha}_2).\end{aligned}$$
所以
$$\lambda_1(\boldsymbol{\alpha}_1,\boldsymbol{\alpha}_2)=\lambda_2(\boldsymbol{\alpha}_1,\boldsymbol{\alpha}_2),$$
即
$$(\lambda_1-\lambda_2)(\boldsymbol{\alpha}_1,\boldsymbol{\alpha}_2)=0.$$
由于 $\lambda_1\neq\lambda_2$，知 $(\boldsymbol{\alpha}_1,\boldsymbol{\alpha}_2)=0$，即 $\boldsymbol{\alpha}_1$ 与 $\boldsymbol{\alpha}_2$ 正交.

定理 6.6 对任一实对称矩阵 A,必存在正交矩阵 Q,使得 $Q^{-1}AQ$ 为对角矩阵.

证明从略.

定理 6.6 说明了使 n 阶实对称矩阵 A 化为对角矩阵的正交矩阵 Q 的存在性,即 A 一定有 n 个线性无关的特征向量;A 的 k 重特征值,恰有 k 个属于它的线性无关的特征向量.

二、实对称矩阵对角化的方法

设 A 为实对称矩阵,如何确定正交矩阵 Q,使 $Q^{-1}AQ$ 为对角矩阵?

因为 $Q^{-1}AQ$ 为对角矩阵,所以 Q 的每个列都是 A 的特征向量,又因为 Q 是一个正交矩阵,所以 Q 的列组成一个正交向量组.因此在求出 A 的 n 个线性无关的特征向量以后,还需要再将这 n 个列向量正交化、单位化.

由以上分析,正交矩阵 Q 可以按以下步骤得到.

(1) 求出 n 阶实对称矩阵的特征方程 $|\lambda E-A|=0$ 的全部根,得 A 的全部互异的特征值为 $\lambda_1,\lambda_2,\cdots,\lambda_t$；

(2) 对每一特征值 $\lambda_i(i=1,2,\cdots,t)$,求出齐次线性方程组
$$(\lambda_iE-A)X=O$$
的一个基础解系 $\boldsymbol{\eta}_{i1},\boldsymbol{\eta}_{i2},\cdots,\boldsymbol{\eta}_{ir_i}$；

（3）将向量组 $\boldsymbol{\eta}_{i1},\boldsymbol{\eta}_{i2},\cdots,\boldsymbol{\eta}_{ir_i}$ 正交化、单位化,得到一组正交的单位向量组 $\boldsymbol{\alpha}_{i1}$,
$\boldsymbol{\alpha}_{i2},\cdots,\boldsymbol{\alpha}_{ir_i}$;

（4）因为 $\lambda_1,\lambda_2,\cdots,\lambda_t$ 互异,令

$$Q=(\boldsymbol{\alpha}_{11},\boldsymbol{\alpha}_{12},\cdots,\boldsymbol{\alpha}_{1r_1},\boldsymbol{\alpha}_{21},\boldsymbol{\alpha}_{22},\cdots,\boldsymbol{\alpha}_{2r_2},\cdots,\boldsymbol{\alpha}_{t1},\cdots,\boldsymbol{\alpha}_{tr_t}),$$

则 Q 为所求的正交矩阵.

例 1 用正交矩阵将实对称矩阵

$$A=\begin{pmatrix} 2 & -2 & 0 \\ -2 & 1 & -2 \\ 0 & -2 & 0 \end{pmatrix}$$

对角化.

解 由

$$|\lambda E-A|=\begin{vmatrix} \lambda-2 & 2 & 0 \\ 2 & \lambda-1 & 2 \\ 0 & 2 & \lambda \end{vmatrix}=(\lambda-4)(\lambda-1)(\lambda+2)=0.$$

得 A 的特征值 $\lambda_1=4,\lambda_2=1,\lambda_3=-2$.

对 $\lambda_1=4$,解齐次线性方程组 $(4E-A)X=O$,得它的一个基础解系 $\boldsymbol{\eta}_1=(2,-2,1)^{\mathrm{T}}$.

对 $\lambda_2=1$,解齐次线性方程组 $(E-A)X=O$,得它的一个基础解系 $\boldsymbol{\eta}_2=(2,1,-2)^{\mathrm{T}}$.

对 $\lambda_3=-2$,解齐次线性方程组 $(-2E-A)X=O$,得它的一个基础解系 $\boldsymbol{\eta}_3=(1,2,2)^{\mathrm{T}}$.

因矩阵 A 的特征值互异,由定理 6.5 知,$\boldsymbol{\eta}_1,\boldsymbol{\eta}_2,\boldsymbol{\eta}_3$ 为正交向量组,只需将特征向量 $\boldsymbol{\eta}_1,\boldsymbol{\eta}_2,\boldsymbol{\eta}_3$ 单位化,即得标准正交基

$$\boldsymbol{\beta}_1=\frac{\boldsymbol{\alpha}_1}{\|\boldsymbol{\alpha}_1\|}=\begin{pmatrix} \frac{2}{3} \\ -\frac{2}{3} \\ \frac{1}{3} \end{pmatrix}, \quad \boldsymbol{\beta}_2=\frac{\boldsymbol{\alpha}_2}{\|\boldsymbol{\alpha}_2\|}=\begin{pmatrix} \frac{2}{3} \\ \frac{1}{3} \\ -\frac{2}{3} \end{pmatrix}, \quad \boldsymbol{\beta}_3=\frac{\boldsymbol{\alpha}_3}{\|\boldsymbol{\alpha}_3\|}=\begin{pmatrix} \frac{1}{3} \\ \frac{2}{3} \\ \frac{2}{3} \end{pmatrix}.$$

若令

$$Q=\begin{pmatrix} \frac{2}{3} & \frac{2}{3} & \frac{1}{3} \\ -\frac{2}{3} & \frac{1}{3} & \frac{2}{3} \\ \frac{1}{3} & -\frac{2}{3} & \frac{2}{3} \end{pmatrix},$$

则 Q 为正交矩阵,且

$$Q^{-1}AQ = \begin{pmatrix} 4 & & \\ & 1 & \\ & & -2 \end{pmatrix}.$$

例 2 用正交矩阵将实对称矩阵

$$A = \begin{pmatrix} 1 & -2 & 2 \\ -2 & -2 & 4 \\ 2 & 4 & -2 \end{pmatrix}$$

对角化.

解 由

$$|\lambda E - A| = \begin{vmatrix} \lambda-1 & 2 & -2 \\ 2 & \lambda+2 & -4 \\ -2 & -4 & \lambda+2 \end{vmatrix} = (\lambda-2)^2(\lambda+7) = 0$$

得 A 的特征值 $\lambda_1 = 2$(二重),$\lambda_2 = -7$.

对 $\lambda_1 = 2$,由相应的齐次线性方程组 $(2E-A)X = O$,得一个基础解系为
$$\boldsymbol{\eta}_1 = (2, -1, 0)^T, \quad \boldsymbol{\eta}_2 = (2, 0, 1)^T.$$

对 $\lambda_2 = -7$,解齐次线性方程组 $(-7E-A)X = O$,得一个基础解系
$$\boldsymbol{\eta}_3 = (1, 2, -2)^T.$$

把向量组 $\boldsymbol{\eta}_1, \boldsymbol{\eta}_2$ 正交化得

$$\boldsymbol{\beta}_1 = \boldsymbol{\alpha}_1 = (2, -1, 0)^T,$$

$$\boldsymbol{\beta}_2 = \boldsymbol{\alpha}_2 - \frac{(\boldsymbol{\beta}_1, \boldsymbol{\alpha}_1)}{(\boldsymbol{\beta}_1, \boldsymbol{\beta}_1)}\boldsymbol{\beta}_1 = (2, 0, 1)^T - \frac{4}{5}(2, -1, 0)^T = \left(\frac{2}{5}, \frac{4}{5}, 1\right)^T.$$

再将向量组 $\boldsymbol{\beta}_1, \boldsymbol{\beta}_2, \boldsymbol{\eta}_3$ 单位化,得向量组

$$\boldsymbol{\alpha}_1 = \begin{pmatrix} \dfrac{2}{\sqrt{5}} \\ -\dfrac{1}{\sqrt{5}} \\ 0 \end{pmatrix}, \qquad \boldsymbol{\alpha}_2 = \begin{pmatrix} \dfrac{2}{3\sqrt{5}} \\ \dfrac{4}{3\sqrt{5}} \\ \dfrac{5}{3\sqrt{5}} \end{pmatrix}, \qquad \boldsymbol{\alpha}_3 = \begin{pmatrix} \dfrac{1}{3} \\ \dfrac{2}{3} \\ -\dfrac{2}{3} \end{pmatrix}.$$

若令

$$Q = \begin{pmatrix} \dfrac{2}{\sqrt{5}} & \dfrac{2}{3\sqrt{5}} & \dfrac{1}{3} \\ -\dfrac{1}{\sqrt{5}} & \dfrac{4}{3\sqrt{5}} & \dfrac{2}{3} \\ 0 & \dfrac{5}{3\sqrt{5}} & -\dfrac{2}{3} \end{pmatrix},$$

则 Q 为正交矩阵,且

$$Q^{-1}AQ = \begin{pmatrix} 2 & 0 & 0 \\ 0 & 2 & 0 \\ 0 & 0 & -7 \end{pmatrix}.$$

例 3 试证:若 $\boldsymbol{\alpha}_0$ 是 n 阶矩阵 A 的属于特征值 λ_0 的一个特征向量,则 $\boldsymbol{\alpha}_0$ 单位化后仍是 A 的关于 λ_0 的特征向量.

证 设 $\boldsymbol{\alpha}_0$ 为 A 的属于 λ_0 的一个特征向量,即

$$A\boldsymbol{\alpha}_0 = \lambda_0 \boldsymbol{\alpha}_0.$$

因 $\boldsymbol{\alpha}_0 \neq 0$,所以 $\| \boldsymbol{\alpha}_0 \| = \sqrt{(\boldsymbol{\alpha}_0, \boldsymbol{\alpha}_0)} \neq 0$,从而

$$A\left(\frac{\boldsymbol{\alpha}_0}{\| \boldsymbol{\alpha}_0 \|}\right) = \lambda_0 \left(\frac{\boldsymbol{\alpha}_0}{\| \boldsymbol{\alpha}_0 \|}\right).$$

即 $\boldsymbol{\alpha}_0$ 单位化后的向量 $\dfrac{\boldsymbol{\alpha}_0}{\| \boldsymbol{\alpha}_0 \|}$ 仍是 A 的属于 λ_0 的特征向量.

*6.4 矩 阵 级 数

在微积分中,我们学习掌握了数列与极限、无穷级数的概念,以下介绍矩阵序列、矩阵序列的极限与矩阵级数的概念.

一、矩阵序列及其极限

数列是按一定的规则排列的一列数,如

$$1, \frac{1}{2}, \frac{1}{3}, \cdots, \frac{1}{k}, \cdots$$

$$2, \frac{3}{2}, \frac{4}{2}, \cdots, \frac{k+1}{k}, \cdots$$

$$1, \frac{1}{4}, \frac{1}{9}, \cdots, \frac{1}{k^2}, \cdots$$

$$\frac{1}{4}, \frac{1}{8}, \frac{1}{12}, \cdots, \frac{1}{4k}, \cdots$$

都是数列,一般项分别为 $\dfrac{1}{k}, \dfrac{k+1}{k}, \dfrac{1}{k^2}, \dfrac{1}{4k}.$

如果以这四个数列的每一项对应作一个二阶矩阵,即

$$A_1 = \begin{pmatrix} 1 & 2 \\ 1 & \frac{1}{4} \end{pmatrix}, \quad A_2 = \begin{pmatrix} \frac{1}{2} & \frac{3}{2} \\ \frac{1}{4} & \frac{1}{8} \end{pmatrix}, \quad \cdots, \quad A_k = \begin{pmatrix} \frac{1}{k} & \frac{k+1}{k} \\ \frac{1}{k^2} & \frac{1}{4k} \end{pmatrix}, \cdots$$

就得到一个**矩阵序列**,记作$\{A_k\}$,其中$A_k=(a_{ij}^{(k)})(k=1,2,3,\cdots)$.

在矩阵序列中,各矩阵应有相同的行数与列数.

定义 6.5 设矩阵序列$\{A_k\}$的每一项$A_k(k=1,2,3,\cdots)$都是$m\times n$矩阵,即

$$A_k=\begin{pmatrix} a_{11}^{(k)} & a_{12}^{(k)} & \cdots & a_{1n}^{(k)} \\ a_{21}^{(k)} & a_{22}^{(k)} & \cdots & a_{2n}^{(k)} \\ \vdots & \vdots & & \vdots \\ a_{m1}^{(k)} & a_{m2}^{(k)} & \cdots & a_{mn}^{(k)} \end{pmatrix}, \quad k=1,2,3,\cdots. \tag{6.6}$$

如果矩阵序列中每个元素组成的序列$a_{ij}^{(1)},a_{ij}^{(2)},\cdots,a_{ij}^{(k)},\cdots$收敛于$a_{ij}$,即

$$\lim_{k\to\infty}a_{ij}^{(k)}=a_{ij}, \quad i=1,2,\cdots,m;j=1,2,\cdots,n.$$

则称$m\times n$矩阵序列(6.6)收敛于$m\times n$矩阵$A=(a_{ij})$,记为

$$\lim_{k\to\infty}A_k=A \quad 或 \quad A_k\to A,k\to\infty,$$

并称A为矩阵序列$\{A_k\}$的极限.

若A为n阶方阵,则称矩阵序列

$$E,A,A^2,\cdots,A^k,\cdots \tag{6.7}$$

为幂矩阵序列.

例如,

$$\lim_{k\to\infty}A_k=\lim_{k\to\infty}\begin{pmatrix} \dfrac{1}{k} & \dfrac{k+1}{k} \\ \dfrac{1}{k^2} & \dfrac{1}{4k} \end{pmatrix}=\begin{pmatrix} 0 & 1 \\ 0 & 0 \end{pmatrix}.$$

定理 6.7 n阶矩阵A的k次幂$A^k\to O(k\to\infty)$的充分必要条件是A的所有特征值λ的模小于1,即$|\lambda|<1$.

证 只对矩阵A可对角化的特殊情况证明本定理,如果A与对角矩阵Λ相似,即存在n阶可逆矩阵P,使

$$P^{-1}AP=\Lambda.$$

其中

$$\Lambda=\operatorname{diag}(\lambda_1,\lambda_2,\cdots,\lambda_n).$$

$\lambda_1,\lambda_2,\cdots,\lambda_n$是$A$的特征值.因

$$A^k=P\Lambda^kP^{-1},$$

$$\Lambda^m=\operatorname{diag}(\lambda_1^m,\lambda_2^m,\cdots,\lambda_n^m).$$

则$A^k\to O(k\to\infty)$的充分必要条件为$\Lambda^k\to O(k\to\infty)$,而$\Lambda^k\to O(k\to\infty)$的充分必要条件为$|\lambda_i|^m\to0(m\to\infty)(i=1,2,\cdots,n)$,即

$$|\lambda_i|<1, \quad i=1,2,\cdots,n.$$

推论 设$A=(a_{ij})$为n阶方阵,如果

$$\sum_{j=1}^{n} |a_{ij}| < 1, \quad i = 1, 2, \cdots, n,$$

或

$$\sum_{i=1}^{n} |a_{ij}| < 1, \quad i = 1, 2, \cdots, n,$$

则

$$\lim_{k \to \infty} A_k = O.$$

二、矩阵级数收敛的条件

定义 6.6　设序列 $\{A_k\}$ 是一个 $m \times n$ 矩阵序列,则和式

$$\sum_{k=1}^{\infty} A_k = A_1 + A_2 + \cdots + A_k + \cdots \tag{6.8}$$

称为**矩阵级数**.

如果其部分和序列 $\{B_k\}$ 收敛于 B,即

$$\lim_{k \to \infty} B_k = B, \quad B_k = A_1 + A_2 + \cdots + A_k,$$

则称矩阵级数(6.8)**收敛**,并称 B 为它的**和**.

定理 6.8　设 A 是 n 阶方阵,则矩阵级数

$$\sum_{k=0}^{\infty} A^k = E + A + A^2 + \cdots + A^k + \cdots \tag{6.9}$$

收敛的充分必要条件是 $\lim\limits_{k \to \infty} A^k = O$,并且当(6.9)收敛时有

$$\sum_{k=0}^{\infty} A^k = (E - A)^{-1}.$$

证　必要性. 由于 $A^k = \sum\limits_{m=0}^{k} A^m - \sum\limits_{m=0}^{k-1} A^m$,且 $\sum\limits_{k=1}^{\infty} A^k$ 收敛,所以

$$\lim_{k \to \infty} A^k = \lim_{k \to \infty} \left(\sum_{m=0}^{k} A^m - \sum_{m=0}^{k-1} A^m \right) = O.$$

充分性. 若 $\lim\limits_{k \to \infty} A^k = O$,则矩阵 A 的所有特征值 λ,有 $|\lambda| < 1$. 于是特征方程 $|\lambda E - A| = 0$ 没有 $\lambda = 1$ 的根,因而 $|E - A| \neq 0$,即 $E - A$ 可逆.

在等式

$$(E + A + A^2 + \cdots + A^k)(E - A) = E - A^{k+1}$$

的两端同时右乘 $(E - A)^{-1}$ 得

$$E + A + A^2 + \cdots + A^k = (E - A)^{-1} - A^{k+1}(E - A)^{-1},$$

因 $A^{k+1} \rightarrow O(k \rightarrow \infty)$,所以 $A^{k+1}(E-A)^{-1} \rightarrow O(k \rightarrow \infty)$,则

$$E+A+A^2+\cdots+A^k \rightarrow (E-A)^{-1}, \quad k \rightarrow \infty,$$

即

$$\sum_{k=0}^{\infty} A^k = (E-A)^{-1}.$$

*6.5 投入产出数学模型

在现代经济活动中,利用经济数学方法研究整个国民经济、某个地区、部门及企业在再生产过程中的平衡关系,并了解各部门从事经济活动的各种消耗与结果是非常重要的.其中各部门总投入与总产出要达到平衡是一个重要的因素.

现代生产高度专业化的特点,使得一个经济系统内众多的生产部门之间紧密关联、相互依存.每个部门在生产过程中都要消耗各部门提供的产品或服务,称之为投入;每个部门也向各部门及社会提供产品和自己的服务,称之为产出.投入产出模型是应用线性代数理论建立的,它是研究经济系统各部门之间投入产出综合平衡关系的经济数学模型.

如果从事的是生产活动,产出就是生产的产品.这里我们只讨论价值型投入产出模型,其中投入和产出都用货币数值来度量.

一、分配平衡方程组

在一个经济系统中,每个部门(企业)作为生产者,既要为自身及系统内其他部门(企业)进行生产而提供一定的产品,又要满足系统外部(包括出口)对其产品的需求;另外,每个部门(企业)为了生产产品,又必然是消耗者.它既有物资方面的消耗(消耗本部门(企业)和系统内其他部门(企业)所生产的产品,如原材料、运输和能源等),又有人力方面的消耗.消耗的目的是为了生产,而生产的结果必然要创造新的价值,以用于支付劳动者的报酬、缴付税金和获取合理的利润.显然,对每个部门(企业)来讲,在物资方面的消耗和创造的价值应该等于它的总产品的价值,这就是投入与产出之间的总的平衡关系.

我们从产品分配的角度讨论投入产出的平衡关系,即讨论在经济系统内每个部门(企业)的产品产量与系统内部对产品的消耗及系统外部对产品的需求处于平衡的情况下,如何确定各部门(企业)的产品产量.

设某个经济系统由 n 个企业组成.企业之间的消耗关系、各企业的外部需求和总产值见表 6-1.

表 6-1

		消耗企业				外部需求	总产值
		1	2	⋯	n		
生产企业	1	c_{11}	c_{12}	⋯	c_{1n}	d_1	x_1
	2	c_{21}	c_{22}	⋯	c_{2n}	d_2	x_2
	⋮	⋮	⋮		⋮	⋮	⋮
	n	c_{n1}	c_{n2}	⋯	c_{nn}	d_n	x_n
新创造价值		z_1	z_2	⋯	z_n		
总投入		x_1	x_2	⋯	x_n	x_1	

其中 x_i 表示第 i 个企业的总产值,$x_i \geqslant 0$;d_i 表示系统外部对第 i 个企业的产值的需求量,$d_i \geqslant 0$;c_{ij} 表示第 j 个企业生产单位产值需要消耗第 i 个企业的产值数,称为第 j 个企业对第 i 个企业的**直接消耗系数**,$c_{ij} \geqslant 0$.

表中编号相同的生产企业和消耗企业指同一个企业. 如"1"号表示煤矿,"2"号表示电厂,c_{21} 表示煤矿生产单位产值需要直接消耗电厂的产值数,c_{22} 表示生产单位产值需要直接消耗自身的产值数,d_2 表示系统外部对电厂产值的需求量(称为最终产品),x_2 表示电厂的总产值.

第 i 个企业分配给系统内各企业生产性消耗的产值数之和为
$$c_{i1}x_1 + c_{i2}x_2 + \cdots + c_{in}x_n,$$
提供给系统外部的产值数为 d_i,这两部分之和就是第 i 个企业的总产值 x_i,于是可得**分配平衡方程组**
$$x_i = \left(\sum_{j=1}^{n} c_{ij}x_j \right) + d_i, \quad i = 1,2,\cdots,n. \tag{6.10}$$
记
$$C = \begin{pmatrix} c_{11} & c_{12} & \cdots & c_{1n} \\ c_{21} & c_{22} & \cdots & c_{2n} \\ \vdots & \vdots & & \vdots \\ c_{n1} & c_{n2} & \cdots & c_{nn} \end{pmatrix}, \quad X = \begin{pmatrix} x_1 \\ x_2 \\ \vdots \\ x_n \end{pmatrix}, \quad D = \begin{pmatrix} d_1 \\ d_2 \\ \vdots \\ d_n \end{pmatrix}.$$
式(6.10)可表示成矩阵形式
$$X = CX + D, \tag{6.11}$$
即
$$(E - C)X = D, \tag{6.12}$$
式(6.11)或式(6.12)是投入产出数学模型之一,这是一个由 n 个关于 n 个未知量 $x_1,x_2,\cdots,x_n$ 的方程组成的线性方程组.

C 称为**直接消耗系数矩阵**,X 称为**总产值向量**,D 称为**最终产品向量**. 显然它们的元素均非负.

设 x_{ij} 表示第 j 部门在生产过程中消耗第 i 部门的产品数量,一般称之为**中间产品**,如 x_{12} 表示第 2 部门在生产过程中消耗第 1 部门的生产数量.于是,第 j 部门对第 i 部门的直接消耗系数为

$$c_{ij} = \frac{x_{ij}}{x_j}, \quad i,j = 1,2,\cdots,n.$$

由上式可知,直接消耗系数矩阵 C 具有以下性质:

(1) $0 \leqslant c_{ij} \leqslant 1$ $(i,j=1,2,\cdots,n)$;

(2) $\sum\limits_{i=1}^{n} c_{ij} < 1$ $(j=1,2,\cdots,n)$.

可以证明,$E-C$ 是可逆的,且其逆的元素均非负.从而,分配平衡方程组 $(E-C)X = D$ 一定有唯一解 $X = (E-C)^{-1}D$.

例 1 某工厂有 3 个车间,设在某一个生产周期内,车间之间直接消耗系数、各车间的最终产品及总产值如表 6-2 所示.

表 6-2

		消耗车间			外部需求	总产值/元
		1	2	3		
生产车间	1	0.25	0.10	0.10	d_1	400
	2	0.20	0.20	0.10	d_2	250
	3	0.10	0.10	0.20	d_3	300

在保证各车间与系统内外需求平衡的情况下,求

(1) 各车间的最终产品 d_1, d_2, d_3;

(2) 各车间之间的中间产品 x_{ij} $(i,j=1,2,3)$.

解 (1) 由式(6.12),有

$$D = (E-C)X = \begin{pmatrix} 0.75 & -0.10 & -0.10 \\ -0.20 & 0.80 & -0.10 \\ -0.10 & -0.10 & 0.80 \end{pmatrix} \begin{pmatrix} 400 \\ 250 \\ 300 \end{pmatrix} = \begin{pmatrix} 245 \\ 90 \\ 175 \end{pmatrix},$$

即 $d_1 = 245, d_2 = 90, d_3 = 175$.

(2) 由

$$x_{ij} = c_{ij}x_j, \quad i,j = 1,2,3,$$

得

$$x_{11} = 0.25 \times 400 = 100, \quad x_{12} = 0.1 \times 250 = 25, \quad x_{13} = 0.1 \times 300 = 30.$$

同理可得

$$x_{21} = 80, \quad x_{22} = 50, \quad x_{23} = 30,$$

$$x_{31}=40, \quad x_{32}=25, \quad x_{33}=60.$$

例 2 设某一经济系统在某生产周期内的直接消耗系数矩阵 C 和最终产品向量如下

$$C=\begin{pmatrix} 0.25 & 0.1 & 0.1 \\ 0.2 & 0.2 & 0.1 \\ 0.1 & 0.1 & 0.2 \end{pmatrix}, \quad D=\begin{pmatrix} 235 \\ 125 \\ 210 \end{pmatrix}.$$

求该系统在此生产周期内的总产值向量 X.

解 对分配平衡方程组

$$(E-C)X=D$$

的增广矩阵依次进行下列行初等变换,使左边的子块化为简化阶梯形矩阵

$$\begin{pmatrix} 0.75 & -0.1 & -0.1 & 235 \\ -0.2 & 0.8 & -0.1 & 125 \\ -0.1 & -0.1 & 0.8 & 210 \end{pmatrix} \rightarrow \begin{pmatrix} 0 & -0.85 & 5.9 & 1810 \\ 0 & 1 & -1.7 & -295 \\ 1 & 1 & -8 & -2100 \end{pmatrix}$$

$$\rightarrow \begin{pmatrix} 1 & 1 & -8 & -2100 \\ 0 & 1 & -1.7 & -295 \\ 0 & -0.85 & 5.9 & 1810 \end{pmatrix} \rightarrow \begin{pmatrix} 1 & 0 & -6.3 & -1805 \\ 0 & 1 & -1.7 & -295 \\ 0 & 0 & 4.455 & 1559.25 \end{pmatrix}$$

$$\rightarrow \begin{pmatrix} 1 & 0 & 0 & 400 \\ 0 & 1 & 0 & 300 \\ 0 & 0 & 1 & 350 \end{pmatrix},$$

得 $X=(400,300,350)^{\mathrm{T}}$.

二、消耗平衡方程组

下面从消耗的角度讨论投入产出的另一种平衡关系.它是在系统内各个部门(企业)的总产值与生产性消耗及新创造价值(净产值)之和相等(相平衡)的情况下,讨论系统内各部门(企业)的总产值与新创造价值之间的相互关系(表 6-1).

某个经济系统的两个企业之间的直接消耗系数仍如前所述,那么第 j 个企业生产总产值 x_j 需要消耗自身及其他企业的产值数(在原料、运输、能源、设备等方面的生产性消耗)为

$$c_{1j}x_j+c_{2j}x_j+\cdots+c_{nj}x_j,$$

如果第 j 个企业生产总产值 x_j 所获得的新创造价值为 z_j,那么

$$x_j=c_{1j}x_j+c_{2j}x_j+\cdots+c_{nj}x_j+z_j, \tag{6.13}$$

即

$$x_j = \Big(\sum_{i=1}^{n} c_{ij}\Big)x_j + z_j, \quad j=1,2,\cdots,n. \tag{6.14}$$

记

$$C' = \begin{pmatrix} \sum\limits_{i=1}^{n} c_{i1} & & & \\ & \sum\limits_{i=1}^{n} c_{i2} & & \\ & & \ddots & \\ & & & \sum\limits_{i=1}^{n} c_{in} \end{pmatrix}, \quad Z = \begin{pmatrix} z_1 \\ z_2 \\ \vdots \\ z_n \end{pmatrix}.$$

于是式(6.13)和式(6.14)的矩阵形式为

$$X = C'X + Z, \tag{6.15}$$

即

$$(E - C')X = Z. \tag{6.16}$$

式(6.15)或式(6.16)是投入产出模型之二.它揭示了经济系统的总产值向量 X,新创造价值向量 Z 与企业消耗矩阵 C' 之间的关系.

由式(6.10)和式(6.13)可得

$$\sum_{i=1}^{n} \Big[\Big(\sum_{j=1}^{n} c_{ij} x_j \Big) + d_i \Big] = \sum_{j=1}^{n} \Big[\Big(\sum_{i=1}^{n} c_{ij} x_j \Big) + z_j \Big],$$

故

$$\sum_{i=1}^{n} d_i = \sum_{j=1}^{n} z_j. \tag{6.17}$$

式(6.17)表明,系统外部对各企业产值的需求量(最终产品)的总和,等于系统内部各企业新创造价值的总和.

习 题 6

(A)

1. 求下列矩阵的特征值与特征向量.

(1) $\begin{pmatrix} 1 & 1 & 1 \\ 0 & 5 & 1 \\ 0 & -3 & 1 \end{pmatrix}$;   (2) $\begin{pmatrix} 1 & -1 & 1 \\ 2 & 4 & -2 \\ -3 & -3 & 5 \end{pmatrix}$;

(3) $\begin{pmatrix} 3 & 2 & -1 \\ -2 & -2 & 2 \\ 3 & 6 & 1 \end{pmatrix}$;   (4) $\begin{pmatrix} 4 & 2 & -5 \\ 6 & 4 & -9 \\ 5 & 3 & -7 \end{pmatrix}$.

2. 设 n 阶矩阵 A 满足 $2A^2 - 5A - 4E = O$. 证明:$2A + E$ 的特征值不能为零.

3. 证明:

(1) 若 λ 是正交矩阵 A 的特征值,则 $\dfrac{1}{\lambda}$ 也是 A 的特征值;

(2) 正交矩阵如果有实特征值,则该特征值是 1 或 -1.

4. 已知三阶矩阵 A 的特征值为 $1,2,3$，求下列矩阵的特征值.

(1) $E+2A+A^2$； (2) $\left(\dfrac{1}{3}A^2\right)^{-1}$； (3) $E+A^{-1}$； (4) A^*；(5) $(A^*)^*$.

5. 如果 A 可逆，证明 AB 与 BA 相似.

6. 设 $A=\begin{bmatrix} 1 & -2 & 2 \\ -2 & -2 & 4 \\ 2 & 4 & -2 \end{bmatrix}$，求可逆矩阵 P，使得 $P^{-1}AP$ 为对角阵.

7. 判断第 1 题中各小题是否可以对角化.

8. 设 $A=\begin{bmatrix} 1 & 0 & 1 \\ 0 & 2 & 0 \\ 1 & 0 & 1 \end{bmatrix}$，试求正交矩阵 Q，使得 $Q^{-1}AQ$ 为对角矩阵，并求 A^{10}.

9. 给定 $A=\begin{pmatrix} 0.1 & 0.1 \\ 0.1 & 0.1 \end{pmatrix}$.

(1) 证明：矩阵幂级数

$$E+A+A^2+\cdots+A^k+\cdots$$

收敛；

(2) 求其和；

(3) 计算 $E+A+A^2+A^3$.

(B)

1. 已知四阶矩阵 A 的特征值分别为 $1,2,-1,3$，求：

(1) $|A^2-A+E|$；

(2) $\operatorname{tr}(A^*)$.

2. 设 A 为三阶矩阵，满足 $|A+3E|=|A-2E|=|2A+4E|=0$，求 $|A|$.

3. 已知 $A=\begin{bmatrix} a & -2 & 0 \\ b & 1 & -2 \\ c & -2 & 0 \end{bmatrix}$ 的三个特征值为 $4,1,-2$. 求 a,b,c.

4. 已知三阶矩阵 A 的特征值为 $2,1,-1$，对应的特征向量为 $(1,0,-1)^{\mathrm{T}},(1,-1,0)^{\mathrm{T}}$，$(1,0,1)^{\mathrm{T}}$，试求矩阵 A.

5. 若矩阵 A 满足 $A^2=A$，证明 $A+E$ 是可逆矩阵.

6. (2000)设矩阵 $A=\begin{bmatrix} 1 & -1 & 1 \\ x & 4 & y \\ -3 & -3 & 5 \end{bmatrix}$，已知 A 有三个线性无关的特征向量，$\lambda=2$ 是 A 的二重特征值，求可逆矩阵 P，使得 $P^{-1}AP$ 为对角形矩阵.

7. (2010)设 $A=\begin{bmatrix} 0 & -1 & 4 \\ -1 & 3 & a \\ 4 & a & 0 \end{bmatrix}$，正交矩阵 Q 使得 $Q^{\mathrm{T}}AQ$ 为对角阵. 若 Q 的第一列为 $\dfrac{1}{\sqrt{6}}(1,2,1)^{\mathrm{T}}$，求 a,Q.

第 6 章测试题

第7章

二　次　型

解析几何中有心二次曲线(当中心和坐标原点重合时)的一般方程为 $ax^2 + bxy + cy^2 = d$,此式的左边是一个二次齐次多项式,为了研究二次曲线性质,需判断曲线类型. 为此,要通过坐标变换

$$\begin{cases} x = x'\cos\theta - y'\sin\theta, \\ y = x'\sin\theta + y'\cos\theta, \end{cases}$$

把二次曲线一般方程化为标准形式 $a'x'^2 + c'y'^2 = d'$. 此问题实质是把含 x, y 的二次齐次式化简为只含有平方项的二次式.

在经济领域的许多理论与应用中,如数理统计、网络计算等都需要把这种问题一般化,因而提出二次型问题. 本章讨论二次型的两个基本问题:如何化二次型为标准形及实二次型的分类与判定.

7.1　二次型的标准形

定义 7.1　在数域 F 上,含有 n 个变量 $x_1, x_2, \cdots, x_n$ 的二次齐次多项式

$$\begin{aligned} f(x_1, x_2, \cdots, x_n) &= a_{11}x_1^2 + 2a_{12}x_1x_2 + \cdots + 2a_{1n}x_1x_n \\ &\quad + a_{22}x_2^2 + \cdots + 2a_{2n}x_2x_n + \cdots + a_{nn}x_n^2, \end{aligned} \quad (7.1)$$

称为数域 F 上 n **元二次型**,简称为**二次型**.

由于 $x_ix_j = x_jx_i (i, j = 1, 2, \cdots, n)$,二次型(7.1)可以写成

$$\begin{aligned} f(x_1, x_2, \cdots, x_n) &= a_{11}x_1^2 + a_{12}x_1x_2 + \cdots + a_{1n}x_1x_n \\ &\quad + a_{21}x_2x_1 + a_{22}x_2^2 + \cdots + a_{2n}x_2x_n \\ &\quad + \cdots \\ &\quad + a_{n1}x_nx_1 + a_{n2}x_nx_2 + \cdots + a_{nn}x_n^2 \\ &= \sum_{i=1}^n \sum_{j=1}^n a_{ij}x_ix_j, \end{aligned} \quad (7.2)$$

其中 $a_{ij} = a_{ji} (i, j = 1, 2, \cdots, n)$. 当系数 a_{ij} 为复数时,f 称为**复二次型**;a_{ij} 为实数时,f 称为**实二次型**,本章主要讨论实二次型.

定义 7.2　若在二次型(7.1)中仅含有变量 $x_i (i = 1, 2, \cdots, n)$ 的平方项,即

$$f(x_1, x_2, \cdots, x_n) = a_{11}x_1^2 + a_{22}x_2^2 + \cdots + a_{nn}x_n^2, \quad (7.3)$$

则称其为二次型的**标准形**.

定义 7.3 若二次型的标准形(7.3)中,$a_{ii}(i=1,2,\cdots,n)$ 仅取 $1,-1$ 或 0,即

$$f(x_1,x_2,\cdots,x_n)=x_1^2+x_2^2+\cdots+x_p^2-x_{p+1}^2-\cdots-x_r^2, \qquad (7.4)$$

则称其为二次型的**规范形**,其中 $0\leqslant p\leqslant r\leqslant n$.

一、关于二次型的几个概念

1. 二次型的矩阵表示

把式(7.2)表示的二次型 f 的系数矩阵

$$A=\begin{pmatrix} a_{11} & a_{12} & \cdots & a_{1n} \\ a_{21} & a_{22} & \cdots & a_{2n} \\ \vdots & \vdots & & \vdots \\ a_{n1} & a_{n2} & \cdots & a_{nn} \end{pmatrix}$$

称为二次型 f 的矩阵,它是实对称矩阵.由式(7.2),二次型可以写成

$$\begin{aligned} f(x_1,x_2,\cdots,x_n) &= x_1(a_{11}x_1+a_{12}x_2+\cdots+a_{1n}x_n) \\ &\quad +x_2(a_{21}x_1+a_{22}x_2+\cdots+a_{2n}x_n) \\ &\quad +\cdots+x_n(a_{n1}x_1+a_{n2}x_2+\cdots+a_{nn}x_n) \\ &= (x_1,x_2,\cdots,x_n)\begin{pmatrix} a_{11}x_1+a_{12}x_2+\cdots+a_{1n}x_n \\ a_{21}x_1+a_{22}x_2+\cdots+a_{2n}x_n \\ \vdots \\ a_{n1}x_1+a_{n2}x_2+\cdots+a_{nn}x_n \end{pmatrix} \\ &= (x_1,x_2,\cdots,x_n)\begin{pmatrix} a_{11} & a_{12} & \cdots & a_{1n} \\ a_{21} & a_{22} & \cdots & a_{2n} \\ \vdots & \vdots & & \vdots \\ a_{n1} & a_{n2} & \cdots & a_{nn} \end{pmatrix}\begin{pmatrix} x_1 \\ x_2 \\ \vdots \\ x_n \end{pmatrix} \\ &= X^{\mathrm{T}}AX. \end{aligned}$$

其中 $X=(x_1,x_2,\cdots,x_n)^{\mathrm{T}}$.

由此可知,如果给定 n 元二次型(7.1),可得到唯一的对称矩阵 $A=(a_{ij})_{n\times n}$,使二次型写成 $f(x_1,x_2,\cdots,x_n)=X^{\mathrm{T}}AX$ 的形式.反之,若给定对称矩阵 $A=(a_{ij})_{n\times n}$,可得到二次型 $f(x_1,x_2,\cdots,x_n)=X^{\mathrm{T}}AX$.可见,$n$ 元二次型和对称矩阵 A 是一一对应的.因此将矩阵 A 的秩称为**二次型 f 的秩**,记为 $r(A)$.如果 $r(A)=n$,称二次型 f 是**满秩的**;若 $r(A)<n$,则称二次型 f 是**降秩的**.若二次型 f 是标准形(7.3),则 A 为对角矩阵

$$A=\mathrm{diag}(a_{11},a_{22},\cdots,a_{nn})$$

且 $r(A)=r$,即 r 为 $a_{ii}\neq 0(i=1,2,\cdots,n)$ 的个数.

若二次型 f 是规范形(7.4),则

$$A=\mathrm{diag}(\overbrace{1,\cdots,1}^{p},\overbrace{-1,\cdots,-1}^{r-p},\overbrace{0,\cdots,0}^{n-r}).$$

显然,$r(A)=r$,即 r 为 1 与 -1 的个数.

例 1 三元二次型

$$f(x_1,x_2,x_3)=2x_2^2+x_1x_2+x_1x_3-3x_2x_3$$

$$=\frac{1}{2}x_1x_2+\frac{1}{2}x_1x_3+\frac{1}{2}x_2x_1+2x_2^2-\frac{3}{2}x_2x_3-\frac{1}{2}x_3x_1-\frac{3}{2}x_3x_2$$

$$=(x_1,x_2,x_3)\begin{pmatrix} 0 & \frac{1}{2} & \frac{1}{2} \\ \frac{1}{2} & 2 & -\frac{3}{2} \\ \frac{1}{2} & -\frac{3}{2} & 0 \end{pmatrix}\begin{pmatrix} x_1 \\ x_2 \\ x_3 \end{pmatrix}=X^\mathrm{T}AX,$$

所对应的三阶实对称矩阵

$$A=\begin{pmatrix} 0 & \frac{1}{2} & \frac{1}{2} \\ \frac{1}{2} & 2 & -\frac{3}{2} \\ \frac{1}{2} & -\frac{3}{2} & 0 \end{pmatrix}.$$

例 2 求对称矩阵

$$A=\begin{pmatrix} -2 & 0 & 1 \\ 0 & 3 & 2 \\ 1 & 2 & -1 \end{pmatrix}$$

所对应的二次型.

解 $f(x_1,x_2,x_3)=X^\mathrm{T}AX$

$$=(x_1,x_2,x_3)\begin{pmatrix} -2 & 0 & 1 \\ 0 & 3 & 2 \\ 1 & 2 & -1 \end{pmatrix}\begin{pmatrix} x_1 \\ x_2 \\ x_3 \end{pmatrix}$$

$$=-2x_1^2+3x_2^2-x_3^2+2x_1x_3+4x_2x_3.$$

2. 线性变换与二次型

定义 7.4 设 $x_1,x_2,\cdots,x_n;y_1,y_2,\cdots,y_n$ 是两组变量,$c_{ij}(i,j=1,2,\cdots,n)$ 是数域 F 上的数,称关系式

$$\begin{cases} x_1=c_{11}y_1+c_{12}y_2+\cdots+c_{1n}y_n, \\ x_2=c_{21}y_1+c_{22}y_2+\cdots+c_{2n}y_n, \\ \qquad\cdots\cdots \\ x_n=c_{n1}y_1+c_{n2}y_2+\cdots+c_{nn}y_n \end{cases} \tag{7.5}$$

为由变量 $x_1,x_2,\cdots,x_n$ 到变量 $y_1,y_2,\cdots,y_n$ 的一个**线性变换**.

若令

$$X=\begin{bmatrix}x_1\\x_2\\\vdots\\x_n\end{bmatrix},\quad C=\begin{bmatrix}c_{11}&c_{12}&\cdots&c_{1n}\\c_{21}&c_{22}&\cdots&c_{2n}\\\vdots&\vdots&&\vdots\\c_{n1}&c_{n2}&\cdots&c_{m}\end{bmatrix},\quad Y=\begin{bmatrix}y_1\\y_2\\\vdots\\y_n\end{bmatrix}.$$

线性变换(7.5)可以用矩阵表示为 $X=CY$. 特别是,如果 $|C|\neq0$,即 $C=(c_{ij})_{n\times n}$ 是**可逆(非奇异、非退化)**的,则称该线性变换 $X=CY$ 是**可逆(非奇异、非退化)**的.

定理 7.1 若 $X=CY$ 是 $x_1,x_2,\cdots,x_n$ 到 $y_1,y_2,\cdots,y_n$ 的可逆线性变换,$Y=DZ$ 是 $y_1,y_2,\cdots,y_n$ 到 $z_1,z_2,\cdots,z_n$ 的可逆线性变换,则 $X=(CD)Z$ 是 $x_1,x_2,\cdots,x_n$ 到 $z_1,z_2,\cdots,z_n$ 的可逆线性变换.

证 因 $|C|\neq0$,$|D|\neq0$,从而 $|CD|=|C|\cdot|D|\neq0$,所以 $X=(CD)Z$ 是可逆线性变换.

定理 7.2 二次型 $f(x_1,x_2,\cdots,x_n)=X^{\mathrm{T}}AX$ 经过可逆线性变换 $X=CY$ 后化为关于新变量 $y_1,y_2,\cdots,y_n$ 的二次型 $g(y_1,y_2,\cdots,y_n)=Y^{\mathrm{T}}BY$.

证 因为 $X=CY$,故 $X^{\mathrm{T}}=Y^{\mathrm{T}}C^{\mathrm{T}}$,于是有

$$f(x_1,x_2,\cdots,x_n)=X^{\mathrm{T}}AX=Y^{\mathrm{T}}C^{\mathrm{T}}ACY=Y^{\mathrm{T}}BY=g(y_1,y_2,\cdots,y_n).$$

其中 $B=C^{\mathrm{T}}AC$,而 $B^{\mathrm{T}}=(C^{\mathrm{T}}AC)^{\mathrm{T}}=C^{\mathrm{T}}A^{\mathrm{T}}C=C^{\mathrm{T}}AC=B$,即 B 是对称矩阵. 由于矩阵 B 是二次型 $Y^{\mathrm{T}}BY$ 的矩阵,且被该二次型唯一确定,所以,$g(y_1,y_2,\cdots,y_n)=Y^{\mathrm{T}}BY$ 是关于新变量 $y_1,y_2,\cdots,y_n$ 的二次型.

3. 合同矩阵

经非奇异线性变换的前后两个二次型矩阵之间具有关系 $B=C^{\mathrm{T}}AC$,由此关系式引出一个重要概念.

定义 7.5 设 A,B 是数域 F 上的 n 阶方阵,如果在数域 F 上存在一个 n 阶可逆矩阵 C,使 $B=C^{\mathrm{T}}AC$,那么称 A **合同于** B,记作 $A\simeq B$.

合同关系是矩阵间的一种重要关系,合同关系满足:

(1) **自反性** 对任一 n 阶矩阵 A,都有 $A\simeq A$. 因为 $A=E^{\mathrm{T}}AE$.

(2) **对称性** 若 $A\simeq B$,则 $B\simeq A$,因为 $B=C^{\mathrm{T}}AC$,所以 $A=(C^{\mathrm{T}})^{-1}BC^{-1}=(C^{-1})^{\mathrm{T}}B(C^{-1})$.

(3) **传递性** 若 $A_1\simeq A_2$,$A_2\simeq A_3$,则 $A_1\simeq A_3$. 因为 $A_2=C_1^{\mathrm{T}}A_1C_1$,$A_3=C_2^{\mathrm{T}}A_2C_2$,所以 $A_3=C_2^{\mathrm{T}}(C_1^{\mathrm{T}}A_1C_1)C_2=(C_1C_2)^{\mathrm{T}}A_1(C_1C_2)$.

定理 7.3 如果 $A\simeq B$,那么 $r(A)=r(B)$.

证 如果 $A\simeq B$,则存在可逆矩阵 C,使 $B=C^{\mathrm{T}}AC$,于是 $r(B)=r(C^{\mathrm{T}}AC)=r(AC)=r(A)$.

定理 7.4 若二次型 $f(x_1,x_2,\cdots,x_n)=X^{\mathrm{T}}AX$ 经可逆线性变换 $X=CY$ 化为二次型 $g(y_1,y_2,\cdots,y_n)=Y^{\mathrm{T}}BY$,那么 $r(A)=r(B)$.

证 因 $X^{\mathrm{T}}AX=Y^{\mathrm{T}}BY$,则经可逆线性变换 $X=CY$,得 $(CY)^{\mathrm{T}}A(CY)=Y^{\mathrm{T}}BY$,$Y^{\mathrm{T}}C^{\mathrm{T}}ACY=Y^{\mathrm{T}}BY$,所以 $B=C^{\mathrm{T}}AC$,即 $A\simeq B$,由定理 7.3 得 $r(A)=r(B)$.

由定理 7.4 的证明,还可以得到如下定理.

定理 7.5 经可逆线性变换 $X=CY$,原二次型 $f(x_1,x_2,\cdots,x_n)=X^{\mathrm{T}}AX$ 的矩阵 A 与新二次型 $g(y_1,y_2,\cdots,y_n)=Y^{\mathrm{T}}BY$ 的矩阵 B 合同,即 $A\simeq B$.

这表明,若二次型 $f(x_1,x_2,\cdots,x_n)=X^{\mathrm{T}}AX$ 是一般的实二次型,对应的矩阵 A 是实对称矩阵;若新二次型 $g(y_1,y_2,\cdots,y_n)=Y^{\mathrm{T}}BY$ 是二次型的标准形,则对应的矩阵 B 是对角矩阵.将一般的二次型化为二次型的标准形,就是寻求可逆线性变换 $X=CY$,使对称矩阵 A 与对角矩阵 B 间具有合同关系.

二、化二次型为标准形的方法

下面讨论二次型的基本问题,化一般的二次型为标准形.主要介绍以下三种方法.

1. 配方法(拉格朗日法)

用拉格朗日法化二次型 $f(x_1,x_2,\cdots,x_n)=X^{\mathrm{T}}AX$ 为标准形的一般步骤如下:

(1) 若二次型 $f(x_1,x_2,\cdots,x_n)=X^{\mathrm{T}}AX$ 含有某个变量的平方项,先集中含此变量的所有交叉项与该项配完全平方,再对剩下的变量平方项依此类推.化成完全平方项后,再经过可逆线性变换得到标准形.

(2) 若二次型 $f(x_1,x_2,\cdots,x_n)=X^{\mathrm{T}}AX$ 中无平方项,即 $a_{ii}=0(i=1,2,\cdots,n)$.若某个 $a_{ij}\neq0(i\neq j)$,如 $a_{12}\neq0$,一般设可逆线性变换

$$\begin{cases} x_1=y_1+y_2, \\ x_2=y_1-y_2, \\ x_3=y_3, \\ \cdots\cdots \\ x_n=y_n, \end{cases}$$

化出平方项,然后利用步骤(1)的方法可将二次型化为标准形.

(3) 求出可逆线性变换 $X=CZ$,代入二次型 $f(x_1,x_2,\cdots,x_n)=X^{\mathrm{T}}AX$ 后即得关于变量 $z_i(i=1,2,\cdots,n)$ 的标准形 $Z^{\mathrm{T}}(C^{\mathrm{T}}AC)Z$.

例 3 将下面二次型化为标准形
$$f(x_1,x_2,x_3)=-x_2^2+x_3^2+2x_1x_2+5x_1x_3.$$

解 在二次型 $f(x_1,x_2,x_3)$ 里有"平方"项,如 $-x_2^2$,就以它结合含 x_2 交叉项 $2x_1x_2$ 来配方,得

$$f(x_1,x_2,x_3)=-(x_1^2-2x_1x_2+x_2^2)+\left(x_1^2+5x_1x_3+\frac{25}{4}x_3^2\right)+x_3^2-\frac{25}{4}x_3^2$$

$$=-(x_1-x_2)^2+\left(x_1+\frac{5}{2}x_3\right)^2-\frac{21}{4}x_3^2.$$

令

$$\begin{cases}y_1=x_1-x_2,\\ y_2=x_1+\dfrac{5}{2}x_3,\\ y_3=x_3,\end{cases}$$

即

$$\begin{cases}x_1=y_2-\dfrac{5}{2}y_3,\\ x_2=-y_1+y_2-\dfrac{5}{2}y_3,\\ x_3=y_3.\end{cases}\tag{7.6}$$

线性变换(7.6)的矩阵为

$$C-\begin{bmatrix}0&1&-\dfrac{5}{2}\\-1&1&-\dfrac{5}{2}\\0&0&1\end{bmatrix}.$$

其行列式$|C|\neq0$,所以线性变换(7.6)是可逆的.

二次型 $f(x_1,x_2,x_3)$ 经可逆线性变换(7.6)化为标准形

$$g(y_1,y_2,y_3)=-y_1^2+y_2^2-\frac{21}{4}y_3^2.$$

例4 将下面二次型化为标准形

$$f(x_1,x_2,x_3)=-4x_1x_2+2x_1x_3+2x_2x_3.$$

解 这个二次型 $f(x_1,x_2,x_3)$ 中没有"平方"项,在这种情况下,先作一可逆线性变换,使变化后的二次型有"平方"项,然后再仿例1中的方法配方.

令

$$\begin{cases}x_1=y_1+y_2,\\ x_2=y_1-y_2,\\ x_3=y_3,\end{cases}\tag{7.7}$$

线性变换(7.7)的矩阵为

$$C_1 = \begin{pmatrix} 1 & 1 & 0 \\ 1 & -1 & 0 \\ 0 & 0 & 1 \end{pmatrix}.$$

其行列式$|C_1| \neq 0$,故线性变换(7.7)是可逆的,二次型$f(x_1, x_2, x_3)$经可逆线性变换(7.7)化为二次型

$$\begin{aligned} g(y_1, y_2, y_3) &= -4(y_1^2 - y_2^2) + 2(y_1 + y_2)y_3 + 2(y_1 - y_2)y_3 \\ &= -4(y_1^2 - y_2^2) + 2y_1 y_3 + 2y_2 y_3 + 2y_1 y_3 - 2y_2 y_3 \\ &= -4y_1^2 + 4y_2^2 + 4y_1 y_3. \end{aligned}$$

在这个新的二次型$g(y_1, y_2, y_3)$里有"平方"项,如y_1^2,以y_1^2并结合含有y_1的交叉项$4y_1 y_3$配方得

$$\begin{aligned} g(y_1, y_2, y_3) &= -4(y_1^2 - y_1 y_3) + 4y_2^2 \\ &= -4\left(y_1^2 - y_1 y_3 + \frac{1}{4}y_3^2\right) + 4y_2^2 + y_3^2 \\ &= -4\left(y_1 - \frac{1}{2}y_3\right)2 + 4y_2^2 + y_3^2. \end{aligned}$$

令

$$\begin{cases} z_1 = y_1 - \dfrac{1}{2}y_3, \\ z_2 = y_2, \\ z_3 = y_3, \end{cases}$$

即

$$\begin{cases} y_1 = z_1 + \dfrac{1}{2}z_3, \\ y_2 = z_2, \\ y_3 = z_3. \end{cases} \tag{7.8}$$

线性变换(7.8)的矩阵为

$$C_2 = \begin{pmatrix} 1 & 0 & \dfrac{1}{2} \\ 0 & 1 & 0 \\ 0 & 0 & 1 \end{pmatrix}.$$

其行列式$|C_2| \neq 0$,因此线性变换(7.8)是可逆的,二次型$g(y_1, y_2, y_3)$经可逆线性变换(7.8)化为二次型

$$h(z_1, z_2, z_3) = -4z_1^2 + 4z_2^2 + z_3^2,$$

是标准形. 这样,二次型$f(x_1, x_2, x_3)$经两次可逆线性变换(7.7)与(7.8),即$X = C_1 C_2 Z$化为标准形:$h(z_1, z_2, z_3) = -4z_1^2 + 4z_2^2 + z_3^2$. 所作总的可逆线性变换的矩

阵为

$$C = C_1 C_2 = \begin{pmatrix} 1 & 1 & 0 \\ 1 & -1 & 0 \\ 0 & 0 & 1 \end{pmatrix} \begin{pmatrix} 1 & 0 & \dfrac{1}{2} \\ 0 & 1 & 0 \\ 0 & 0 & 1 \end{pmatrix} = \begin{pmatrix} 1 & 1 & \dfrac{1}{2} \\ 1 & -1 & \dfrac{1}{2} \\ 0 & 0 & 1 \end{pmatrix}.$$

总的可逆线性变换为

$$\begin{cases} x_1 = z_1 + z_2 + \dfrac{1}{2} z_3, \\ x_2 = z_1 - z_2 + \dfrac{1}{2} z_3, \\ x_3 = z_3. \end{cases}$$

2. 初等变换法

由定理 7.5 可知,用可逆线性变换 $X = CY$ 把二次型 $f(x_1, x_2, \cdots, x_n) = X^{\mathrm{T}} A X$ 化为标准形

$$g(y_1, y_2, \cdots, y_n) = Y^{\mathrm{T}} D Y = d_1 y_1^2 + d_2 y_2^2 + \cdots + d_n y_n^2.$$

其实质上就是把一个 n 阶对称矩阵 A 在合同关系下化为对角矩阵 D,即寻找一个可逆矩阵 C,使 $D = C^{\mathrm{T}} A C$. 由于任何一个可逆矩阵 C 都可以表示成若干个初等矩阵的乘积,设

$$C = P_1 P_2 \cdots P_s, \quad P_1, P_2, \cdots, P_s \text{ 均为初等矩阵.}$$

而初等矩阵转置仍然是初等矩阵,则有

$$C^{\mathrm{T}} = P_s^{\mathrm{T}} P_{s-1}^{\mathrm{T}} \cdots P_2^{\mathrm{T}} P_1^{\mathrm{T}}.$$

于是

$$D = C^{\mathrm{T}} A C = P_s^{\mathrm{T}} P_{s-1}^{\mathrm{T}} \cdots P_2^{\mathrm{T}} P_1^{\mathrm{T}} A P_1 P_2 \cdots P_s. \tag{7.9}$$

注意到,式中 P_i^{T} 与 $P_i (i = 1, 2, \cdots, s)$ 有以下关系:

$$P(i,j)^{\mathrm{T}} = P(i,j), \quad P(i(k))^{\mathrm{T}} = P(i(k)), \quad P(i,j(k))^{\mathrm{T}} = P(j,i(k)).$$

由上述知,$P(i,j)^{\mathrm{T}} A P(i,j)$ 相当于把 A 的第 i,j 行互换,再把所得矩阵的第 i,j 列互换;$P(i(k))^{\mathrm{T}} A P(i(k))$ 相当于把 A 的第 i 行 k 倍,再把所得矩阵的第 i 列 k 倍;$P(i,j(k))^{\mathrm{T}} A P(i,j(k))$ 相当于把 A 的第 i 行的 k 倍加到第 j 行,再把所得矩阵的 i 列的 k 倍加到第 j 列. 因此,$P^{\mathrm{T}} A P$ 就相当于先对 A 作一次行初等变换,再对所得矩阵作一次同类型的列初等变换,称为对 A 进行**成对的行、列初等变换**.

根据式(7.9)构造如下算法,求可逆矩阵 C:

$$\begin{pmatrix} A \\ E \end{pmatrix} \xrightarrow[\text{对 } E \text{ 只进行同种列初等变换}]{\text{对 } A \text{ 进行成对的行、列初等变换}} \begin{pmatrix} P_s^{\mathrm{T}} P_{s-1}^{\mathrm{T}} \cdots P_1^{\mathrm{T}} A P_1 P_2 \cdots P_{s-1} P_s \\ P_1 P_2 \cdots P_s \end{pmatrix} = \begin{pmatrix} D \\ C \end{pmatrix}.$$

这就是说,只要对对称矩阵 A 进行成对的行列初等变换,将 A 化成对角形矩阵 D,对 E 仅进行相应列初等变换,便可得到可逆矩阵 C. 在可逆线性变换 $X=CY$ 下,二次型 $f(x_1,x_2,\cdots,x_n)=X^{\mathrm{T}}AX$ 化为标准形 $g(y_1,y_2,\cdots,y_n)=Y^{\mathrm{T}}DY$.

用初等变换法化二次型 $f(x_1,x_2,\cdots,x_n)$ 为标准形的一般步骤如下:

(1) 由二次型 $f(x_1,x_2,\cdots,x_n)$ 求其矩阵 A;

(2) 构造 $2n\times n$ 的矩阵 $\begin{pmatrix} A \\ E \end{pmatrix}$;

(3) 对 $\begin{pmatrix} A \\ E \end{pmatrix}$ 施行一系列列初等变换,对 A 施行一系列相应的行初等变换,将 A 化为对角矩阵 D,则 E 化为所求可逆矩阵 C;

(4) 将 C 作为所求可逆线性变换的矩阵,构造可逆线性变换 $X=CY$;

(5) 可逆线性变换 $X=CY$ 将原二次型化为标准形.

$$f(x_1,x_2,\cdots,x_n)=X^{\mathrm{T}}AX=Y^{\mathrm{T}}C^{\mathrm{T}}ACY=Y^{\mathrm{T}}DY$$
$$=d_1y_1^2+d_2y_2^2+\cdots+d_ny_n^2=g(y_1,y_2,\cdots,y_n).$$

例 5 化二次型 $f(x_1,x_2,x_3)=-4x_1x_2+2x_1x_3+2x_2x_3$ 为标准形.

解 二次型 $f(x_1,x_2,x_3)$ 的矩阵

$$A=\begin{pmatrix} 0 & -2 & 1 \\ -2 & 0 & 1 \\ 1 & 1 & 0 \end{pmatrix},$$

构造如下矩阵,并作行、列初等变换.

$$\begin{pmatrix} A \\ E \end{pmatrix}=\begin{pmatrix} 0 & -2 & 1 \\ -2 & 0 & 1 \\ 1 & 1 & 0 \\ 1 & 0 & 0 \\ 0 & 1 & 0 \\ 0 & 0 & 1 \end{pmatrix} \xrightarrow{\text{第二行加到第一行}} \begin{pmatrix} -2 & -2 & 2 \\ -2 & 0 & 1 \\ 1 & 1 & 0 \\ 1 & 0 & 0 \\ 0 & 1 & 0 \\ 0 & 0 & 1 \end{pmatrix}$$

$$\xrightarrow{\text{第二列加到第一列}} \begin{pmatrix} -4 & -2 & 2 \\ -2 & 0 & 1 \\ 2 & 1 & 0 \\ 1 & 0 & 0 \\ 1 & 1 & 0 \\ 0 & 0 & 1 \end{pmatrix} \xrightarrow{\text{第一行分别乘以}-\frac{1}{2},\frac{1}{2}\text{加到第二行、第三行}} \begin{pmatrix} -4 & -2 & 2 \\ 0 & 1 & 0 \\ 0 & 0 & 1 \\ 1 & 0 & 0 \\ 1 & 1 & 0 \\ 0 & 0 & 1 \end{pmatrix}$$

$$\xrightarrow[\text{第一列分别乘以}-\frac{1}{2},\frac{1}{2}\text{加到第二列、第三列}]{}\begin{pmatrix} -4 & 0 & 0 \\ 0 & 1 & 0 \\ 0 & 0 & 1 \\ 1 & -\dfrac{1}{2} & \dfrac{1}{2} \\ 1 & \dfrac{1}{2} & \dfrac{1}{2} \\ 0 & 0 & 1 \end{pmatrix} = \begin{pmatrix} D \\ C \end{pmatrix}.$$

其中 C 是可逆线性变换的矩阵,二次型

$$f(x_1, x_2, x_3) = -4x_1 x_2 + 2x_1 x_3 + 2x_2 x_3$$

经可逆线性变换 $X = CY$,即

$$\begin{cases} x_1 = y_1 - \dfrac{1}{2}y_2 + \dfrac{1}{2}y_3, \\ x_2 = y_1 + \dfrac{1}{2}y_2 + \dfrac{1}{2}y_3, \\ x_3 = y_3 \end{cases}$$

化为标准形 $g(y_1, y_2, y_3) = -4y_1^2 + y_2^2 + y_3^2$.

3. 正交变换法

对实数域上的二次型 f,不仅可以用配方法、初等变换法通过可逆线性变换把它化成标准形,而且还有一种更重要的方法——正交变换法把它化成标准形.

在线性变换(7.5)中,如果线性变换的矩阵是正交矩阵 Q,即变换为 $X = QY$,称其为**正交变换**.

定理 7.6 对于实二次型 $f(x_1, x_2, \cdots, x_n) = X^{\mathrm{T}}AX$,一定存在正交矩阵 Q,使其经过正交变换 $X = QY$ 把它化成标准形

$$g(y_1, y_2, \cdots, y_n) = \lambda_1 y_1^2 + \lambda_2 y_2^2 + \cdots + \lambda_n y_n^2 = Y^{\mathrm{T}}\Lambda Y.$$

其中 $\lambda_1, \lambda_2, \cdots, \lambda_n$ 是实二次型 $f(x_1, x_2, \cdots, x_n)$ 的矩阵 A 的全部特征值.

证 设实二次型 $f(x_1, x_2, \cdots, x_n)$ 的矩阵为 A,则 A 是实对称矩阵.由定理 6.6 知,一定存在正交矩阵 Q,使得

$$Q^{-1}AQ = \mathrm{diag}(\lambda_1, \lambda_2, \cdots, \lambda_n).$$

其中 $\lambda_1, \lambda_2, \cdots, \lambda_n$ 为矩阵 A 的全部特征值.因为 Q 是正交矩阵,所以 $Q^{-1} = Q^{\mathrm{T}}$,于是得

$$Q^{-1}AQ = Q^{\mathrm{T}}AQ = \mathrm{diag}(\lambda_1, \lambda_2, \cdots, \lambda_n).$$

作正交变换 $X = QY$,则

$$f(x_1, x_2, \cdots, x_n) = X^{\mathrm{T}}AX = Y^{\mathrm{T}}(Q^{\mathrm{T}}AQ)Y = \lambda_1 y_1^2 + \lambda_2 y_2^2 + \cdots + \lambda_n y_n^2.$$

这就是 $f(x_1,x_2,\cdots,x_n)$ 的标准形.

用正交变换法化实二次型 $f(x_1,x_2,\cdots,x_n)$ 为标准形的一般步骤为

(1) 求实二次型 $f(x_1,x_2,\cdots,x_n)$ 的实对称矩阵 A;

(2) 求 A 的全部特征值, $\lambda_1,\lambda_2,\cdots,\lambda_n$ 和分别属于特征值 λ_i 的特征向量 $\boldsymbol{\alpha}_i(i=1,2,\cdots,n)$;

(3) 若 λ_i 是矩阵 A 的单根, 则将属于 λ_i 的一个特征向量 $\boldsymbol{\alpha}_i$ 单位化. 若 λ_i 是矩阵 A 的 k_i 重根, 则将属于 λ_i 的 k_i 个线性无关的特征向量 $\boldsymbol{\alpha}_{i_{k_1}},\boldsymbol{\alpha}_{i_{k_2}},\cdots,\boldsymbol{\alpha}_{i_{k_i}}$ 先正交化, 再单位化;

(4) 用正交单位向量作为列向量, 写出正交矩阵 Q, 则 $Q^{\mathrm{T}}AQ=\Lambda$. λ_i 在 Λ 中的排列顺序应和属于 λ_i 的特征向量 $\boldsymbol{\alpha}_i$ 在 Q 中的排列顺序一致. 显然正交矩阵 Q 不唯一(属于 λ_i 的特征向量 $\boldsymbol{\alpha}_i$ 有无穷多个), 因此正交变换 $X=QY$ 也不唯一.

(5) 构造正交变换 $X=QY$, 化原二次型为标准形
$$g(y_1,y_2,\cdots,y_n)=\lambda_1 y_1^2+\lambda_2 y_2^2+\cdots+\lambda_n y_n^2.$$

例 6 化二次型 $f(x_1,x_2,x_3)=x_1^2+x_2^2+x_3^2+4x_1x_2+4x_1x_3+4x_2x_3$ 为标准形.

解 (1) 二次型的矩阵
$$A=\begin{pmatrix} 1 & 2 & 2 \\ 2 & 1 & 2 \\ 2 & 2 & 1 \end{pmatrix};$$

(2) 求 A 的全部特征值, A 的特征方程为
$$|\lambda E-A|=\begin{vmatrix} \lambda-1 & -2 & -2 \\ -2 & \lambda-1 & -2 \\ -2 & -2 & \lambda-1 \end{vmatrix}=(\lambda-5)(\lambda+1)^2=0.$$

所以, A 的特征值是 $\lambda_1=5,\lambda_2=\lambda_3=-1$(二重).

对于 $\lambda_1=5$, 解齐次线性方程组 $(5E-A)X=O$, 求得它的一个基础解系为 $\boldsymbol{\alpha}_1=(1,1,1)^{\mathrm{T}}$.

对于 $\lambda_2=\lambda_3=-1$, 解齐次线性方程组 $(-E-A)X=O$, 求得它的一个基础解系为 $\boldsymbol{\alpha}_2=(1,0,-1)^{\mathrm{T}},\boldsymbol{\alpha}_3=(0,1,-1)^{\mathrm{T}}$.

(3) 由于 $\lambda_1=5$ 是 A 的单根, 只需将特征向量 $\boldsymbol{\alpha}_1$ 单位化, 得
$$\boldsymbol{\eta}_1=\frac{1}{\sqrt{3}}(1,1,1)^{\mathrm{T}}.$$

$\lambda_2=\lambda_3=-1$ 是 A 的二重根, 且 $(\boldsymbol{\alpha}_2,\boldsymbol{\alpha}_3)\neq 0$. 故需将属于 $\lambda_2=\lambda_3=-1$ 的特征向量 $\boldsymbol{\alpha}_2,\boldsymbol{\alpha}_3$ 先正交化, 再单位化.

令
$$\boldsymbol{\alpha}_2'=\boldsymbol{\alpha}_2=(1,0,-1)^{\mathrm{T}},$$

$$\boldsymbol{\alpha}_3' = \boldsymbol{\alpha}_3 - \frac{(\boldsymbol{\alpha}_3, \boldsymbol{\alpha}_2')}{(\boldsymbol{\alpha}_2', \boldsymbol{\alpha}_2')} \boldsymbol{\alpha}_2' = \frac{1}{2}(-1, 2, -1)^{\mathrm{T}}.$$

单位化后得

$$\boldsymbol{\eta}_2 = \frac{1}{\sqrt{2}}(1, 0, -1)^{\mathrm{T}}, \quad \boldsymbol{\eta}_3 = \frac{1}{\sqrt{6}}(-1, 2, -1)^{\mathrm{T}}.$$

（4）构造正交矩阵 Q 和对角矩阵 Λ，令

$$Q = (\boldsymbol{\eta}_1, \boldsymbol{\eta}_2, \boldsymbol{\eta}_3) = \begin{pmatrix} \dfrac{1}{\sqrt{3}} & \dfrac{1}{\sqrt{2}} & -\dfrac{1}{\sqrt{6}} \\ \dfrac{1}{\sqrt{3}} & 0 & \dfrac{2}{\sqrt{6}} \\ \dfrac{1}{3} & -\dfrac{1}{\sqrt{2}} & -\dfrac{1}{\sqrt{6}} \end{pmatrix}, \quad \Lambda = \begin{pmatrix} 5 & 0 & 0 \\ 0 & -1 & 0 \\ 0 & 0 & -1 \end{pmatrix}.$$

Q 为正交矩阵，且 $Q^{\mathrm{T}} A Q = \Lambda$. 于是作正交变换 $X = QY$，即

$$\begin{cases} x_1 = \dfrac{1}{\sqrt{3}} y_1 + \dfrac{1}{\sqrt{2}} y_2 - \dfrac{1}{\sqrt{6}} y_3, \\[2mm] x_2 = \dfrac{1}{\sqrt{3}} y_1 + \dfrac{2}{\sqrt{6}} y_3, \\[2mm] x_3 = \dfrac{1}{3} y_1 - \dfrac{1}{\sqrt{2}} y_2 - \dfrac{1}{\sqrt{6}} y_3, \end{cases}$$

化原二次型为标准形 $g(y_1, y_2, y_3) = 5y_1^2 - y_2^2 - y_3^2$.

7.2　实二次型的分类与判定

一、实二次型的唯一性

实二次型 $f(x_1, x_2, \cdots, x_n) = X^{\mathrm{T}} A X$，经不同的可逆线性变换化成标准形，标准形不是唯一的，这与所作可逆线性变换有关. 例如，7.1 节例 4、例 5 中实二次型 $f(x_1, x_2, x_3) = -4x_1 x_2 + 2x_1 x_3 + 2x_2 x_3$，经可逆线性变换

$$\begin{cases} x_1 = y_1 + y_2 + \dfrac{1}{2} y_3, \\[2mm] x_2 = y_1 - y_2 + \dfrac{1}{2} y_3, \\[2mm] x_3 = y_3, \end{cases}$$

得标准形 $g(y_1, y_2, y_3) = -4y_1^2 + 4y_2^2 + y_3^2$. 而经可逆线性变换

$$\begin{cases} x_1 = y_1 - \dfrac{1}{2}y_2 + \dfrac{1}{2}y_3, \\[2mm] x_2 = y_1 + \dfrac{1}{2}y_2 + \dfrac{1}{2}y_3, \\[2mm] x_3 = y_3, \end{cases}$$

得标准形 $g(y_1, y_2, y_3) = -4y_1^2 + y_2^2 + y_3^2$.

显然在这两种可逆线性变换下的标准形不同,但标准形中含平方项的项数却是唯一确定的(仅平方项的系数不同),这与所作可逆线性变换无关.

定理 7.7 实二次型 $f(x_1, x_2, \cdots, x_n) = X^T A X$ 的标准形中含平方项的项数等于实二次型的秩.

证 设实二次型 $f(x_1, x_2, \cdots, x_n) = X^T A X$,矩阵为 A. 经可逆线性变换 $X = CY$,则化为标准形

$$f(x_1, x_2, \cdots, x_n) = X^T A X = Y^T C^T A C Y = Y^T D Y = g(y_1, y_2, \cdots, y_n).$$

因矩阵 $D = \mathrm{diag}(d_1, d_2, \cdots, d_r, 0, \cdots, 0), d_i \neq 0 (i = 1, 2, \cdots, r)$,且 $D = C^T A C$,即 $A \simeq D$,所以 $r = r(D) = r(A)$.

由此可见,对任一实二次型 $f(x_1, x_2, \cdots, x_n)$ 可化成形如

$$d_1 y_1^2 + \cdots + d_p y_p^2 - d_{p+1} y_{p+1}^2 - \cdots - d_r y_r^2$$

的标准形,这里 $d_i > 0 (i = 1, 2, \cdots, r)$. 因为在实数域 R 中,正实数总可以开平方,所以再作可逆线性变换

$$\begin{cases} y_1 = \dfrac{1}{\sqrt{d_1}} z_1, \\ \qquad \cdots\cdots \\ y_r = \dfrac{1}{\sqrt{d_r}} z_r, \\ y_{r+1} = z_{r+1}, \\ \qquad \cdots\cdots \\ y_n = z_n. \end{cases}$$

可得到实二次型 $f(x_1, x_2, \cdots, x_n)$ 的规范形 $z_1^2 + \cdots + z_p^2 - z_{p+1}^2 - \cdots - z_r^2$,且实二次型的规范形是唯一的.

定理 7.8(惯性定理) 任一实二次型 $f(x_1, x_2, \cdots, x_n)$,经适当可逆线性变换都可以化成规范形,并且规范形是唯一的.

证 定理 7.7 已经说明,任一实二次型 $f(x_1, x_2, \cdots, x_n)$ 都可以经适当可逆线性变换化成规范形.

规范形的唯一性证明从略.

定义 7.6 实二次型 $f(x_1, x_2, \cdots, x_n)$ 的规范形中,系数为正的平方项个数 p

称为实二次型 $f(x_1, x_2, \cdots, x_n)$ 的**正惯性指数**,系数为负的平方项个数 $r-p$ 称为实二次型 $f(x_1, x_2, \cdots, x_n)$ 的**负惯性指数**.它们的差 $p-(r-p)=2p-r$ 称为实二次型 $f(x_1, x_2, \cdots, x_n)$ 的**符号差**.

实二次型 $f(x_1, x_2, \cdots, x_n)$ 的标准形不唯一,但系数为正的平方项个数唯一确定,且等于 $f(x_1, x_2, \cdots, x_n)$ 的正惯性指数;系数为负的平方项个数也是唯一确定的,等于 $f(x_1, x_2, \cdots, x_n)$ 的负惯性指数.这就是说实二次型 $f(x_1, x_2, \cdots, x_n)$ 的正、负惯性指数是二次型本身的属性,与所作可逆线性变换无关.

惯性定理用矩阵来描述就是:

定理 7.9 任一实对称矩阵 A 合同于一个形如 $\mathrm{diag}(1, \cdots, 1, -1, \cdots, -1, 0, \cdots, 0)$ 的对角矩阵,其中 ± 1 的总个数等于 A 的秩,1 的个数由 A 唯一确定,称为矩阵 A 的正惯性指数.

推论 如果 A, B 为实对称矩阵,$A \simeq B$ 的充要条件是 A 与 B 的秩和正惯性指数分别相等.

二、实二次型分类

先从典型数学问题——二元函数极值点的判别问题,引入正定概念.设有二次齐次函数

$$f(x, y) = 3x^2 + 4xy + 3y^2 = 3\left(x + \frac{2}{3}y\right)^2 + \frac{5}{3}y^2,$$

$$g(x, y) = 4xy.$$

易知

$$f(0, 0) = f'_x(0, 0) = f'_y(0, 0) = 0,$$
$$g(0, 0) = g'_x(0, 0) = g'_y(0, 0) = 0.$$

因此,原点 $O(0, 0)$ 是函数 $f(x, y)$ 和 $g(x, y)$ 的驻点,那么原点是否是这两个函数的极值点呢?对任一非零向量 $\boldsymbol{\alpha} = (x, y)^T \neq \boldsymbol{0}$,$f(x, y)$ 恒大于 0,所以原点 $O(0, 0)$ 是函数 $f(x, y)$ 极小点.而对任一非零向量 $\boldsymbol{\alpha} = (x, y)^T \neq \boldsymbol{0}$,$g(x, y)$ 可正、可负,故原点不是函数 $g(x, y)$ 的极小点.对于更一般的 n 元函数,判别它的驻点是否是极值点,将归结为判别一个 n 元二次型恒正或恒负的问题,这就是二次型正定、负定问题.正定二次型、正定矩阵在最优化、工程技术等领域有广泛的应用.因此先对实二次型分类.

定义 7.7 设实二次型 $f(x_1, x_2, \cdots, x_n) = X^T A X$,其中 A 为 n 阶实对称矩阵.

(1) 若对于任意一组不全为零的实数 $c_1, c_2, \cdots, c_n$,有 $f(c_1, c_2, \cdots, c_n) > 0$,则称实二次型

$$f(x_1, x_2, \cdots, x_n) = X^T A X$$

为正定的,并称矩阵 A 为**正定矩阵**.

（2）若对于任意一组不全为零的实数 $c_1,c_2,\cdots,c_n$，有 $f(c_1,c_2,\cdots,c_n)<0$，则称实二次型

$$f(x_1,x_2,\cdots,x_n)=X^{\mathrm{T}}AX$$

为负定的，并称矩阵 A 为**负定矩阵**.

（3）若对于任意一组不全为零的实数 $c_1,c_2,\cdots,c_n$，有 $f(c_1,c_2,\cdots,c_n)\geqslant0$，则称实二次型

$$f(x_1,x_2,\cdots,x_n)=X^{\mathrm{T}}AX$$

为半正定的，并称矩阵 A 为**半正定矩阵**.

（4）若对于任意一组不全为零的实数 $c_1,c_2,\cdots,c_n$，有 $f(c_1,c_2,\cdots,c_n)\leqslant0$，则称实二次型

$$f(x_1,x_2,\cdots,x_n)=X^{\mathrm{T}}AX$$

为半负定的，并称矩阵 A 为**半负定矩阵**.

（5）若对某些 $(c_1,c_2,\cdots,c_n)\neq\mathbf{0}$，有 $f(c_1,c_2,\cdots,c_n)>0$；而对另一些 $(c_1,c_2,\cdots,c_n)\neq\mathbf{0}$，有 $f(c_1,c_2,\cdots,c_n)<0$，则称实二次型

$$f(x_1,x_2,\cdots,x_n)=X^{\mathrm{T}}AX$$

是不定的，并称矩阵 A 是**不定矩阵**.

由于实二次型 $f(x_1,x_2,\cdots,x_n)=X^{\mathrm{T}}AX$ 的矩阵是实对称矩阵，所以正定矩阵 A 首先是实对称矩阵，且由它确定的实二次型 $f(x_1,x_2,\cdots,x_n)=X^{\mathrm{T}}AX$ 是正定的，这样对实二次型 $f(x_1,x_2,\cdots,x_n)=X^{\mathrm{T}}AX$ 的正定性判定等价于判定实对称矩阵 A 是否是正定矩阵.

由惯性定理，任一实二次型都可以化成规范形，且规范形是唯一的. 因此还可以依实二次型的惯性指数对实二次型进行分类，即如果实二次型 $f(x_1,x_2,\cdots,x_n)$ 的规范形为

$$z_1^2+\cdots+z_p^2-z_{p+1}^2-\cdots-z_r^2,\quad 0\leqslant p\leqslant r\leqslant n.$$

（1）若 $p=r=n$，则称实二次型 $f(x_1,x_2,\cdots,x_n)$ 是正定的.

（2）若 $p=r$，则称实二次型 $f(x_1,x_2,\cdots,x_n)$ 是半正定的，这时规范形由 r 个系数为 1 的平方项组成.

（3）若 $p=0,r=n$，则称实二次型 $f(x_1,x_2,\cdots,x_n)$ 是负定的，这时规范形 n 项全是负的.

（4）若 $p=0$，则称实二次型是半负定的，这时规范形由 r 个系数为 -1 的平方项组成.

（5）若 $0<p<r$，则称 $f(x_1,x_2,\cdots,x_n)$ 是不定的.

依惯性指数对实二次型进行分类时，应注意变量个数. 例如，$f(x_1,x_2)=x_1^2+x_2^2$ 是正定二次型，但 $f(x_1,x_2,x_3)=x_1^2+x_2^2$ 就是半正定二次型了.

三、实二次型的有定性

下面给出标准形实二次型正定性的判定方法.

定理 7.10　n 元实二次型

$$f(x_1,x_2,\cdots,x_n)=a_{11}x_1^2+a_{22}x_2^2+\cdots+a_{nn}x_n^2$$

是正定的充分必要条件是 $a_{11},a_{22},\cdots,a_{nn}$ 全都大于零.

证　必要性. 若实二次型

$$f(x_1,x_2,\cdots,x_n)=a_{11}x_1^2+a_{22}x_2^2+\cdots+a_{nn}x_n^2$$

正定, 取任一组不全为零的数 $(0,\cdots,0,\overset{i}{1},0,\cdots,0)$ 代入得 $f(0,\cdots,0,\overset{i}{1},0,\cdots,0)=a_{ii}$. 由于 $f(x_1,x_2,\cdots,x_n)$ 正定, 所以 $a_{ii}>0$. 当 $i=1,2,\cdots,n$ 时, 即得到 $a_{11},a_{22},\cdots,a_{nn}$ 全大于零.

充分性. 若 $a_{11},a_{22},\cdots,a_{nn}$ 全都大于零, 则对任一组不全为零的实数 $c_1,c_2,\cdots,c_n$, 在

$$f(c_1,c_2,\cdots,c_n)=a_{11}c_1^2+a_{22}c_2^2+\cdots+a_{nn}c_n^2$$

中至少有一项的 $c_j\neq0$, 于是 $a_{jj}c_j^2>0$, 而其余 $a_{ii}c_i^2\geqslant0(i=1,2,\cdots,j-1,j+1,\cdots,n)$, 所以

$$f(x_1,x_2,\cdots,x_n)=a_{11}x_1^2+a_{22}x_2^2+\cdots+a_{nn}x_n^2>0,$$

即实二次型 $f(x_1,x_2,\cdots,x_n)$ 是正定的.

由惯性定理可以得到如下定理.

定理 7.11　n 元实二次型 $f(x_1,x_2,\cdots,x_n)$ 正定的充分必要条件是它的正惯性指数等于 n.

推论　n 元实二次型 $f(x_1,x_2,\cdots,x_n)$ 正定的充要条件是它的规范形为 $z_1^2+z_2^2\cdots+z_n^2$.

利用实二次型 $f(x_1,x_2,\cdots,x_n)=X^{\mathrm{T}}AX$ 的正定性与其矩阵 A 的正定性等价关系, 可直接应用矩阵和行列式来判断实二次型的正定性. 为此, 先介绍正定矩阵 A 的一些特性, 由以上推论得以下定理.

定理 7.12　实对称矩阵 A 正定的充分必要条件是 $A\simeq E$.

推论　(1) 正定矩阵 A 主对角线上元素 $a_{ii}>0(i=1,2,\cdots,n)$;

(2) 正定矩阵 A 的行列式 $|A|>0$;

(3) 若 A 是正定矩阵, 则 A^{-1} 也是正定矩阵;

(4) 对任一实对称矩阵 A, $A^{\mathrm{T}}A$ 是正定矩阵.

证　(1) 因 A 是正定矩阵, 所以

$$f(x_1,x_2,\cdots,x_n)=X^{\mathrm{T}}AX=\sum_{i=1}^{n}\sum_{j=1}^{n}a_{ij}x_ix_j$$

是正定实二次型. 若取 $X_i=(0,\cdots,0,1,0,\cdots,0)^{\mathrm{T}}\neq\mathbf{0}$, 则必有 $X_i^{\mathrm{T}}AX_i=a_{ii}x_i^2=$

$a_{ii}>0(i=1,2,\cdots,n).$

(2) 若 A 是正定矩阵,则 $A\simeq E$. 于是存在可逆矩阵 C,使 $C^{\mathrm{T}}EC=A$,从而,$|A|=|C^{\mathrm{T}}EC|=|C^{\mathrm{T}}||C|=|C|^2>0.$

(3) 因 A 是实对称矩阵,所以 A^{-1} 也是实对称矩阵. 又 A 是正定矩阵,所以 $A\simeq E$,于是存在可逆矩阵 C,使 $A=C^{\mathrm{T}}EC$,从而得 $A^{-1}=(C^{\mathrm{T}}EC)^{-1}=C^{-1}E^{-1}(C^{\mathrm{T}})^{-1}=C^{-1}E(C^{\mathrm{T}})^{-1}$,进一步有 $E=CA^{-1}C^{\mathrm{T}}$,即 $(C^{\mathrm{T}})^{\mathrm{T}}A^{-1}(C^{\mathrm{T}})=E$,亦即 $A^{-1}\simeq E$,从而 A^{-1} 是正定矩阵.

(4) 因为 A 为正定矩阵,所以 A 是实对称矩阵. 有 $(A^{\mathrm{T}}A)^{\mathrm{T}}=A^{\mathrm{T}}A$,$A^{\mathrm{T}}A$ 为实对称矩阵,又因为 $A^{\mathrm{T}}A=A^{\mathrm{T}}EA$,且 A 可逆,所以 $A^{\mathrm{T}}A\simeq E$,从而 $A^{\mathrm{T}}A$ 是正定矩阵.

定理 7.13 n 元实二次型 $f(x_1,x_2,\cdots,x_n)$ 正定的充分必要条件是它的矩阵 A 的特征值全大于零.

证 对于 n 元实二次型 $f(x_1,x_2,\cdots,x_n)$,存在正交变换 $X=QY$ 得标准形
$$g(y_1,y_2,\cdots,y_n)=\lambda_1 x_1^2+\lambda_2 x_2^2+\cdots+\lambda_n x_n^2.$$
其中 $\lambda_i(i=1,2,\cdots,n)$ 是 $f(x_1,x_2,\cdots,x_n)$ 的矩阵 A 的全部特征值. 由定理 7.11 知,$f(x_1,x_2,\cdots,x_n)$ 正定的充要条件是 $\lambda_1,\lambda_2,\cdots,\lambda_n$ 全大于零.

需要指出,对实对称矩阵 A,若 $|A|>0$,则实二次型 $X^{\mathrm{T}}AX$ 不一定是正定的,例如,
$$A=\begin{pmatrix}-1 & 0 \\ 0 & -1\end{pmatrix},$$
$|A|=1>0$,但是 $f(x_1,x_2)=-x_1^2-x_2^2$ 不是正定的.

那么 $|A|>0$ 的实对称矩阵 A,还应当满足什么条件才能是正定矩阵呢? 为此需引进一个新概念.

定义 7.8 在 n 阶矩阵 A 中,取第 $1,2,\cdots,k$ 行及第 $1,2,\cdots,k$ 列得到的 k 阶子式 $(k\leqslant n)$ 称为 A 的 k **阶顺序主子式**.

例 1 求矩阵
$$A=\begin{pmatrix}3 & 2 & 0 \\ 2 & 4 & -2 \\ 0 & -2 & 5\end{pmatrix}$$
的顺序主子式.

解

$$3>0, \quad \begin{vmatrix}3 & 2 \\ 2 & 4\end{vmatrix}=8>0, \quad |A|=\begin{vmatrix}3 & 2 & 0 \\ 2 & 4 & -2 \\ 0 & -2 & 5\end{vmatrix}=28>0.$$

定理 7.14 实二次型 $f(x_1,x_2,\cdots,x_n)$ 正定的充分必要条件是它的矩阵 A 的所有顺序主子式全大于零.

证明从略.

例 1 当中给出的实对称矩阵是正定的,因为它的各阶顺序主子式均大于零.

由定理 7.13 和定理 7.14 知,通过计算实二次型 $f(x_1,x_2,\cdots,x_n)=X^\mathrm{T}AX$ 的矩阵 A 的全部特征值,或 A 的 n 个顺序主子式的值,便可判断出实二次型 $f(x_1,x_2,\cdots,x_n)$(或矩阵 A)是否正定.

例 2 判断二次型

(1) $f(x_1,x_2,x_3)=2x_1^2+5x_2^2+5x_3^2+4x_1x_2-4x_1x_3-8x_2x_3$;

(2) $f(x_1,x_2,x_3)=x_1^2+x_2^2+x_3^2-2x_1x_3$

是否是正定二次型.

解 (1) 二次型

$$f(x_1,x_2,x_3)=2x_1^2+5x_2^2+5x_3^2+4x_1x_2-4x_1x_3-8x_2x_3$$

的矩阵为

$$A=\begin{pmatrix} 2 & 2 & -2 \\ 2 & 5 & -4 \\ -2 & -4 & 5 \end{pmatrix}.$$

由 $|\lambda E-A|=(\lambda-1)^2(\lambda-10)=0$,得 A 的特征值 $\lambda_1=1,\lambda_2=1,\lambda_3=10$ 全大于零,二次型正定.

(2) 二次型 $f(x_1,x_2,x_3)=x_1^2+x_2^2+x_3^2-2x_1x_3$ 的矩阵为

$$A=\begin{pmatrix} 1 & 0 & -1 \\ 0 & 1 & 0 \\ -1 & 0 & 1 \end{pmatrix}.$$

由 $|\lambda E-A|=\lambda(\lambda-1)(\lambda-2)=0$,$A$ 的特征值 $\lambda_1=0,\lambda_2=1,\lambda_3=2$ 不全大于零知,二次型不正定.

例 3 判别实二次型

(1) $f(x_1,x_2,x_3)=3x_1^2+4x_2^2+5x_3^2+4x_1x_2-4x_2x_3$;

(2) $f(x_1,x_2,x_3)=x_1^2+2x_2^2-3x_3^2+4x_1x_2+2x_2x_3$

是否是正定二次型.

解 (1) $f(x_1,x_2,x_3)$ 的矩阵为

$$A=\begin{pmatrix} 3 & 2 & 0 \\ 2 & 4 & -2 \\ 0 & -2 & 5 \end{pmatrix}.$$

由例 1 知,其顺序主子式全都大于零,二次型正定.

(2) 实二次型 $f(x_1,x_2,x_3)$ 的矩阵为

$$A=\begin{pmatrix} 1 & 2 & 0 \\ 2 & 2 & 1 \\ 0 & 1 & -3 \end{pmatrix}.$$

因为 $1>0$, $\begin{vmatrix} 1 & 2 \\ 2 & 2 \end{vmatrix}=-2<0$, $|A|=\begin{vmatrix} 1 & 2 & 0 \\ 2 & 2 & 1 \\ 0 & 1 & -3 \end{vmatrix}=5>0$. A 的所有顺序主子式不全大于 0, 所以二次型不是正定的.

正定和半正定、负定和半负定二次型(矩阵)统称为有定二次型(矩阵), 如果二次型(矩阵)不是有定的就称为不定二次型(矩阵).

与讨论正定二次型(矩阵)相仿, 下面简单介绍负定二次型(负定矩阵)的性质和判定方法. 先注意事实: 如果 $f(x_1,x_2,\cdots,x_n)=X^{\mathrm{T}}AX$ 是正定的(A 是正定矩阵), 则 $-f(x_1,x_2,\cdots,x_n)=X^{\mathrm{T}}(-A)X$ 是负定的($-A$ 是负定矩阵). 这是因为, 若 $f(x_1,x_2,\cdots,x_n)=X^{\mathrm{T}}AX$ 正定, 对任 $X_0\neq 0$ 有 $X_0^{\mathrm{T}}AX_0>0$, 但 $-X_0^{\mathrm{T}}AX_0=X_0^{\mathrm{T}}(-A)X_0=-f(x_1,x_2,\cdots,x_n)<0$, 所以 $-f(x_1,x_2,\cdots,x_n)=X^{\mathrm{T}}(-A)X$ 负定.

负定矩阵 A 具有如下性质:

(1) A 为负定矩阵, 则 $A\simeq -E$;

(2) n 阶矩阵 A 为负定矩阵, 则

$$|A|=\begin{cases} >0, & \text{当 } n \text{ 为偶数,} \\ <0, & \text{当 } n \text{ 为奇数.} \end{cases}$$

负定二次型 $f(x_1,x_2,\cdots,x_n)=X^{\mathrm{T}}AX$ 的判定方法:

(1) n 元实二次型 $f(x_1,x_2,\cdots,x_n)$ 是负定的充分必要条件是它的负惯性指数等于 n;

(2) n 元实二次型 $f(x_1,x_2,\cdots,x_n)=a_{11}x_1^2+a_{22}x_2^2+\cdots+a_{nn}x_n^2$ 是负定的充分必要条件是 $a_{11},a_{22},\cdots,a_{nn}$ 全都小于零;

(3) n 元实二次型 $f(x_1,x_2,\cdots,x_n)=X^{\mathrm{T}}AX$ 是负定的充分必要条件是矩阵 A 的特征值全小于零;

(4) n 元实二次型 $f(x_1,x_2,\cdots,x_n)=X^{\mathrm{T}}AX$ 为负定的充分必要条件是矩阵 A 的 n 个顺序主子式负、正相间.

例 4 判别实二次型 $f(x_1,x_2,x_3)=-5x_1^2-6x_2^2-4x_3^2+4x_1x_2+4x_1x_3$ 是否负定.

解 (1) 用配方法将 $f(x_1,x_2,x_3)$ 化成标准形

$$f(x_1,x_2,x_3)=-(2x_3-x_1)^2-(2x_1-x_2)^2-5x_2^2.$$

经可逆线性变换可化为 $f(x_1,x_2,x_3)=-y_1^2-y_2^2-5y_3^2$, 系数全部小于零, 所以二次型负定.

(2) 由 $|\lambda E-A|=(\lambda+5)(\lambda+2)(\lambda+8)=0$, A 的特征值 $\lambda_1=-5$, $\lambda_2=-2$, $\lambda_3=-8$ 全都小于零, 所以二次型为负定的.

(3) 原二次型的矩阵为

$$A = \begin{pmatrix} -5 & 2 & 2 \\ 2 & -6 & 0 \\ 2 & 0 & -4 \end{pmatrix}.$$

因为

$$-5 < 0, \quad \begin{vmatrix} -5 & 2 \\ 2 & -6 \end{vmatrix} = 26 > 0, \quad \begin{vmatrix} -5 & 2 & 2 \\ 2 & -6 & 0 \\ 2 & 0 & -4 \end{vmatrix} = -80 < 0,$$

即 A 的顺序主子式负正相间,所以二次型是负定的.

习　题　7

(A)

1. 判断下列各式是否为二次型,若是二次型,是否为标准形.

(1) $x_1^2 + 2x_1 x_2 + 2x_2^2 + 5x_2 x_3 + 7$;

(2) $x_1^2 + x_2^2 + x_3^2 + x_2 x_3 + x_3$;

(3) $x_1 x_2 + x_1 x_3 - x_2 x_3 = 0$;

(4) $-2x_1^2 + 2x_2^2 - 5x_3^2 - 3x_4^2$.

2. 写出下列二次型的矩阵 A.

(1) $f(x_1, x_2, x_3) = x_1^2 + x_2^2 + x_3^2 - x_1 x_2 - x_1 x_3 - x_2 x_3$;

(2) $f(x_1, x_2, x_3, x_4) = -x_1 x_2 + 3x_1 x_3 - 4x_2 x_3 + 2x_2 x_4 + 6x_3 x_4$.

3. 求出下列各对称矩阵所对应的二次型.

(1) $A = \begin{pmatrix} 1 & 2 & 0 \\ 2 & 3 & 0 \\ 0 & 0 & -2 \end{pmatrix}$; (2) $A = \begin{pmatrix} 1 & -1 & -3 & 1 \\ -1 & 0 & -2 & \frac{1}{2} \\ -3 & -2 & \frac{1}{3} & -\frac{3}{2} \\ 1 & \frac{1}{2} & -\frac{3}{2} & 0 \end{pmatrix}$.

4. 用配方法将下列二次型化为标准形,并写出所用的可逆线性变换.

(1) $f(x_1, x_2, x_3) = x_1^2 + 2x_2^2 + 2x_1 x_2 - 2x_1 x_3$;

(2) $f(x_1, x_2, x_3) = x_1 x_2 + x_1 x_3 + x_2 x_3$.

5. 用初等变换法将下列二次型化为标准形,并求相应的可逆线性变换.

(1) $f(x_1, x_2, x_3) = -x_1^2 - x_3^2 + 4x_1 x_2 - 2x_1 x_3$;

(2) $f(x_1, x_2, x_3) = x_1 x_2 + x_1 x_3 - 3x_2 x_3$.

6. 用正交变换法把下列二次型化成标准形,并写出所用的正交变换.

(1) $f(x_1, x_2, x_3) = 2x_1^2 + 3x_2^2 + 3x_3^2 + 4x_2 x_3$;

(2) $f(x_1, x_2, x_3) = x_1^2 + 4x_2^2 + x_3^2 - 4x_1 x_2 - 8x_1 x_3 - 4x_2 x_3$.

7. 把第 5 题中的二次型化为规范形,并求变换矩阵.

8. 判定下列二次型的类型.

(1) $f(x_1,x_2,x_3)=-2x_1^2-6x_2^2-4x_3^2+2x_1x_2+2x_1x_3$;

(2) $f(x_1,x_2,x_3)=x_1^2+2x_2^2-3x_3^2+4x_1x_2+2x_2x_3$;

(3) $f(x_1,x_2,x_3)=5x_1^2+3x_2^2+x_3^2-4x_1x_2-2x_2x_3$.

9. 求 t 的值,使下面二次型是正定的.

(1) $f(x_1,x_2,x_3)=5x_1^2+x_2^2+tx_3^2+4x_1x_2-2x_1x_3-2x_2x_3$;

(2) $f(x_1,x_2,x_3)=x_1^2+x_2^2+5x_3^2+2tx_1x_2-2x_1x_3+4x_2x_3$.

10. t 取何值时,下列对称矩阵为正定的.

(1) $A=\begin{pmatrix} 2 & 1 & 0 \\ 1 & 1 & \dfrac{t}{2} \\ 0 & \dfrac{t}{2} & 1 \end{pmatrix}$; (2) $A=\begin{pmatrix} 1 & 1 & 0 \\ 1 & 1 & t \\ 0 & t & 1 \end{pmatrix}$.

(B)

1. 已知 $f(x_1,x_2,x_3)=2x_1^2+3x_2^2+3x_3^2+2tx_2x_3(t>0)$ 通过正交变换 $X=QY$ 可以化为标准形 $f=y_1^2+2y_2^2+5y_3^2$,求参数 t 与正交矩阵 Q.

2. 试证:当且仅当 $b^2-4ac\neq0$ 时,$f(x_1,x_2)=ax_1^2+bx_1x_2+cx_2^2(a\neq0)$ 的秩等于 2.

3. 二次型 $f(x_1,x_2,x_3)=(k+1)x_1^2+(k+2)x_2^2+(k+3)$ 正定,求 k 的取值范围.

4. 设 A 为 n 阶实对称矩阵,且满足 $A^3-2A^2+4A-3E=0$.证明:A 为正定矩阵.

5. 设 A 为 n 阶正定矩阵,E 为 n 阶单位矩阵.证明:$|A+E|$ 大于 1.

6. (2013)设二次型

$f(x_1,x_2,x_3)=2(a_1x_1+a_2x_2+a_3x_3)^2+(b_1x_1+b_2x_2+b_3x_3)^2$,

记 $\boldsymbol{\alpha}=\begin{pmatrix} a_1 \\ a_2 \\ a_3 \end{pmatrix},\boldsymbol{\beta}=\begin{pmatrix} b_1 \\ b_2 \\ b_3 \end{pmatrix}$.

(1) 证明二次型 f 对应的矩阵为 $2\boldsymbol{\alpha\alpha}^{\mathrm{T}}+\boldsymbol{\beta\beta}^{\mathrm{T}}$;

(2) 若 $\boldsymbol{\alpha},\boldsymbol{\beta}$ 正交且均为单位向量,证明 f 在正交变换下的标准形为 $2y_1^2+y_2^2$.

7. (2009) 设二次型 $f(x_1,x_2,x_3)=ax_1^2+ax_2^2+(a-1)x_3^2+2x_1x_3-2x_2x_3$.

(1) 求二次型 f 的矩阵为所有特征值;

(2) 若二次型 f 的规范形为 $y_1^2+y_2^2$,求 a 的值.

8. (2001) 设 A 为 n 阶实对称矩阵,$r(A)=n$,A_{ij} 是 $A=(a_{ij})_{n\times n}$ 中元素 a_{ij} 的代数余子式 $(i,j=1,2,\cdots,n)$,二次型 $f(x_1,x_2,\cdots,x_n)=\sum_{i=1}^{n}\sum_{j=1}^{n}\dfrac{A_{ij}}{|A|}x_ix_j$.

(1) 记 $X=(x_1,x_2,\cdots,x_n)^{\mathrm{T}}$,把 $f(x_1,x_2,\cdots,x_n)$ 写成矩阵形式,并证明 $f(X)$ 的矩阵为 A^{-1};

(2) 二次型 $g(X)=X^{\mathrm{T}}AX$ 与 $f(X)$ 的规范形是否相同? 说明理由.

第 7 章测试题

部分习题参考答案

习 题 1

(A)

1. (1) 11;(2) -2;(3) -25;(4) $3abc-a^3-b^3-c^3$;
   (5) $(b-a)(c-a)(c-b)$;(6) $-2(x^3+y^3)$.

2. (1) $x=-2$ 或 $x=1$;(2) $x=-1$ 或 $x=3$.

3. $x_1=2,x_2=-1$.

4. (1) 9;(2) 7;(3) $n-1$;(4) $n(n-1)/2$.

5. (1) $i=7,j=3$;(2) $i=3,j=8$.

6. (1) $+$;(2) $+$.

7. (1) 1;(2) $acfh+bdeg-adeh-bcfg$;
   (3) $(-1)^{n-1}b_1b_2\cdots b_{n-1}a_n$;(4) $(-1)^{n-1}n!$.

8. (1) 4013100;(2) 8;(3) 189;(4) 160.

9. 略.

10. (1) $(-1)^{n-1}b^{n-1}\left(\sum_{i=1}^{n}a_i-b\right)$;   (2) $(-1)^{n-1}\dfrac{(n+1)!}{2}$;
    (3) $(-1)^{n-1}na_1a_2\cdots a_{n-1}$;   (4) $n!$;
    (5) $a_1-a_2b_2-a_3b_3-\cdots-a_nb_n$;(6) $(-1)^{n-1}(n-1)$.

11. (1) $x=1,2,\cdots,n-1$;(2) $x=0,1,2,\cdots,n-3,n-2$.

12. -18.

13. (1) a^5+b^5;(2) $xyzuv$;(3) $(-1)^{\frac{n(n+1)}{2}}(n+1)^{n-1}$;(4) $-2(n-2)!$.

14. $x_{1,2}=2,x_3=-2$.

15. -48.

16. (1) $x_1=2,x_2=-2,x_3=3$;(2) $x=1,y=0,z=1$;
    (3) $x=-a,y=b,z=c$;(4) $x_1=1,x_2=1,x_3=-1,x_4=-1$;

17. $k\neq-2$ 且 $k\neq1$.

18. $\lambda=1$ 或 $\lambda=3$ 或 $\lambda=5$.

(B)

1. 是 x 的 4 次多项式,x^4 项的系数为 5,x^3 项的系数为 -2.

2. (1) x^4;(2) $(a_2a_3-b_2b_3)(a_1a_4-b_1b_4)$.

3. 略.

4. $n!\left(1-\sum_{i=2}^{n}\dfrac{1}{i}\right).$

5. (1) $(-1)^{n-1}\dfrac{n+1}{2}n^{n-1}$;   (2) $a_1 a_2 \cdots a_n\left(1+\sum_{i=1}^{n}\dfrac{1}{a_i}\right)$;

    (3) $\begin{cases}\dfrac{a^{n+1}-b^{n+1}}{a-b}, & a\neq b,\\ (n+1)a^n, & a=b;\end{cases}$ (4) $n!(n-1)!(n-2)!\cdots 2!1!=\prod_{k=1}^{n}k!.$

6. $(a^2-b^2)^n.$

7. $x_1=1, x_2=x_3=\cdots=x_n=0.$

8,9. 略.

习 题 2

(A)

1. $x=-4, y=-1, z=1, u=-2.$

2. (1) $\begin{pmatrix} -1 & 3 & 1 & 5 \\ 8 & 2 & 8 & 2 \\ 3 & 7 & 9 & 13 \end{pmatrix}$;   (2) $\begin{pmatrix} 10/3 & 10/3 & 2 & 2 \\ 0 & 4/3 & 0 & 4/3 \\ 2/3 & 2/3 & 2 & 2 \end{pmatrix}.$

3. (1) $\begin{pmatrix} 4 & 6 \\ 7 & -1 \end{pmatrix}$;   (2) $\begin{pmatrix} 1 & 2 & 3 & 4 \\ 2 & 4 & 6 & 8 \\ 3 & 6 & 9 & 12 \\ 4 & 8 & 12 & 16 \end{pmatrix}$;   (3) 30;   (4) $\begin{pmatrix} 30 & 7 \\ -18 & 45 \\ 23 & -2 \end{pmatrix}.$

4. (1) $\begin{pmatrix} -9 & 0 & 6 \\ -6 & 0 & 0 \\ -6 & 0 & 9 \end{pmatrix}$;   (2) $\begin{pmatrix} 0 & 0 & 6 \\ -3 & 0 & 0 \\ -6 & 0 & 0 \end{pmatrix}.$

5. (1) $\begin{pmatrix} a & b \\ \dfrac{3b}{2} & a+\dfrac{3b}{2} \end{pmatrix}$, a,b 是任意常数;

   (2) $\begin{pmatrix} a & b & c \\ 0 & a & b \\ 0 & 0 & a \end{pmatrix}$, a,b,c 为任意常数.

6. (1) $2^{n-1}\begin{pmatrix} 1 & 1 \\ 1 & 1 \end{pmatrix}$;   (2) $\begin{pmatrix} a^n & 0 & 0 \\ 0 & b^n & 0 \\ 0 & 0 & c^n \end{pmatrix}$;   (3) $\begin{pmatrix} 1 & 3 & 6 & 10 \\ 0 & 1 & 3 & 6 \\ 0 & 0 & 1 & 3 \\ 0 & 0 & 0 & 1 \end{pmatrix}.$

7. (1) $\sum_{j=1}^{n}a_{kj}a_{jl}$; (2) $\sum_{j=1}^{n}a_{kj}a_{lj}$; (3) $\sum_{i=1}^{n}a_{ik}a_{il}.$

8. $m^5.$

9. $3^n m^{n+1}.$

10. 略.

11. (1) 正确;(2) 正确;(3) 错误.

12,13,14. 略.

15. (1) 可逆,$\begin{pmatrix} \cos\theta & \sin\theta \\ -\sin\theta & \cos\theta \end{pmatrix}$;　　(2) 可逆,$\dfrac{1}{9}\begin{pmatrix} 1 & 2 & 2 \\ 2 & 1 & -2 \\ 2 & -2 & 1 \end{pmatrix}$;

(3) 不可逆;　　(4) 可逆,$\begin{pmatrix} 1 & 0 & 0 \\ -1 & 1 & 0 \\ 0 & -1 & 1 \end{pmatrix}$.

16. $\begin{pmatrix} 1/10 & 0 & 0 \\ 1/5 & 1/5 & 0 \\ 3/10 & 2/5 & 1/2 \end{pmatrix}$.

17. (1) $X=\dfrac{1}{6}\begin{pmatrix} 13 & -1 & 6 \\ 1 & -7 & 0 \\ 1 & 17 & 0 \end{pmatrix}$;　　(2) $X=\begin{pmatrix} -1 & 0 & 0 \\ 2/3 & 1/3 & 1/3 \\ 1/3 & 2/3 & 5/3 \end{pmatrix}$;

(3) $X=\begin{pmatrix} 1 & 2 \\ 3 & 4 \end{pmatrix}$;　　(4) $X=\begin{pmatrix} 3 & -1 \\ 2 & 0 \\ 1 & -1 \end{pmatrix}$.

18. 略.

19. $A-3E$.

20. $\dfrac{1}{2}(A-3E)$.

21. $\begin{pmatrix} 2 & 0 & 1 \\ 0 & 3 & 0 \\ 1 & 0 & 2 \end{pmatrix}$.

22. $\begin{pmatrix} 0 & 2 & 1 \\ 0 & 0 & 0 \\ 0 & 0 & 0 \end{pmatrix}$.

23,24. 略.

25. 16.

26. 2.

27. (1) $\begin{pmatrix} 1 & 0 \\ 0 & 1 \end{pmatrix}$;　　(2) $\begin{pmatrix} 1 & 0 & 0 \\ 0 & 1 & 0 \\ 0 & 0 & 1 \end{pmatrix}$;　　(3) $\begin{pmatrix} 1 & 0 & 0 & 0 \\ 0 & 1 & 0 & 0 \\ 0 & 0 & 1 & 0 \end{pmatrix}$.

28. (1) $\begin{pmatrix} 1 & 0 & 0 \\ -1/2 & 1/2 & 0 \\ 0 & -1/3 & 1/3 \end{pmatrix}$;　　(2) $\begin{pmatrix} 1 & -4 & -3 \\ 1 & -5 & -3 \\ -1 & 6 & 4 \end{pmatrix}$;

$$(3) \begin{pmatrix} 1 & -3 & 11 & -20 \\ 0 & 1 & -2 & 1 \\ 0 & 0 & 1 & -2 \\ 0 & 0 & 0 & 1 \end{pmatrix}.$$

29. (1) $\begin{pmatrix} 10 & 2 \\ -15 & -3 \\ 12 & 4 \end{pmatrix}$;   (2) $\begin{pmatrix} 2 & -1 & -1 \\ -4 & 7 & 4 \end{pmatrix}$;

(3) $\begin{pmatrix} 0 & 1 & -1 \\ -1 & 0 & 1 \\ 1 & -1 & 0 \end{pmatrix}$;   (4) $\begin{pmatrix} 2 & 0 & -1 \\ -7 & -4 & 3 \\ -4 & -2 & 1 \end{pmatrix}$.

30. (1) $\begin{pmatrix} -2 & 2 & 1 \\ -1 & -1 & 2 \\ 0 & 4 & 3 \end{pmatrix}$;   (2) $\begin{pmatrix} 12 & -15 & 21 & 0 & 0 \\ -3 & 6 & 18 & 0 & 0 \\ -9 & 3 & 24 & 0 & 0 \\ 0 & 0 & 0 & -2 & 6 \\ 0 & 0 & 0 & 18 & 6 \end{pmatrix}.$

31. (1) $\begin{pmatrix} 1 & -1 & 0 & 0 \\ -1 & 2 & 0 & 0 \\ 0 & 0 & 3 & -5 \\ 0 & 0 & -1 & 2 \end{pmatrix}$;   (2) $\begin{pmatrix} 1/4 & 0 & 0 & 0 & 0 \\ 0 & -1 & 2 & 0 & 0 \\ 0 & 1 & -1 & 0 & 0 \\ 0 & 0 & 0 & 2 & -1 \\ 0 & 0 & 0 & -5 & 3 \end{pmatrix}$;

(3) $\begin{pmatrix} 0 & 0 & \cdots & 0 & a_n^{-1} \\ a_1^{-1} & 0 & \cdots & 0 & 0 \\ \vdots & \vdots & & \vdots & \vdots \\ 0 & 0 & \cdots & 0 & 0 \\ 0 & 0 & \cdots & a_{n-1}^{-1} & 0 \end{pmatrix}.$

32. (1) -6；(2) 4.

33. (1) 2；(2) 2；(3) 3；(4) 5.

(B)

1. (1) $2A$；   (2) O.

2. $A^n = \begin{cases} 4^k E, & n=2k, \\ 4^k A, & n=2k+1. \end{cases}$

3. $|A|^{n-2} A$.

4. $\dfrac{\sqrt{3}}{3}$.

5. 略.

6. $E+A+A^2+\cdots+A^{k-1}$.

7. $(E-A)^2$.

8. 略.

9. $\dfrac{1}{(-2)^{n-1}}$.

10. $B^{-1}(A^{-1}+B^{-1})^{-1}A^{-1}$.

11. $\begin{pmatrix} O & 2B^* \\ 3A^* & O \end{pmatrix}$.

12. $\begin{bmatrix} 3 & -8 & -6 \\ 2 & -9 & -6 \\ -2 & 12 & 9 \end{bmatrix}$.

13. $\begin{bmatrix} 2 & 0 & 0 \\ 0 & -4 & 0 \\ 0 & 0 & 2 \end{bmatrix}$.

14. 证明略;

15. $(-1)^{mn}ab$.

16. $\begin{bmatrix} 1 & 0 & 0 & 0 \\ -2 & 1 & 0 & 0 \\ 1 & -2 & 1 & 0 \\ 0 & 1 & -2 & 1 \end{bmatrix}$.

17. $\begin{bmatrix} 3 & 0 & 0 \\ 0 & 3 & 0 \\ 0 & 0 & -1 \end{bmatrix}$.

18. 3.

19. $|A|=-1$.

20. $(E+B)^{-1}=\left[2(E+A)^{-1}\right]^{-1}=\dfrac{1}{2}(E+A)=\begin{bmatrix} 1 & 0 & 0 & 0 \\ -1 & 2 & 0 & 0 \\ 0 & -2 & 3 & 0 \\ 0 & 0 & -3 & 4 \end{bmatrix}$.

21. $(A-E)^{-1}=\dfrac{1}{2}(A+2E)$.

22. $B=\begin{bmatrix} 6 & 0 & 0 & 0 \\ 0 & 6 & 0 & 0 \\ 6 & 0 & 6 & 0 \\ 0 & \dfrac{1}{2} & 0 & -\dfrac{1}{6} \end{bmatrix}$.

23. $k=3$.

24. $r(A^3)=1$.

习 题 3

(A)

1. $(1,0,-1)^{\mathrm{T}}$; $(0,1,2)^{\mathrm{T}}$.

2. $\boldsymbol{\alpha}=(10,-5,-9,2)^{\mathrm{T}};\boldsymbol{\beta}=(-7,4,7,-1)^{\mathrm{T}}.$

3. (1) $\begin{bmatrix} x_1 \\ x_2 \\ x_3 \end{bmatrix} = \begin{bmatrix} \dfrac{10}{7} \\ -\dfrac{1}{7} \\ -\dfrac{2}{7} \end{bmatrix}$;　　(2) 无解.

(3) $\begin{bmatrix} x_1 \\ x_2 \\ x_3 \\ x_4 \\ x_5 \end{bmatrix} = \begin{bmatrix} \dfrac{1}{3} \\ -\dfrac{2}{3} \\ 0 \\ 0 \\ 0 \end{bmatrix} + c_1 \begin{bmatrix} 0 \\ -\dfrac{1}{2} \\ 0 \\ 1 \\ 0 \end{bmatrix} + c_2 \begin{bmatrix} \dfrac{1}{3} \\ \dfrac{5}{6} \\ 0 \\ 0 \\ 1 \end{bmatrix}$, c_1,c_2 为任意常数.

(4) $\begin{bmatrix} x_1 \\ x_2 \\ x_3 \\ x_4 \end{bmatrix} = c_1 \begin{bmatrix} 2 \\ 1 \\ 0 \\ 0 \end{bmatrix} + c_2 \begin{bmatrix} \dfrac{2}{7} \\ 0 \\ -\dfrac{5}{7} \\ 1 \end{bmatrix}$, c_1,c_2 为任意常数.

4. 当 $\lambda \neq -2$ 且 $\lambda \neq 1$ 时,方程组只有零解;当 $\lambda = -2$ 或 $\lambda = 1$ 时,方程组有非零解;
当 $\lambda = -2$ 时,一般解为
$$\begin{bmatrix} x_1 \\ x_2 \\ x_3 \end{bmatrix} = \begin{bmatrix} c \\ c \\ c \end{bmatrix}$$, c 为任意常数;

当 $\lambda = 1$ 时,一般解为
$$\begin{bmatrix} x_1 \\ x_2 \\ x_3 \end{bmatrix} = c_1 \begin{bmatrix} -1 \\ 1 \\ 0 \end{bmatrix} + c_2 \begin{bmatrix} -1 \\ 0 \\ 1 \end{bmatrix}$$, c_1,c_2 为任意常数.

5. (1) $\boldsymbol{\beta}=2\boldsymbol{\alpha}_1+\boldsymbol{\alpha}_2-\boldsymbol{\alpha}_3$;(2) $\boldsymbol{\beta}=\boldsymbol{\alpha}_1+\dfrac{1}{2}\boldsymbol{\alpha}_2-\dfrac{1}{2}\boldsymbol{\alpha}_3$.

6. $\lambda \neq 0$ 且 $\lambda \neq -3$.

7. (1) $t \neq 5$;(2) $t=5,\boldsymbol{\alpha}_3=\dfrac{11}{7}\boldsymbol{\alpha}_1+\dfrac{1}{7}\boldsymbol{\alpha}_2$.

8. (1) 线性无关;(2) 线性无关.

9,10,11,12,13. 略.

14. (1) 秩为 2,极大无关组为 $\boldsymbol{\alpha}_1,\boldsymbol{\alpha}_2$;

(2) 秩为 2,极大无关组为 $\boldsymbol{\alpha}_1,\boldsymbol{\alpha}_2$.

15. (1) 极大无关组是 $\boldsymbol{\alpha}_1,\boldsymbol{\alpha}_2$,且 $\boldsymbol{\alpha}_3=2\boldsymbol{\alpha}_1-\boldsymbol{\alpha}_2$;(2) 极大无关组是 $\boldsymbol{\alpha}_1,\boldsymbol{\alpha}_2,\boldsymbol{\alpha}_3$,且 $\boldsymbol{\alpha}_4=-\dfrac{5}{3}\boldsymbol{\alpha}_1+$

$\dfrac{2}{3}\boldsymbol{\alpha}_2+\dfrac{1}{3}\boldsymbol{\alpha}_3$，$\boldsymbol{\alpha}_5=3\boldsymbol{\alpha}_1+\boldsymbol{\alpha}_2-2\boldsymbol{\alpha}_3$.

16. 略.

（B）

1. (1) $a=-1$ 且 $b\neq0$；

(2) $a\neq-1$，$\boldsymbol{\beta}=-\dfrac{2b}{a+1}\boldsymbol{\alpha}_1+\dfrac{a+b+1}{a+1}\boldsymbol{\alpha}_2+\dfrac{b}{a+1}\boldsymbol{\alpha}_3+0\boldsymbol{\alpha}_4$.

2. 当 s 为奇数时，$\boldsymbol{\beta}_1,\boldsymbol{\beta}_2,\cdots,\boldsymbol{\beta}_s$ 线性无关；

当 s 为偶数时，$\boldsymbol{\beta}_1,\boldsymbol{\beta}_2,\cdots,\boldsymbol{\beta}_s$ 线性相关.

3. $a=1$ 或 $a=0.5$.

4. 略.

5. $a=0$ 或 $a=-10$ 时，$\boldsymbol{\alpha}_1,\boldsymbol{\alpha}_2,\boldsymbol{\alpha}_3,\boldsymbol{\alpha}_4$ 线性相关；

$a=0$ 时，$\boldsymbol{\alpha}_1$ 是一个极大无关组，且 $\boldsymbol{\alpha}_2=2\boldsymbol{\alpha}_1$，$\boldsymbol{\alpha}_3=3\boldsymbol{\alpha}_1$，$\boldsymbol{\alpha}_4=4\boldsymbol{\alpha}_1$；

$a=-10$ 时，$\boldsymbol{\alpha}_1,\boldsymbol{\alpha}_2,\boldsymbol{\alpha}_3$ 为极大无关组，且 $\boldsymbol{\alpha}_4=-\boldsymbol{\alpha}_1-\boldsymbol{\alpha}_2-\boldsymbol{\alpha}_3$.

6. 0.

7,8,9,10,11.略.

习　题　4

（A）

1. 当 $a\neq-3$ 且 $a\neq2$ 时，方程组有唯一解

$$\begin{pmatrix}x_1\\x_2\\x_3\end{pmatrix}=\begin{pmatrix}1\\\dfrac{1}{a+3}\\\dfrac{1}{a+3}\end{pmatrix}.$$

当 $a=-3$ 时，方程组无解.

当 $a=2$ 时，方程组的一般解为

$$\begin{pmatrix}x_1\\x_2\\x_3\end{pmatrix}=\begin{pmatrix}0\\1\\0\end{pmatrix}+c\begin{pmatrix}5\\-4\\1\end{pmatrix},\quad c\text{ 为任意常数.}$$

2. (1) 方程组的一个基础解系为

$$\boldsymbol{\eta}_1=\left(-\dfrac{1}{2},\dfrac{3}{2},1,0\right)^{\mathrm{T}},\quad \boldsymbol{\eta}_2=(0,-1,0,1)^{\mathrm{T}}.$$

方程组的全部解为

$$\boldsymbol{\gamma}=c_1\boldsymbol{\eta}_1+c_2\boldsymbol{\eta}_2,\quad c_1,c_2\text{ 为任意常数.}$$

(2) 方程组的一个基础解系为

$$\boldsymbol{\eta}_1=\begin{pmatrix}0\\1\\1\\0\\0\end{pmatrix},\quad \boldsymbol{\eta}_2=\begin{pmatrix}0\\1\\0\\1\\0\end{pmatrix},\quad \boldsymbol{\eta}_3=\begin{pmatrix}\dfrac{1}{3}\\-\dfrac{5}{3}\\0\\0\\1\end{pmatrix}.$$

方程组的全部解为

$$\boldsymbol{\gamma}=c_1\boldsymbol{\eta}_1+c_2\boldsymbol{\eta}_2+c_3\boldsymbol{\eta}_3,\quad c_1,c_2,c_3\ \text{为任意常数.}$$

3. (1) 无解.　(2) $\begin{pmatrix}x_1\\x_2\\x_3\\x_4\end{pmatrix}=\begin{pmatrix}3\\-8\\0\\6\end{pmatrix}+c\begin{pmatrix}-1\\2\\1\\0\end{pmatrix}$, c 为任意常数.

(3) $\begin{pmatrix}x_1\\x_2\\x_3\\x_4\\x_5\end{pmatrix}=\begin{pmatrix}-3\\2\\0\\0\\0\end{pmatrix}+c_1\begin{pmatrix}1\\-2\\1\\0\\0\end{pmatrix}+c_2\begin{pmatrix}1\\-2\\0\\1\\0\end{pmatrix}+c_3\begin{pmatrix}5\\-6\\0\\0\\1\end{pmatrix}$, c_1,c_2,c_3 为任意常数.

(4) $x_1=-3, x_2=3, x_3=5, x_4=0.$

4,5,6. 略.

(B)

1. $\lambda=-\dfrac{7}{4}.$

2. $X=\begin{pmatrix}2\\0\\0\\5\end{pmatrix}+c\begin{pmatrix}1\\2\\0\\2\end{pmatrix}$, c 为任意常数.

3,4,5,6,7,8. 略.

习　题　5

(A)

1. (1) 是;(2) 是;(3) 是;(4) 否.

2. $\dim V=2.$

3. $\begin{pmatrix}2&3\\-1&-2\end{pmatrix}.$

4. 证明略; $\begin{pmatrix}-4\\-2\\2\end{pmatrix}.$

5. 证明略；$(-2,2,-1)^{\mathrm{T}}$.

6. $\|\boldsymbol{\alpha}\|=5,\|\boldsymbol{\beta}\|=4,\theta=\arccos\dfrac{3-2\sqrt{3}}{10}$.

7. (1) $\begin{pmatrix}\dfrac{1}{3}\\[2mm]-\dfrac{2}{3}\\[2mm]\dfrac{2}{3}\end{pmatrix},\begin{pmatrix}-\dfrac{2}{3}\\[2mm]-\dfrac{2}{3}\\[2mm]-\dfrac{1}{3}\end{pmatrix},\begin{pmatrix}\dfrac{2}{3}\\[2mm]-\dfrac{1}{3}\\[2mm]-\dfrac{2}{3}\end{pmatrix}$; (2) $\begin{pmatrix}\dfrac{1}{2}\\[2mm]\dfrac{1}{2}\\[2mm]\dfrac{1}{2}\\[2mm]\dfrac{1}{2}\end{pmatrix},\begin{pmatrix}\dfrac{1}{2}\\[2mm]\dfrac{1}{2}\\[2mm]-\dfrac{1}{2}\\[2mm]-\dfrac{1}{2}\end{pmatrix},\begin{pmatrix}-\dfrac{1}{2}\\[2mm]\dfrac{1}{2}\\[2mm]-\dfrac{1}{2}\\[2mm]\dfrac{1}{2}\end{pmatrix}$.

8,9. 略.

10. (1) 是；(2) 是.

11. 略.

(B)

1. 略.

2. $\dfrac{1}{\sqrt{2}}\begin{pmatrix}1\\0\\0\\1\end{pmatrix},\dfrac{1}{\sqrt{510}}\begin{pmatrix}1\\16\\6\\4\\-1\end{pmatrix}$.

3,4,5,6. 略.

习 题 6

(A)

1. (1) $\lambda_1=1,\lambda_2=2,\lambda_3=4$;

   属于 $\lambda_1=1$ 的全部特征向量为 $k_1(1,0,0)^{\mathrm{T}},k_1\neq0$;

   属于 $\lambda_1=2$ 的全部特征向量为 $k_2(2,-1,3)^{\mathrm{T}},k_2\neq0$;

   属于 $\lambda_1=4$ 的全部特征向量为 $k_3(0,1,-1)^{\mathrm{T}},k_3\neq0$.

   (2) $\lambda_1=6,\lambda_2=\lambda_3=2$;

   属于 $\lambda_1=6$ 的全部特征向量为 $k_1(1,-2,3)^{\mathrm{T}},k_1\neq0$;

   属于 $\lambda_1=\lambda_2=2$ 的全部特征向量为 $k_2(1,-1,0)^{\mathrm{T}}+k_3(1,0,1)^{\mathrm{T}},k_2,k_3$ 不全为零.

   (3) $\lambda_1=\lambda_2=2,\lambda_3=-4$;

   属于 $\lambda_1=\lambda_2=2$ 的全部特征向量为 $k_1(-2,1,0)^{\mathrm{T}}+k_2(1,0,1)^{\mathrm{T}},k_2,k_3$ 不全为零;

   属于 $\lambda_1=-4$ 的全部特征向量为 $k_3(1,-2,3)^{\mathrm{T}},k_3\neq0$.

   (4) $\lambda_1=1,\lambda_2=\lambda_3=0$;

   属于 $\lambda_1=1$ 的全部特征向量为 $k_1(1,1,1)^{\mathrm{T}},k_1\neq0$;

属于 $\lambda_1=\lambda_2=0$ 的全部特征向量为 $k_2(1,3,2)^{\mathrm{T}}, k_2\neq0$.

2,3. 略.

4. (1) $4,9,16$； (2) $3,\dfrac{3}{4},\dfrac{1}{3}$； (3) $2,\dfrac{3}{2},\dfrac{4}{3}$； (4) $6,3,2$； (5) $6,12,8$.

5. 略.

6. $P=\begin{bmatrix}-2&2&1\\1&0&2\\0&1&-2\end{bmatrix}; P^{-1}AP=\begin{bmatrix}2&&\\&2&\\&&-7\end{bmatrix}.$

7. (1) 可以；(2) 可以；(3) 可以；(4) 不可以.

8. $Q=\begin{bmatrix}\dfrac{1}{\sqrt{2}}&0&\dfrac{1}{\sqrt{2}}\\0&1&0\\-\dfrac{1}{\sqrt{2}}&0&\dfrac{1}{\sqrt{2}}\end{bmatrix}; Q^{-1}AQ=\begin{bmatrix}0&&\\&2&\\&&2\end{bmatrix}; A^{10}=\begin{bmatrix}2^9&0&2^9\\0&2^{10}&0\\2^9&0&2^9\end{bmatrix}.$

9. (1)略； (2) $\begin{bmatrix}\dfrac{9}{8}&\dfrac{1}{8}\\\dfrac{1}{8}&\dfrac{9}{8}\end{bmatrix}$； (3) $\begin{pmatrix}1.124&0.124\\0.124&1.124\end{pmatrix}.$

(B)

1. (1) 63；(2) -5.

2. 12.

3. $a=2,b=-2,c=0$.

4. $\dfrac{1}{2}\begin{bmatrix}1&-1&-3\\0&2&0\\-3&-3&1\end{bmatrix}.$

5,6,7. 略.

习　题　7

(A)

1. (1)否；(2)否；(3)否；(4)是,但不是标准形.

2.

(1) $A=\begin{bmatrix}1&-\dfrac{1}{2}&-\dfrac{1}{2}\\-\dfrac{1}{2}&1&-\dfrac{1}{2}\\-\dfrac{1}{2}&-\dfrac{1}{2}&1\end{bmatrix}$； (2) $A=\begin{bmatrix}0&-\dfrac{1}{2}&\dfrac{3}{2}&0\\-\dfrac{1}{2}&0&-2&1\\\dfrac{3}{2}&-2&0&3\\0&1&3&0\end{bmatrix}.$

3. 略.

4. (1) $f=y_1^2+y_2^2-2y_3^2$, $\begin{cases} x_1=y_1-y_2+2y_3, \\ x_2=y_2-y_3, \\ x_3=y_3; \end{cases}$

(2) $f=y_1^2-y_2^2-y_3^2$, $\begin{cases} x_1=y_1+y_2-y_3, \\ x_2=y_1-y_2-y_3, \\ x_3=y_3. \end{cases}$

5. (1) $f=-y_1^2+4y_2^2-y_3^2$, $\begin{cases} x_1=y_1+2y_2, \\ x_2=y_2+\frac{1}{2}y_3, \\ x_3=y_3; \end{cases}$

(2) $f=y_1^2-\frac{1}{4}y_2^2+3y_3^2$, $\begin{cases} x_1=y_1-\frac{1}{2}y_2+3y_3, \\ x_2=y_1+\frac{1}{2}y_2-y_3, \\ x_3=y_3. \end{cases}$

6. (1) $f=2y_1^2+5y_2^2+y_3^2$, $\begin{cases} x_1=y_1, \\ x_2=\frac{1}{\sqrt{2}}y_2+\frac{1}{\sqrt{2}}y_3, \\ x_3=\frac{1}{\sqrt{2}}y_2-\frac{1}{\sqrt{2}}y_3. \end{cases}$

(2) $f=5y_1^2+5y_2^2-4y_3^2$, $\begin{cases} x_1=\frac{\sqrt{2}}{2}y_1+\frac{\sqrt{2}}{6}y_2+\frac{2}{3}y_3, \\ x_2=-\frac{2\sqrt{2}}{3}y_2+\frac{1}{3}y_3, \\ x_3=-\frac{\sqrt{2}}{2}y_1+\frac{\sqrt{2}}{6}y_2+\frac{2}{3}y_3. \end{cases}$

7. 略.

8. (1) 负定; (2) 不定; (3) 正定.

9. (1) $t>2$; (2) $-\frac{4}{5}<t<0$.

10. (1) $-\sqrt{2}<t<\sqrt{2}$; (2) t 不论取何值, A 都不能正定.

(B)

1. 由二次型矩阵 A 的特征值 $1,2,5$, 得 $t=2$.

$$Q = \begin{pmatrix} 0 & 1 & 0 \\ \dfrac{1}{\sqrt{2}} & 0 & \dfrac{1}{\sqrt{2}} \\ -\dfrac{1}{\sqrt{2}} & 0 & \dfrac{1}{\sqrt{2}} \end{pmatrix}.$$

2. 略.

3. $k > -1$.

4,5,6,7,8. 略.